卓越工程师
教育培养计划配套教材

露天矿边坡稳定分析与控制

主　编　常来山　杨宇江
副主编　唐烈先　张治强

U0315959

北　京
冶金工业出版社
2014

内 容 提 要

　　本书系统介绍了露天矿边坡的特征，包括露天矿边坡工程概述，边坡的特征，露天矿边坡破坏模式分析及露天矿边坡研究的主要内容等；岩体强度及岩体质量评价，包括岩土工程勘察的主要内容，岩石力学性质的室内试验，现场试验，岩体质量评价及岩体力学参数估计等；露天矿边坡稳定性分析与计算，包括极限平衡法，随机分析法和数值分析法等；露天矿边坡稳定性分析实例，主要是为从实践出发，介绍了露天矿边坡分析过程中的地质调查，岩石力学实验，结构面调查，分析计算，现场监测的过程等；露天矿边坡稳定性控制技术，包括滑体治理措施概述，鞍钢眼前山铁矿北帮中部边坡削坡减载治理，控制边坡渐进性破坏的坡脚措施－预埋桩，锚（杆）索支护及露天矿边坡监测与预警等。

　　本书也可供相关专业的工程技术人员和管理人员参考。

图书在版编目（CIP）数据

　　露天矿边坡稳定分析与控制／常来山，杨宇江主编 . —北京：冶金工业出版社，2014.8
　　卓越工程师教育培养计划配套教材
　　ISBN 978-7-5024-6654-1

　　Ⅰ.①露…　Ⅱ.①常…　②杨…　Ⅲ.①露天矿—边坡稳定—稳定分析—教材　②露天矿—边坡稳定—稳定控制—教材　Ⅳ.①TD804

　　中国版本图书馆 CIP 数据核字（2014）第 170561 号

出 版 人　谭学余
地　　址　北京市东城区嵩祝院北巷 39 号　邮编　100009　电话　(010)64027926
网　　址　www.cnmip.com.cn　电子信箱　yjcbs@cnmip.com.cn
责任编辑　宋　良　王雪涛　美术编辑　吕欣童　版式设计　孙跃红
责任校对　禹　蕊　责任印制　李玉山
ISBN 978-7-5024-6654-1
冶金工业出版社出版发行；各地新华书店经销；北京慧美印刷有限公司印刷
2014 年 8 月第 1 版，2014 年 8 月第 1 次印刷
169mm×239mm；13.75 印张；292 千字；228 页
30.00 元

冶金工业出版社　投稿电话　(010)64027932　投稿信箱　tougao@cnmip.com.cn
冶金工业出版社营销中心　电话　(010)64044283　传真　(010)64027893
冶金书店　地址　北京市东四西大街 46 号(100010)　电话　(010)65289081(兼传真)
冶金工业出版社天猫旗舰店　yjgy.tmall.com
　　　　　　　（本书如有印装质量问题，本社营销中心负责退换）

前　言

　　"露天矿边坡稳定分析与控制"是露天矿山开采的关键技术问题，也是卓越工程师教育培养计划的核心能力培养课程，2012年国家专业目录指导书中采矿工程专业课程体系的内容。

　　本教材系辽宁科技大学采矿工程专业卓越工程师教育培养计划建设项目的系列教材之一，在强调基础理论、基本知识和基本技能教学的同时，更重视强化工程教育，着眼于卓越工程师教育培养计划的实施，注重现场工程实践环节，在科研、设计工程实例中阐述露天矿边坡稳定分析与控制技术的基本方法和应用过程，寓知识教学、能力培养于工程实例的研讨、分析之中。

　　本教材在简要叙述露天矿边坡的特征、岩体强度与岩体质量评价、露天矿边坡稳定性分析与计算的基础上，以"弓长岭露天矿独木采场边坡稳定性分析"、"弓长岭露天矿何家采区边坡优化设计"、"鞍千矿业许东沟采场边坡稳定性研究"、"归来庄金矿边坡动力稳定性数值分析"、"鞍钢眼前山铁矿北帮中部边坡削坡减载治理工程"、"包钢白云东矿1544m以下开采边坡锚固治理工程"、"大孤山铁矿边坡位移监测与分析"等工程研究设计项目为主线，阐述露天矿边坡工程项目在设计研究与生产管理等方面的基本技术和前沿性技术的应用，如岩体节理裂隙分布规律研究、钻孔电视观测技术、基于Hoek-Brown准则的边坡岩体强度分析技术、边坡随机分析与风险控制、边坡稳定性分析与预测、节理三维不接触测量系统（3GSM）测量、预应力锚索加固技术、边坡位移监测技术等，着重培养学生分析、解决工程问题的能力。

　　本书第4章~第6章由常来山负责编写，第1章、第7章、第8章由杨宇江负责编写，第2章由唐烈先负责编写，第3章由张治强负责编写。

　　本书除作为本科采矿工程专业的教材外，还可作为采矿工程、岩土工程专业研究生的教学参考书，也可供采矿工程、岩土工程研究设计、生产管理等有关技术人员参考。

　　本书付梓得到很多同仁的关心帮助，在此表示诚挚的感谢。由于编者水平有限，难免存在疏漏，敬请批评指正。

编　者

2014 年 5 月

目　录

〈1〉 露天矿边坡的特征

1.1 露天矿边坡工程概述

随着社会的发展和人民需求的增长，大型岩土工程建设项目日益增多，在很大程度上打破了原有自然边坡的平衡状态，控制与管理不当将产生大量的边坡变形和失稳现象，形成滑坡灾害；同时，工程边坡会受到周围环境和工程荷载的影响，使稳定性状况发生改变。因此，工程边坡的稳定问题，不仅涉及工程本身的安全，也涉及整体环境的安全，其失稳破坏不仅会直接摧毁工程本身，还会给人们的生命财产和环境带来灾难性的后果。

露天开采在我国的金属矿山中占有非常重要的地位，如果按矿石生产能力计算，露天开采的铁矿约占 2/3 以上。目前，随着露天开采技术的不断发展，露天开采的规模和深度日益增大，许多露天采场正在向深凹发展，很多矿山的垂直深度已达到或超过 300m，部分露天采场的最终设计深度在 500m 以上。

露天采场周边由台阶组成的斜坡称为露天矿的边坡或帮坡，如图 1.1 所示，按其相对于矿体所处的位置不同，可以分为上盘边坡（顶帮），下盘边坡（底帮）和端帮边坡。图中 α、β 为最终边坡角，γ 为某一台阶的台阶边坡角，坡顶面至某一开采水平之间的垂直高度为边坡高度。

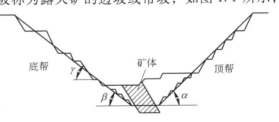

图 1.1 露天矿边坡构成示意图

岩石是构成边坡岩体的物质基础，金属矿床大多与岩浆岩和变质岩有密切关系，岩石自身强度较高，但结构面的发育使岩体破碎，导致整体强度降低。结构面与边坡面的空间组合关系直接影响着边坡的破坏形式和稳定性，例如边坡中有一组结构面与边坡倾向相近，且其倾角小于边坡角时可能发生平面破坏；边坡中两组结构面与边坡斜交，且相互交成楔形体，可能发生楔体破坏；当边坡岩体被结构面切割成散体结构时可能发生圆弧形滑动破坏。

影响边坡稳定性的自然外部因素主要取决于降雨和地震，而人为外部因素则取决于如下两个方面：

（1）开挖卸荷效应。露天矿边坡形成后，具有一定的外貌形态，并处于一个动态的自然平衡状态。新的开挖作业会引起边坡岩体的卸荷回弹，导致坡面岩体应力发生松弛，使岩体中应力场重新分布，从而导致边坡产生变形位移。如果这种应力重新分布仍处在边坡岩体强度的允许范围内时，边坡将不会被破坏，开挖边坡仍处于稳定的状态；当这种变形超过了边坡岩体的允许范围或应力达到岩体强度，边坡将发生失稳破坏，此时要保持边坡稳定则必须采取人工加固工程措施。

（2）爆破震动效应。金属露天矿边坡的开挖作业大多采取钻眼爆破方式，但爆破药量、爆破方式及开挖顺序的不同，对边坡的稳定性动力作用和松动作用也不同。爆破产生的冲击应力对边坡岩体产生冲击和剪切作用，引起边坡岩体强度衰减，导致边坡失稳。同时，爆破作用会使岩体中原有的节理、裂隙张开和扩展，并有可能产生新的裂隙，引起岩体产生松动而破坏其原有的完整性，致使边坡稳定性降低。目前，微差爆破、预裂爆破和光面爆破等控制技术已普遍使用，对边坡的扰动相对较小。

1.2　露天矿边坡的特点

边坡工程是岩土工程的一个重要领域，它的出现和发展与人类工程活动的迫切需要和相关学科的迅速发展紧密相连。边坡工程涉及数学、力学、地质学、工程结构等多个学科，其研究历史已达100余年。在早期边坡的稳定性及其加固治理研究工作中，基本上采用了以材料力学和简单的均质弹性理论为基础的土力学原理和方法。这些方法大都具有半经验半理论的性质。

人类遇到的边坡种类较多，如山区的自然边坡、公路铁路路堑边坡、水库河流岸坡、土建挖方工程边坡、露天矿及采石场的边坡等，各种边坡均有自身特点。露天矿边坡是露天采矿工程活动所形成的一种特殊结构物。它与地壳岩体连成一体，处在地应力场内，无时不承受各种自然应力的作用。同时，它又是矿山工程活动的对象，受矿山工程活动的影响。露天矿边坡有以下几个主要特点：

（1）露天矿边坡工程赋存条件的无选择性。露天矿只能在既定的工程地质环境条件中进行开挖，这是矿山地质工程有别于其他地质工程的最突出的特点。水电、隧道、公路、铁路、城建等地质工程可以选线或选址，尽量采取绕避的原则，而露天矿则必须依矿体赋存条件进行开采施工，形成的边坡从几十米到几百米，走向长从几百米到数公里，揭露的岩层多，地质条件差异大，变化复杂。

（2）露天矿边坡工程的时效性。露天矿最终边坡是由上至下随采矿生产而逐步形成的，是一个漫长的过程。矿山上部边坡服务年限可达几十年，下部边坡则服务年限较短，采场边坡在采矿结束时即可废止，因此上下部边坡的稳定性要求也不相同。

（3）露天矿边坡允许一定的变形和破坏，可靠性要求相对较低。露天矿边坡可以允许岩体产生一定的变形，甚至产生一定的破坏，只要这种变形和破坏不影响露天矿的安全生产即可，这是露天矿边坡不同于其他地质工程的又一个显著特点。

（4）露天矿边坡工程是复杂的动态地质工程问题。露天矿开采是一个复杂的动态地质工程问题，矿山开挖及开采活动贯穿于矿山服务期限的始终，露天矿边坡的稳定性随着开采作业的进行不断发生变化。露天矿边坡上布置有铁路、公路或胶带等开拓运输系统，担负着采矿生产的矿岩运输任务，亦随采场下延而逐步发展变化，是矿山边坡的重点维护部位。

（5）露天矿边坡受人为因素和自然因素影响较大。露天矿边坡由中深孔爆破、机械开挖等手段形成，起爆药量大，岩体破坏严重。频繁的穿孔、爆破作业和车辆行走，使边坡岩体经常受到震动影响。边坡岩体暴露时间长，一般不加维护，易受风化等影响产生次生裂隙，进一步破坏岩体的完整性。

对于露天煤矿，组成边坡的岩石主要是沉积岩，层理明显，软弱夹层较多，起主要的控制作用。另外一些露天煤矿第四系土层较厚，常达 80m 以上，土质边坡较高，稳定性较差。对于大多数的金属露天矿，岩性条件一般要略好于露天煤矿，边坡的破坏类型多受结构面的影响。

由破碎后的岩石和表土堆积而成的排土场边坡，稳定性受排土场基底岩土性质、基底地形、排弃物料性质、排土工艺和排弃物料的分布等因素的影响。

1.3　边坡破坏模式分析

岩石边坡工程的研究是一个系统工程，影响岩质边坡稳定性的因素很多，主要有岩体的基本物理力学特性、岩体内部的结构、地下水作用以及爆破震动等。事实上到目前为止，人们关于岩石边坡的研究仍然处于摸索和逐步深化阶段。岩石边坡的破坏模式主要取决于边坡的岩性以及存在于岩体中的各种构造与坡面的空间组合形式，其可能的破坏模式有：崩塌破坏模式、平面或折面滑动、楔形滑动和圆弧滑动等。现对各个可能破坏模式叙述如下。

1.3.1　崩塌破坏模式

岩坡崩塌破坏是边坡上部的岩块在重力作用下，突然高速脱离母岩而翻滚坠落的急剧变形破坏的现象，是岩体在陡坡面上脱落而下的一种边坡破坏形式，经常发生于陡坡顶部裂隙发育的地方。崩塌破坏的机理：风化作用减弱了节理面间的黏结力；岩石受到冰胀、风化和气温变化的影响，减弱了岩体的抗拉强度，使得岩块松动，形成了岩石崩落的条件；由于雨水渗入张裂隙中，造成了裂隙水的水压力作用于向坡外的岩块上，从而导致岩块的崩落。其中，裂隙水的水压力和冰胀作用是崩塌破坏的常见原因。崩塌的岩块通常沿着层面、节理或局部断层带

或断层面发生倾倒或其下部基础失去支撑而
崩落。图1.2为崩塌破坏模式。

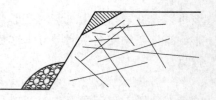

图1.2　崩塌破坏模式

崩塌可能是小规模块石的坠落，也可能
是大规模的山崩或岩崩，这种现象的发生是
由于边坡岩体在重力的作用和附加外力作用
下，岩体所受应力超过其抗拉或抗剪强度时
造成的。崩塌以拉断破坏为主，特别是强烈震动或暴雨往往是诱发崩塌的主要原
因。对于金属露天矿，局部的崩塌破坏是不可避免的，此时需注意人员和设备的
安全。

1.3.2　平面或折面滑动

平移滑动破坏是指一部分岩体沿着地质软弱面，如层面、断层、裂隙或节理
面的滑动。其特点是块体运动沿着平面滑移。其破坏机理是在自重应力作用下岩
体内剪应力超过层间结构面的抗剪强度导致不稳
定而产生的沿层滑动。这种滑动往往发生在地质
软弱面倾向与坡面相近的地方。由于坡脚开挖或
者某种原因（如风化、水的浸润等）降低了软弱
面的内摩擦角，地质软弱面以上的部分岩体沿此
平面而下滑，造成边坡破坏，如图1.3所示。

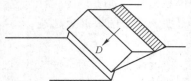

图1.3　平面滑动破坏模式

当边坡中存在与坡面倾向一致的结构面时，就可能发生平面或折面滑动破
坏。当没有上下贯通且在坡面出露的结构面时，可能形成的是由多组结构面组合
而成的折面滑动破坏，即指由两组或更多的相同倾向的结构面组成的滑面滑动。
由于边坡岩体被纵横交错的地质结构面切割，由这些断裂面形成的滑面，往往不
是平面或圆弧等规则形状，而是呈现出某一种曲折形状。

1.3.3　楔体滑动

在岩质边坡的失稳模式中，楔形破坏是最常见的一种破坏模式。楔形破坏又
称"V"形破坏，是由两组或两组以上优势结构面与临空面和坡顶面构成不稳定
的楔形体，并沿两优势面的组合交线下滑。
当坚硬岩层受到两组倾斜面相对的斜节理切
割，节理面以下的岩层又较碎时，一旦下部
遭到破坏，上部V字形节理便失去平衡，于
是发生滑动，边坡上出现"V"形槽，如图
1.4所示。

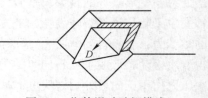

图1.4　楔体滑动破坏模式

发生楔体滑动的条件是：两组结构面与边坡坡面斜交，两组结构面的交线在边坡面上出露，在过交线的铅垂面内，交线的倾角大于滑面的内摩擦角而小于该铅垂面内的边坡角。

1.3.4　圆弧滑动

圆弧破坏的机理为岩体内剪应力超过滑面抗剪强度，致使不稳定体沿圆弧形剪切滑移面下滑。在均质的岩体中，岩坡破坏的滑面通常呈弧形状，岩体沿此弧形滑面滑移。在非均质的岩坡中，滑面是由短折线组成的弧形，近似于对数螺旋曲线或其他形状的弧面，如均质土坡、露天矿的排土场边坡或结构面与边坡面相反倾角的岩质边坡。通常认为滑体沿坡肩方向很长，并取一单位长度的边坡进行研究。所以从断面上看，滑面呈圆弧形，如图1.5所示。

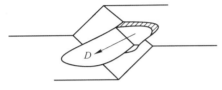

图 1.5　圆弧滑动破坏模式

1.4　影响露天矿边坡稳定性的主要因素

理论和实践都已证明，提高边坡稳定性最有效的办法之一就是减缓边坡角，但减缓边坡角必然要增大剥离量，从而大大增加矿山开采的成本，所以研究边坡稳定性的实质，就是正确处理安全性和经济性的矛盾。随着采矿设备和采矿技术的发展，露天矿的合理开采深度在不断地增大，边坡的高度也随之增大。例如大唐国际胜利东二号露天煤矿设计年生产能力为 3000 万吨/a，开采深度超过 600m。

对于边坡走向长度5km、高600m、边坡角23°左右的边坡，边坡角改变1°时单侧边坡上剥离量变化如图1.6所示。可以看出，23°左右的边坡每改变1°时总的剥离量就将增加或减少约 1 亿立方米，如果在保证安全的情况下提高1°边坡角，将给矿山带来至少10亿元以上的经济效益，还可以减少土地的破坏和占用量，具有巨大的社会效益。

露天矿边坡是露天采矿工程活动所形成的一种特殊结构物。它与地壳岩体连成一体，处在地应力场内，无时不承受各种自然条件的作用。同时，它又是矿山工程活动的对象，受矿山工程活动的影响。因此，影响露天矿边坡稳定性的因素繁多，估计各种因素的影响程度是一个很复杂的问题。这些因素可分为两类：

（1）岩石的矿物组成、岩体中的地质结构面（如层面、断层、节理、片理等的性质和产状）和构造应力，它们是边坡岩体自身所固有的，是影响边坡稳定性的内因；

（2）水、采矿工程活动、震动、风化等，为岩体所处的环境条件，是影响

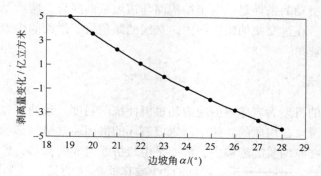

图 1.6   边坡角与剥离量变化关系

边坡稳定性的外因。

1.4.1   岩石矿物组成的影响

不同矿物的强度不同，许多岩浆岩的原生矿物很坚硬，可以经受现代采矿深度的岩体应力。某些原生矿物如 Na、Ca、Mg 等的化合物，易溶于水，为风化的不稳定矿物，强度随时间而减弱。长石类矿物经风化后分解成次生黏土类矿物，其中蒙脱石组矿物吸水性强而透水性弱，这种成分存在往往导致滑坡。我国露天煤矿中顺层面滑坡多属此类。

岩石是矿物的集合体。矿物软，岩石强度便不会大，但矿物硬，岩石强度也不一定高。岩石的强度还取决于矿物或颗粒的组合特征。矿物或颗粒的组合有两个特征：结构和构造。前者是指矿物结晶程度、颗粒大小、形状及相互之间的关系等，后者是指矿物或颗粒的空间排列关系。

岩石有晶质、非晶质及碎屑质之分。一般讲，晶质岩石强度大于非晶质，而碎屑质岩石强度较差。晶质是岩浆岩及变质岩的特征，某些沉积岩也有晶质特征。晶粒尺寸变化很大，晶粒细微的称为隐晶质或泥质，一般等粒细晶岩的强度较大，将岩石熔融，使晶粒变小，可提高强度。非晶质岩石为数不多，如岩浆岩中的黑耀岩和沉积岩中非全晶质（晶质中有部分玻璃质）的熔石等，这类岩石强度小，易风化。碎屑质是由岩浆岩风化后沉积下来胶结而成的，多数沉积岩属于此类。沉积岩的强度及透水性主要取决于胶结物质，硅质胶结比钙质胶结强度大，泥质胶结强度最差。碎屑质岩的透水性随粒度减小而降低，当粒度处于 0.01 ~ 0.005mm 时，显示出黏性土的性质。粒度小于 0.005mm 的颗粒成分增加时，内摩擦角 φ 减小很多。

岩石，作为一种工业材料与力学研究的对象，与其他材料（如钢材）相比，具有明显的不同特点。岩石的力学性质有明显的非均质性，即各质点的力学性质不同；各向异性，即沿不同方向的性质不同；不连续性，即岩体作为一物理场，其性质变化往往是不连续的。岩石的构造有定向与非定向之别。定向排列如层理、片理、页理、叶理、流纹等，使得岩石的强度有方向性，沿层理等方向的强度比垂直方向低许多。

多年来人们注意到岩石小试块的强度往往比自然岩体的强度高出于几倍甚至数十倍，一个小试块的无侧限抗剪强度足以筑起数千米高的稳定边坡；而岩体中若有不利方位的弱面，则很低的边坡也可能被破坏。因此，需研究岩体中各种自然软弱面的特征，调查其几何形态、尺寸及其空间分布，从而估计其对边坡稳定性的影响。

1.4.2 岩体结构影响

地壳在形成沉积岩、岩浆岩、变质岩的过程中，以及在以后亿万年的构造运动过程中，岩体内形成了各种具有一定产状、规模、形态和特性的地质界面。它们使岩体的强度比岩石的强度大为减弱。岩体中这些自然生成的强度减弱面统称为结构面。这些结构面将岩体切割成不同规模和几何形态的块体，即结构体。工程岩体就是由结构面和结构体组成的具有一定结构的地质体的一部分。岩体工程的稳定性主要取决于该工程岩体的结构面、结构体及由此二者组合成的具有一定结构的岩体的特性。

1.4.2.1 结构面

为便于岩体工程稳定性评价，地质工作者对结构面、结构体、岩体结构进行了详尽的研究，并进行了类型的划分。表1.1是岩体结构面按成因分类。

表1.1 岩体结构面按成因分类

分 类	特 征
沉积结构面	岩层面、层理、软弱夹层、不整合、假整合面、沉积间断面
火成结构面	侵入体与围岩接触面、岩脉岩墙接触面、原生冷凝节理
变质结构面	片理页理、片岩弱夹层
构造结构面	节理、断层、层间错动面、羽状裂隙、劈理
次生结构面	卸荷裂隙、风化裂隙、风化夹层、泥化裂隙、次生夹泥层

在露天矿滑坡实例中，影响边坡稳定性的结构面主要有以下几种：

（1）软弱夹层（或弱面）。露天矿中常遇到的软弱夹层有黏土层、炭质页岩层、泥岩层、薄煤层、页岩层等。这些软弱夹层岩石颗粒胶结性能很差，所含黏土矿物成分主要是蒙脱石，层理发育，吸水后体积膨胀，呈塑性状态，干燥后收缩，呈固态，易产生裂缝。

（2）岩层面、层理。岩层面、层理是沉积岩在成岩过程中形成的，主要是出于同类矿物颗粒呈规则排列，或不同矿物颗粒规则排列交替及颗粒定向排列所致。层理是由一系列平行岩层面表现出来的成层性。岩层面可能是同种岩石的分离面，也可能是不同种岩石的分隔面。两个相邻岩层面之间的部分称为岩层。两岩层之间的岩层面上可能有胶结作用，但其抗剪和抗拉强度往往低于完整岩石。岩层面形成之后，在构造运动作用下，岩层会发生倾斜、弯曲，沿层面滑移等现象，许多岩层面开裂、分离，其强度进一步减弱。

（3）断层。根据地质力学的观点，断层可分为压性、张性、扭性以及压扭性、张扭性等类型。断层有时仅表现为宽度很小的断裂面，有时表现为具有一定宽度的破碎带。断层面本身可构成滑动面，也常构成滑体两侧的界面。

（4）节理、裂隙。按成因可分为构造裂隙（节理）及非构造裂隙（原生裂隙、风化裂隙、卸荷裂隙、爆破裂隙等）。前者是在构造运动过程中生成的，产状较稳定。后者除原生裂隙外，产状较杂乱。节理裂隙数量多、方位杂，只能用随机方法统计分析其分布规律。节理可单独构成滑动面，特别是对于单个台阶或少数几个台阶，也可与其他节理、岩层面等组合成楔形滑体。风化、爆破裂隙等易使台阶产生剥落、片帮等破坏现象。

（5）片理、页理。片理、页理是岩石在压应力作用下动力变质的结果。岩石的这种构造使其强度有方向性，且常伴有次生黏土矿物。

除上述岩体结构面以外，还有沉积结构面、不整合面、假整合面、火成结构面中的岩脉岩墙接触面等都可构成滑动面。如平庄西露天煤矿工作帮滑坡中，1983 年以前很多次都是沿表土层与侏罗系岩层之间、与侏罗系岩层呈不整合接触的绿泥层滑动的。

岩体中结构面对边坡稳定的控制作用，主要表现在如下几方面：

（1）岩体中结构面的存在，降低了岩体的整体强度，增大了岩体的变形性能，加强了岩体的流变力学特性和其他时间效应，加深了岩体的不均匀性、各向异性和非连续性。大量岩质边坡工程失稳表明，不稳定岩体往往是沿一个结构面或多个结构面的组合边界的剪切滑移、张裂破坏和错动变形等造成边坡失稳。

（2）结构面数量、产状、密度、延伸情况、粗糙度、充填物粒度成分和物质成分及厚度、起伏状况、结构体形状和数量、结构体的微结构等地质特性，规定了结构体和结构面及它们的组合的力学性质，也就是规定了岩体的力学特性。实践和理论研究发现，既有的结构面记忆了岩体已经历的地质力学作用，结构面的力学强度远小于岩体本身的强度，破坏往往是追踪已有的薄弱结构面而发生的，这些已经存在的结构面，客观地规定着岩体再次发生变形和破坏的形式。

（3）岩体中结构面的规模，决定了岩质边坡变形和破坏的规模。结构面在空间的不同组合，决定了岩质边坡的稳定程度和破坏形式，不同规模和不同结构面组合的岩质边坡，其稳定性和破坏程度有所不同。

一般而言，岩体的工程地质特性可概括为几点：

（1）岩体是复杂的地质体，它经历了漫长的岩石建造和构造改造作用，而且随着地质环境的变化，其物理力学等工程性质也随着发生变化，甚至恶化。它不仅可由多种岩石组成，而且其间还包含有层面、裂隙、断层、软弱夹层等物质分异面和不连续面，并赋存有分布复杂的地下水、地温等。

（2）岩体的强度主要取决于岩体中层面、软弱夹层、断裂和裂隙等结构面的数量、性质和强度，结构面导致了岩体的不连续性、不均匀性和各向异性。

（3）岩体的变形主要是由于结构面的闭合、压缩、张裂和剪切位移引起的。岩体的破坏形式主要取决于结构面的组合形式，即岩体结构。

由上述可知，岩体结构控制论是岩体力学的基础理论。岩体中结构面的存在，是影响岩质边坡稳定性的重要因素，尤其是这些部位又常常是物理力学作用和物理化学作用强烈反映的地带，因此往往成为危及岩质边坡稳定性的严重隐患。研究岩质边坡，必须牢牢抓住岩体中的各种结构面，这是解决问题的一把钥匙。对于结构面的类型、规模、延伸情况、分布规律和起伏状况等必须进行调查分析，对其认识程度，决定了分析结果的准确程度。对于结构面具有的力学性质、应力状态和时间效应必须进行试验研究，对于结构面的空间组合特征和其在平面、剖面上与坡面的相对关系必须进行归类分段，以便为岩质边坡稳定性的定性和定量评价提供可靠的地质力学和岩体力学基础。

1.4.2.2 结构体

岩体中被不同规模的结构面所切割成的结构体按其大小分为四级：

（1）Ⅰ级结构体：是指由Ⅰ级结构面尤其是区域性大断裂相互组合所包围的地质体。

（2）Ⅱ级结构体：是指地质体中由Ⅱ级结构面或Ⅱ级与Ⅰ级结构面之间相互组合所包围的山体。

露天矿常开挖在山体之中，所以需研究山体的稳定性。研究山体的结构特征、结构面的特性及其分布组合状况、岩性及其分布、风化带厚度、山坡曾经的变形破坏等。

（3）Ⅲ级结构体：是指地质体或山体中，由Ⅲ级结构面之间，或Ⅲ级与Ⅰ、Ⅱ级结构面之间，甚至可以与Ⅳ级结构面密集带之间所切割包围的岩体，或称块体。

研究露天矿边坡的稳定性，往往是研究块体的稳定性，即研究将其分割成块体的结构面的特性，研究块体的大小、形态，与边坡的组合关系及岩性等。

（4）Ⅳ级结构体：是指岩体中Ⅳ级结构面之间或Ⅳ级与Ⅱ、Ⅲ级结构面之间相互组合所包围的岩石块体，或称岩块，即完整的岩石。它的物理力学性质即为岩石的物理力学性质。

由于Ⅳ级结构面的自然特性、展布密度、岩石性质的不同，使岩块的大小、形态、排列组合及其强度等都不相同，不同区段岩体的工程地质特性不同。

露天矿边坡内结构体的物理力学性质、几何形态、方位等影响到边坡的稳定性。例如，边坡滑动面有时会将边坡内的结构体剪切断，这自然与结构体自身的抗剪强度大小有关。又如，与边坡面、边坡顶面形成一定几何形态的结构体，当其方位合适时会构成滑体等。

1.4.2.3　岩体结构

由结构面与结构体组合成的岩体具有不同的结构。对边坡岩体进行结构分类，有助于人们从总体上分析边坡的变形破坏规律，评价边坡的稳定性。

（1）块状结构：边坡岩体较完整，边坡稳定性一般较好，但在一定条件下边坡也会发生变形破坏，如楔体滑动。

（2）层状结构：露天煤矿的岩质边坡多是典型的层状结构边坡，边坡的稳定性主要受控于层面的性质及层面与边坡的相对位置。通常层面倾角小于边坡角的露天矿底帮边坡稳定性较差，而顶帮边坡和端帮边坡稳定性较好。

（3）碎裂结构：边坡岩体完整性很差，边坡稳定性一般也差。

（4）散体结构：露天矿的强风化带边坡、厚的断层破碎带边坡、排土场排弃物边坡，以及露天煤矿的厚层土质边坡等可视为散体结构边坡。散体结构边坡可用土力学的理论与方法分析其稳定性。

1.4.3　水的影响

已有的研究表明，自然界 90% 的滑坡是由水的作用引起的。露天矿滑坡，大多发生在雨后、雨季和解冻时期，或因疏干排水方法不当所致。因此，水是影响边坡稳定性的极为有害的因素。边坡岩土内的水主要有结合水和自由水两种形式。

结合水对黏性土土粒的联结具有重要意义。它是土粒表面借静电引力吸引的（称水化膜）那部分水，与土粒具有牢固的结合力，不受重力影响。黏性土的土粒是借土粒间的公共水化膜联结在一起的，土粒水化膜的变化情况影响到黏性土的稠度和强度。

自由水是岩土颗粒水化膜以外的水，受重力影响，分毛细水和重力水两种。毛细水水分子还受岩土颗粒表面所吸引，流动性没有一般自由水大。重力水的水分子不受岩土颗粒表面所吸引，只受重力的影响。重力水能传递静水压力，在重力作用下可自由流动，对岩土产生动水压力。重力水主要存在于岩土孔隙裂隙之中，可用巷道、钻孔或自然法排泄。

露天矿边坡按岩体中的含水带分为孔隙含水带、风化裂隙含水带及构造裂隙含水带，分别表示表土含水体、风化岩层含水体及基岩含水体，前二者含水体中的潜水面随季节而变化，基岩中的构造裂隙往往互不贯通，这种构造裂隙水的分布很不规律，基岩中的水文条件全貌往往不易掌握，给岩石边坡稳定性分析带来不便。

水对边坡的不利影响主要表现在：软化岩石，降低其强度，以及对边坡的静水压力与动水压力作用。

黏性岩土遇水后膨胀，甚至崩解，特别是含蒙脱石组的岩土，强度显著降低。露天矿边坡岩体中的黏土页岩火层，断层中的泥质充填物常导致滑坡。

1.4.4 爆破震动影响

露天矿爆破作业对边坡稳定性的影响，一是爆破震动力增加了边坡的滑动力；二是爆破作用破坏边坡岩体，降低了岩体的强度，使雨水、地下水易于沿爆破裂隙渗透，加速岩体风化。也可能在爆破震动力和岩体破坏、强度降低的共同影响下使边坡稳定性降低。

露天矿边坡所受的震动力主要来自爆破作业，此外还有机械设备的震动力。在强震地区还应考虑地震力。

震波在岩体中的传播有纵波、横波，后者较弱，通常只考虑前者。爆破作用产生的震波，其传播速度主要与一次爆破的炸药量、炸药种类、震源距离及岩性等有关。现今多通过露天矿现场实测，得出经验公式。用测震仪测出在不同药量及距离下岩石质点的最大位移速度，然后换算成作用力，引入边坡稳定计算中。

露天矿台阶上机车、汽车的运行和挖掘机作业的震动力对露天矿整体边坡的稳定性影响不大，但有时也会触发局部台阶的滑动。例如抚顺西露天煤矿，1984年3月21日西北帮6.4万立方米的滑坡是由一列车通过时诱发的，该滑坡破坏了4个台阶。

爆破、地震、机械设备的震动作用还可能使边坡内的饱水砂土液化，沿边坡上的张裂缝挤出流动，使台阶下沉、变形、失稳。爆破作业对边坡稳定性的另一种不良影响是破坏边坡岩体。现代露天矿山采用的垂直深孔爆破法，对于中硬或中硬以上的岩石，爆破后爆堆后面台阶表面上所形成的爆破裂隙可远至40~50m。由于钻孔超深一般达2~3m，爆破后超深附近岩体的破碎范围也较大。因而采用这种穿孔爆破方法形成的露天矿最终边坡的岩体破坏严重，易受风化、水的渗流等因素影响而降低稳定性。此外，这种方法形成的边坡表层岩石破碎强烈，易剥落崩塌，使安全平台、清扫平台等不能保持正常宽度，甚至使数个台阶成为一连续高坡，滚石危及下部作业的安全。

近年来，一些金属露天矿山在最终境界处采用了预裂爆破，有的矿山还采用了光面爆破、缓冲爆破等控制爆破技术，对减小边坡岩体破坏、减震等起到了良好效果。

1.4.5　构造应力影响

在各种地壳构造运动作用力的影响下，地壳中所产生的应力称为构造应力。边坡岩体处在地应力场内。地应力除自重应力外，还包括地质构造的残余应力、水应力、震动应力、温差应力等。其中构造应力在某些区域应予以充分考虑。

每次大的深部构造运动都会导致产生新的应力状态、新的构造形迹和边界条件。这种应力状态与弹性理论推断的结果有很大差异。可以认为，原岩体内任意点的应力，都是在一定的构造应力场之中，是过去作用在该点上全部地质历史过程的函数。当然，要想精确了解全部地质历史是不可能的。即使了解了某局部的全部地质历史过程，也不可能由此确定该局部岩体内的应力大小，这是因为在长期载荷作用下，有关岩石的流变性能以及岩石几经隆起又剥蚀的变形机理仍是不可得知的。因此，就我们现有的知识水平讲，自然状态的原岩应力既不能凭区域地质知识确定，也不能用力学公式计算，唯一的是借助于野外实测。但是限于技术装备水平和测点布置数量有限等因素，构造应力的分布还必须辅以分析方法推断。

构造应力的存在，特别是较大的水平构造应力会使边坡岩体向采空区的变形大幅增加，原有裂隙进一步扩展或产生新的卸荷裂隙，降低岩体强度，增强坡底处应力集中等。总之，构造应力的存在会降低边坡的稳定性。

1.4.6　其他因素影响

露天矿服务年限对边坡稳定性也有影响。边坡存在时间越长，岩体强度减弱也愈显著，因此初步设计时要求的稳定系数应大些。边坡形状对边坡稳定性也有影响。对于边坡的平面形状，凹形比凸形稳定性好些，平直边坡居中。这是由于凹形边坡压缩拱受力状态，侧向阻力较大，而凸形边坡则失去侧向阻力，故露天矿的端帮，如无特殊不良地质构造，其稳定性较好，可设计陡些。

关于矿山工程活动对边坡稳定性的影响，除前述爆破工程的影响外，还有矿山工程是否切割边坡下部强度低的岩层面、软弱夹层，边坡下部是否超挖等。矿山某部分边坡地质条件不良时，应避免将重要站场、开拓运输坑线设于其上，有条件时应推迟该部分最终边坡的形成，为此应设计合理的开拓运输系统、采掘工程推进方向等。

当边坡下部有地下开采活动时，会破坏边坡岩体的完整性，引起边坡的沉陷、冒落、滑动等，其影响程度应综合地下开采的位置、规模、开采时间、边坡地质条件等进行具体分析。

此外，露天矿建矿初期有时为减少投资和缩短基建期，将剥离物排弃在露天矿采场境界外侧，如果距离过近，将增加对采场边坡的压力，影响采场边坡的稳定性，同时，排土场边坡的稳定性也会受到采场边坡变形的影响。

　　综上所述，由于露天矿边坡高、岩性多变、地质构造及水文条件复杂、服务年限不同、矿山工程活动多样，因而其稳定性影响因素是非常复杂的。此外，露天矿基本建设时期以及某些特定情况下，往往采用洞室大爆破的方法。这对岩体的破坏作用更强烈，破坏范围更大。

1.5　露天矿边坡研究主要工作内容

　　（1）资料收集与分析：

　　1）露天矿开采计划图；

　　2）露天矿设计境界图；

　　3）工程地质与水文地质勘探的相关图件与说明书。

　　（2）现场调查与分析：

　　1）现场踏勘，了解研究区全貌；

　　2）地质点定位与测量：坡面岩性界限点、断层点、出水点、滑坡区界限点等；

　　3）现状台阶坡面角测量；

　　4）断层产状、破碎带宽度测量，充填物调查与取样；

　　5）岩体节理、层理、片理的产状、密度、间距、迹长等调查、测量与统计分析；

　　6）根据需要，补充钻探、槽探、物探等的工作，钻孔声波与电视测试，钻孔水文测试等；

　　7）工程地质分区，确定代表性剖面，分析各区工程地质与水文地质特点及稳定性主要影响因素，确定破坏模式。

　　（3）试验工作：

　　1）按岩性及开采深度取岩样，进行物理性质与抗压强度、抗拉强度、抗剪强度、变形参数及弱面剪切的室内试验；

　　2）取地表土样及断层充填物，进行土常规实验；

　　3）特殊情况进行现场承压板试验、直剪试验、声波测试等。

　　（4）爆破测震与分析。

　　（5）地下水浸润线的影响分析。

　　（6）岩体结构类型与强度分析：

　　1）岩体结构类型与计算分析模型确定；

　　2）由岩石强度、岩体工程地质与水文地质条件，分析确定岩体强度。

　　（7）极限平衡分析：

　　1）选择分析方法，确定允许安全系数；

2）各计算剖面按不同开采深度等条件进行分析计算；

3）岩体参数的灵敏度分析；

4）分析计算结果。

（8）可靠性分析与数值模拟分析，提高评判的可靠性。

（9）各分区稳定性综合分析，提出相应的监测维护措施及边坡优化设计方案。

2 岩体强度与岩体质量评价

对于金属露天矿而言，岩体是进行工程地质条件研究的主体。岩体通常指地质体中与工程建设有关的那一部分，它由处于一定应力状态、被各种结构面所分割的岩石（岩块、结构体）所组成。岩体结构主要是指结构面和岩块的特性以及它们之间的组合。岩体的结构特征是在漫长的地质历史发展过程中形成的，是建造与改造综合作用的产物。对岩体结构特征的研究，是分析评价岩体稳定性的重要依据，主要表现在：（1）岩体中的结构面是岩体中力学强度相对薄弱的部位，它导致岩体力学性能的不连续性、不均一性和各向异性，岩体的结构特征在很大程度上决定了岩体的介质特征和力学属性；（2）岩体的结构特征对岩体在一定荷载条件下的变形破坏方式和强度特征起着重要的控制作用；（3）靠近地表的岩体，其结构特征在很大程度上展现了外应力对岩体的改造程度，这是由于结构面往往是风化、地下水等各种外应力较活跃的部位，也常常是这些应力的改造作用能深入岩体内部的重要通道。

2.1 岩土工程勘察概述

工程地质问题是指与人类工程活动有关的地质问题。它影响建筑物修建的技术可行性、经济合理性和安全可靠性，如建筑物所处地质环境的区域构造稳定问题、地基岩体稳定问题、地下硐室围岩稳定问题和边坡岩体稳定问题、水库渗漏问题、淤积问题、浸没问题、边岸再造及坝下游冲刷问题，以及与上述问题相联系的建筑场地的规划、设计和施工条件等方面的问题。工程地质工作的基本任务在于对人类工程活动可能遇到或引起的各种工程地质问题做出预测和确切评价，从地质方面保证工程建设的技术可行性、经济合理性和安全可靠性。

岩土工程勘察工作是设计和施工的基础，同时，也是边坡工程稳定性分析和控制的前提。若勘察工作不到位，不良工程地质问题未能揭露出来，即使上部构造的设计、施工达到了优质也不免会遭受破坏。不同类型、不同规模的工程活动都会给地质环境带来不同程度的影响；反之不同的地质条件又会给工程建设带来不同的效应。岩土工程勘察的目的主要是查明工程地质条件，分析存在的地质问题，对建筑地区做出工程地质评价。

岩土工程勘察的任务是按照不同勘察阶段的要求，正确反映场地的工程地质条件及岩土体性态的影响，并结合工程设计、施工条件以及地基处理等工程的具体要求，进行技术论证和评价，提交岩土工程问题及解决问题的决策性具体建议，并提出基础、边坡等工程的设计准则和岩土工程施工的指导性意见，为设计、施工提供依据，服务于工程建设的全过程。

岩土工程勘察应分阶段进行，可分为可行性研究勘察（选址勘察）、初步勘察和详细勘察三阶段，其中可行性研究勘察应符合场地方案确定的要求；初步勘察应符合初步设计或扩大初步设计的要求；详细勘察应符合施工设计的要求。

根据勘察对象的不同，可分为：水利水电工程、铁路工程、公路工程、港口码头、大型桥梁及工业、民用建筑等。由于水利水电工程、铁路工程、公路工程、港口码头等工程一般比较重大，投资造价高，目前我国有明确的岩土工程勘察规范，国家分别对这些类别的工程勘察进行了专门的分类，编制了相应的勘察规范、规程和技术标准等，通常这些工程的勘察称工程地质勘察。因此，通常所说的"岩土工程勘察"主要指工业、民用建筑工程的勘察，勘察对象主体主要包括房屋楼宇、工业厂房、学校楼舍、医院建筑、市政工程、管线及架空线路、岸边工程、边坡工程、基坑工程、地基处理等。

岩土工程勘察的主要内容有：工程地质调查和测绘、勘探及采取土试样、原位测试、室内试验、现场检验和检测，最终根据以上几种或全部手段，对场地工程地质条件进行定性或定量分析评价，编制满足不同阶段所需的成果报告文件。

2.1.1 工程地质条件

人类的工程活动主要集中于地壳的最表层，地壳受到来自于地球内外部的各种理化作用，如物质运动、阳光、大气、水和生物等引起的地质作用，表现出各种地质现象和构造。工程活动是在一定的地质条件下进行的，大量的工程活动又会影响和改变地质条件。工程地质条件是指工程建筑所在区域地质环境各项因素的综合，包括土和岩石的工程性质、地质构造、地貌、水文地质、地质作用、自然地质现象和天然建筑材料等诸多方面。这些因素包括：

（1）地层的岩性：是最基本的工程地质因素，包括它们的成因、时代、岩性、产状、成岩作用特点、变质程度、风化特征、软弱夹层和接触带以及物理力学性质等。

（2）地质构造：也是工程地质工作研究的基本对象，包括褶皱、断层、节理构造的分布和特征、地质构造，特别是形成时代新、规模大的优势断裂，对地震等灾害具有控制作用，因而对建筑物的安全稳定、沉降变形等具有重要意义。

（3）水文地质条件：是重要的工程地质因素，包括地下水的成因、埋藏、分布、动态和化学成分等。

（4）地表地质作用：是现代地表地质作用的反映，与建筑区地形、气候、岩性、构造、地下水和地表水作用密切相关，主要包括滑坡、崩塌、岩溶、泥石流、风沙移动、河流冲刷与沉积等，对评价建筑物的稳定性和预测工程地质条件的变化意义重大。

（5）地形地貌：地形是指地表高低起伏状况、山坡陡缓程度与沟谷宽窄及形态特征等；地貌则说明地形形成的原因、过程和时代。平原区、丘陵区和山岳地区的地形起伏、土层厚薄和基岩出露情况、地下水埋藏特征和地表地质作用现象都具有不同的特征，这些因素都直接影响到建筑场地和路线的选择。

（6）地下水：包括地下水位、地下水类型、地下水补给类型、地下水位随季节的变化情况。

（7）建筑材料：结合当地具体情况，选择适当的材料作为建筑材料，因地制宜，合理利用，降低成本。

这当中最主要的因素是地层岩性，包括岩层地层产状、软弱夹层、地质关系及物理力学性质等；其次是对工程安全和稳定构成明显威胁的褶皱、断层和节理等地质构造因素；再有就是地下水的分布、运动和化学成分等水文地质影响因素，不同的工程地质条件对工程的施工和正常使用至关重要。

2.1.2　工程地质研究方法

工程建设是在各种地质环境中进行的，工程环境和各种建筑物之间，必然产生一定方式的相互关联和制约。地质环境对工程建筑物的制约，可以影响工程建筑物的安全稳定和正常使用，工程建设又以各种方式影响地质环境，使其产生不同程度的变化。因此，工程建设必须根据具体地质环境和工程建设的方式、规模和类型，预见二者相互制约的基本形式和规律，才能合理有效地开发利用并妥善保护地质环境。工程地质学涉及土力学、水力学、岩土工程等多学科，工程技术人员只有在具备必要的工程地质学知识，对工程地质勘察的任务、内容和方法有较全面的了解，才能正确应用工程地质勘察成果和资料，全面理解和综合考虑拟建工程建筑场地的工程地质条件，进行工程地问题分析，并提出相应对策和防治措施。

工程地质的研究方法包括：地质分析法或称自然历史分析法、力学分析法、工程类比法与实验法。要查明建筑区工程地质条件的形成和发展，以及它在工程建筑物作用下的发展变化，首先必须以自然历史的观点分析研究周围其他自然因素和条件，了解在历史过程中对它的影响和制约程度，这样才有可能认识它形成的原因和预测其发展趋势和变化，这就是地质分析法，它是工程地质学基本研究方法，也是进一步定量分析评价的基础。对工程建筑的设计及运用而言，只有定性的论证是不够的，还要求对一些工程问题进行定量预测和评价。因此，在自然历史分析法的基础上，还需要用到力学分析法和类比法。

力学分析法适当简化了某些影响因素，通过一定的理论分析建立模型，并计算和预测某些工程地质问题发生的可能性和发展规律。例如地基稳定性分析、地面沉降量计算、地震液化可能性计算等。类比法是应用那些已研究的、类型和条件相同或相近的工程地质问题的现成的经验和方法，对研究区的工程地质问题做出定量预测。采用定量分析方法论证地质问题时，都需要通过室内或野外试验，取得所需要的岩土的物理性质、水理性质、力学性质数据。另外，通过模仿工程建筑物的形式、规模及其周围的地质环境，进行不同比例的模型及模拟试验，也可以直接得出用于工程设计、施工的定量论证。通过长期观测地质现象的发展过程也是常用的一种试验方法。由于工程地质学的研究对象是复杂的地质体，因此其研究方法应是地质分析法、力学分析法、工程类比法与实验法的密切结合，即通常所说的定性分析与定量分析相结合的综合研究方法。

2.2　岩石力学性质室内实验

岩石和岩体是岩石力学的研究对象，也是岩石工程的对象。从工程应用角度来说，认识它们所表现出的不确定性、各向异性和易受环境因素影响的特性，寻求简便合理的工程计算方法，对解决岩石工程的实际问题来说，是非常必要的。为了获取岩石物理力学参数，进行露天矿边坡稳定性分析及计算，需从现场不同岩层岩石中分别取样加工，进行室内岩石力学性质实验。室内实验采用单向拉伸、单向压缩及三轴压缩的试验方案，通过试验，得出各层岩石的单轴抗压强度 σ_c、弹性模量 E、泊松比 ν、黏聚力 C、内摩擦角 φ 等力学参数以及相应的全应力 – 应变曲线。

2.2.1　岩石单轴抗压强度试验

岩石单轴抗压强度可按照岩石试验标准进行，根据现场采集的各岩层天然试样进行密封包装，加工成标准岩石试件，一般加工后的试件形状为圆柱形，尺寸为 $5\mathrm{cm} \times 10\mathrm{cm}$，对于有些难加工的岩石，试件高度允许达不到标准，每组试验的试件数不少于 3 个。图 2.1 为进行单轴压缩试验时的岩石试件及加载系统。

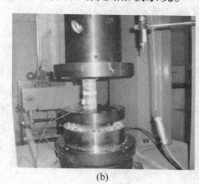

(a)　　　　　　　　　　　　　　(b)

图 2.1　岩石力学实验
（a）岩石试样；（b）加载系统

单个试件的抗压强度 σ_c 为：

$$\sigma_c = \frac{P}{F} \tag{2.1}$$

式中，P 为破坏载荷，N；F 为试件初始断面积，mm^2。

在使用伺服控制压力机进行试验过程中，通过计算机同步采集，可以同时得到试件的强度和位移（应变 ε）。通过在刚性压力机上进行单轴压缩试验，可以获得岩石的单轴抗压强度（σ_c）、弹性模量（E）、泊松比（ν）等基本岩石力学参数和全应力–应变曲线。

　　在确定试件岩石力学参数时，取试件的最大强度为极限强度；试件应变持续变化而应力基本保持不变的最后强度为残余强度；在全应力–应变曲线中取峰前直线弹性段的平均割线弹性模量为试件的弹性模量；根据经验，取极限强度65%处的泊松比为试件的泊松比 ν。各层岩石试件的平均抗压强度、弹性模量、泊松比即为该岩岩层的单轴抗压强度、弹性模量、泊松比。某些岩石单轴压缩的全应力–位移曲线如图2.2所示。

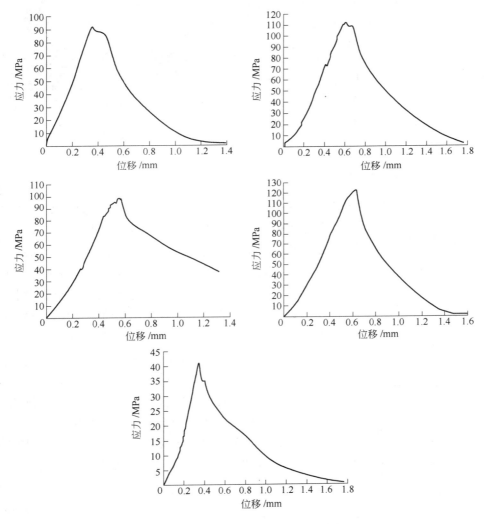

图2.2　岩石试样全应力–位移曲线

2.2.2　岩石抗拉强度试验

岩石抗拉强度试验直接拉伸方法的试样加工和试验过程都比较困难，目前多采用劈裂法或称巴西法进行试验。实验按照岩石试样标准进行，首先将从钻孔中采集的各岩层试样加工成标准岩石试件，加工后的试件形状为圆柱形，尺寸可为 5cm × 2.5cm，每组试验的试件数一般不少于 3 个。试验可以在一般的伺服压力机上进行（图2.3），而岩石的抗拉强度可通过下式计算：

单个试件的单向抗拉强度 σ_t 为：

$$\sigma_t = \frac{2P}{\pi \cdot D \cdot t} \qquad (2.2)$$

式中，P 为试件破坏载荷，N；D 为试件直径，mm；t 为试件厚度，mm。

图 2.3　岩石抗拉强度试验（巴西法）

每组试验的平均抗拉强度即为每种岩石的抗拉强度。

2.2.3　岩石的抗剪强度

岩石的剪切强度是指岩石在一定的应力条件下（主要指压应力）所能抵抗

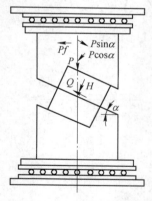

图 2.4　岩石试样剪切试验

的最大剪应力。室内的岩石剪切强度测定，最常用的是变角度剪切法测定岩石的抗剪断强度。一般用楔形剪切仪，其主要装置如图 2.4 所示。把岩石试件置于楔形剪切仪中，并放在压力机上进行加压试验，则作用于剪切平面上的法向压力 H 与切向力 Q 可按下式计算：

$$\left.\begin{array}{l} H = P(\cos\alpha + f\sin\alpha) \\ Q = P(\sin\alpha - f\cos\alpha) \end{array}\right\} \qquad (2.3)$$

式中，P 为压力机施加的总压力，N；α 为试件倾角，（°）；f 为圆柱形滚子与上下盘压板摩擦系数。

以试件剪切面积 A 除以上式，即可得到受剪面上的法向应力 σ 和剪应力 τ（试件受剪破坏时，即为岩石的抗剪断强度）：

$$\left.\begin{array}{l} \sigma = \dfrac{H}{A} = \dfrac{P}{A}(\cos\alpha + f\sin\alpha) \\[2mm] \tau = \dfrac{Q}{A} = \dfrac{P}{A}(\sin\alpha - f\cos\alpha) \end{array}\right\} \qquad (2.4)$$

以不同的 α 值的夹具进行试验（一般 $40° \sim 60°$），分别求出相应的 σ 及 τ 值，即可在 $\sigma - \tau$ 坐标纸上做出它们的关系曲线，岩石的抗剪断强度关系曲线是一条弧形曲线，一般简化为直线形式（图2.5）。

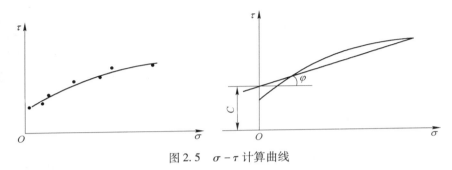

图 2.5　$\sigma - \tau$ 计算曲线

岩石的抗剪断强度 τ 与压应力 σ 之间可用 Mohr – Coulomb 强度理论表述为：

$$\tau = \sigma \tan\varphi + C \qquad (2.5)$$

式中，φ 为岩石抗剪断内摩擦角，（°）；C 为岩石的黏聚力，MPa。

2.2.4　岩石三轴抗压强度试验

岩石在岩体中多处于三向或者双向应力状态，因而研究各岩层岩石的三轴压缩特性更具有工程意义，可得出在不同围压下的抗压强度、残余强度及黏聚力 C、内摩擦角 φ 值。其中内摩擦角 φ 及黏聚力 C 的计算方法如下：

采用 M – C 岩石强度方程：　$\tau = \sigma \tan\varphi + C$

三轴试验线性回归方程：$\sigma_1 - \sigma_2 = \sigma_3 \tan\alpha + k$

式中，φ 为岩石内摩擦角；C 为岩石黏聚力；$\tan\alpha$ 为线性回归方程的斜率；k 为线性回归方程的纵轴截距。

根据莫尔应力圆关系可导出黏聚力 C、内摩擦角 φ 的计算公式：

$$C = \frac{k(1 - \sin\varphi)}{2\cos\varphi} \qquad (2.6)$$

$$\varphi = 2\arctan\sqrt{\tan\alpha + 1} - 90°$$

2.3　岩体力学性质现场试验

现场试验一般指工程地质原位测试，在岩土层原来所在的位置上，基本保持其天然结构、天然含水量及天然应力状态下进行测试的技术。它与岩土力学室内试验相辅相成，取长补短。岩土体的原位测试包括静力触探、动力触探、标准贯入试验、十字板剪切、旁压试验、静载试验、扁板侧胀试验、应力铲试验、现场直剪试验、岩体应力试验、岩石现场点荷载试验、岩土波速测试等，以土体测试应用较多。现场试验的适用条件一般为：（1）当原位测试比较简单，而室内试验条件与工程实际相差较大时；（2）当基础的受力状态比较复杂，计算不准确而又无成熟经验，或整体基础的原位真型试验比较简单；（3）重要工程必须进行必要的原位试验。现场试验可以测定难于取得不扰动土样的有关工程力学性质，可避免取样过程中应力释放的影响，影响范围大，代表性强。但是，各种原位测试有其适用条件，有些理论往往建立在统计经验的关系上。影响原位测试成果的因素较为复杂，为测定值的准确性判定造成一定的困难。另外，大型现场试验的成本较高，只有在某些极重要的工程中才能应用。

2.3.1　现场点荷载试验

2.3.1.1　点荷载试验破坏机理

点荷载试验是一种较简单的原位测试，目前应用广泛，其方法是将岩块置于上、下两个球端圆锥压板之间，对试样施加集中荷载，直至破坏，然后求得岩石的点荷载强度指数，再通过经验系数确定岩石的抗压强度值。它的破坏机理如图2.6所示。从中可以看出，在加载点周围岩石所受的力接近压应力，但是在距加载点一定距离以外的范围内，岩石受到了垂直加载轴向的弹性拉应力。在加载点附近，产生了雁行式裂隙，且呈弯曲状排列；荷载增大时，它们相互靠拢而成为滑移线。随着荷载进一步的作用，这种裂隙可在一定范围内产生，并自然地发展，直到它们与弹性拉应力区连接后，岩石在拉应力作用下发生劈裂，即在点荷载作用下整个试件中发生了拉应力和压应力，最终岩石试件产生破坏。

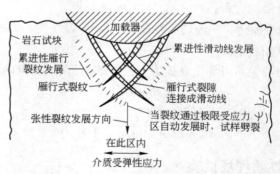

图2.6　点荷载试验破坏机理图

2.3.1.2　试验方法和试样选取

试验工作可在现场进行，选取不规则岩石试件，厚度在45～55mm之间，在自然条件下逐个用试验仪施加荷载，直至发生破坏，此时记下压力表读数，得出一组压力数据，求其统计规律。

2.3.1.3 试验数据处理方法

方法一：根据《工程岩体试验方法标准（GBT 50266—99）》（以下简称《标准》）中的规定和《手册》中的论述，点荷载强度试验是将岩石试件置于一对球端圆锥之间，对试样施加集中荷载直至破坏。试验时可读得油压表的读数，量测试样破坏面上的两加荷点之间的距离和垂直于加荷点连线的平均宽度，将其换算成试样破坏时的荷载 P 和等价岩芯直径 D_e，根据下列公式计算岩石点荷载强度：

$$I_s = P/D_e^2 \qquad (2.7)$$

式中，I_s 为未经修正的岩石点荷载强度，MPa；P 为破坏荷载，N；D_e 为等价岩芯直径，mm。

《标准》中规定：当两加荷点间距不等于 50mm 时，应对计算值进行修正，根据试验数据的多寡，修正方法分为两种情况考虑。

当试验数据较少时，按下列公式计算岩石点荷载强度：

$$I_{s(50)} = I_s \cdot (D_e/50)^m \qquad (2.8)$$

式中，$I_{s(50)}$ 为经尺寸修正后的岩石点荷载强度，MPa；m 为修正指数，由同类岩石的经验值确定。

当试验数据较多，且同一组试件中的等价岩芯直径具多种尺寸，而加荷两点间距不等于 50mm 时，应根据试验结果，绘制 D_e^2 与破坏荷载 P 的关系曲线，并在曲线上查找 D_e^2 为 2500mm^2 时，对应的 P_{50} 值，按下列公式计算岩石点荷载强度：

$$I_{s(50)} = P_{50}/2500 \qquad (2.9)$$

式中，P_{50} 为根据 $D_e^2 - P$ 关系曲线 D_e^2 为 2500mm^2 时的 P 值。

但是目前按照《标准》中的规定或者参考《手册》中的方法进行点荷载强度 $I_{s(50)}$ 的计算尚存在一定的困难，或者说《标准》和《手册》中对点荷载强度试验的规定或论述还有不成熟的方面，其经验公式存在着一定的局限性。

方法二：鉴于在实际的岩土工程应用中，按照《标准》中的规定进行点荷载强度试验资料整理时，计算岩石点荷载强度 $I_{s(50)}$ 存在困难，因此现今岩土工程界常采用以往的习惯做法，即按照《岩石物理力学性质试验规程（地矿部1988）》中的规定结合各自的经验进行资料整理和数据分析，其具体步骤如下：

根据油压表读数计算破坏荷载，按下式计算破坏载荷：

$$P = S \cdot F \qquad (2.10)$$

式中，S 为千斤顶活塞面积，mm^2；F 为压力表读数，MPa。

按下列公式计算试样的破坏面积和等效圆直径的平方：

$$A_f = D \cdot W_f$$

$$D_e^2 = 4 \cdot A_f/\pi \qquad (2.11)$$

式中，A_f 为试样的破坏面积，mm^2；D 为在试样破坏面上测量的两加荷点之间的距离，mm；W_f 为试样破坏面上垂直于加荷点连线的平均宽度，mm。

按公式计算岩石点荷载强度，并统计计算其 I_s 并计算其平均值。

根据岩石点荷载强度的平均值，可按下列公式计算岩石单轴抗压强度：

$$\sigma_c = K \cdot I_s \qquad (2.12)$$

式中，σ_c 为岩石单轴饱和抗压强度，MPa；K 为强度比，为各类岩石的经验值。

有资料表明，岩石的点荷载强度与单轴抗压强度存在着一定的线性关系，如图 2.7 所示，一般认为单轴抗压强度是点荷载强度的 20～25 倍，因此许多岩土工程师在根据岩石点荷载强度计算单轴抗压强度时，常常取其下限，即取强度比 20，即：

$$\sigma_c = 20 \cdot I_s \qquad (2.13)$$

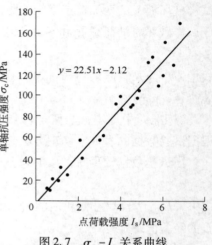

图 2.7　$\sigma_c - I_s$ 关系曲线

这样的计算式未免过于简单化和程式化，因而不能根据不同的岩石类别和不同的加荷方式进行具体的分析和取值。

设压力表读数用 Y 表示，则利用上面公式推得 I_s 公式：

$$I_s = 40\pi Y \left(\frac{D'}{D}\right)^2 \qquad (2.14)$$

式中，Y 为压力表读数，MPa；D' 为千斤顶活塞直径，mm；D 为在试样破坏面上测量的两加荷点之间的距离，mm。

岩石单轴抗压强度公式：

$$\sigma_c = \frac{8000\pi Y}{D^2} \qquad (2.15)$$

2.3.2　岩体变形试验

岩体变形参数测试方法有静力法和动力法两种。静力法的基本原理是：在选定的岩体表面、帮壁或者钻孔内壁面上施加一定的载荷，并测试其变形；然后绘制应力 - 应变曲线，计算岩体的变形参数。因其方法不同，静力法又可分为承压板法、狭缝法、钻孔变形法及水压法等。动力法是用人工方法对岩体发射或激发弹性波，并测定弹性波在岩体中的传播速度，然后通过一定的关系式求岩体的变形参数。根据弹性波的激发方式不同，动力法可分为声波法和地震法。

承压板法又可分为刚性承压板法和柔性承压板法，我国目前普遍采用刚性承压板法。

2.4 岩体质量评价

工程岩体稳定性分级是评价工程岩体稳定性的前提，也是对工程岩体稳定性的一个宏观评价。对露天转地下开采过渡期来说，对主要岩体进行稳定性分级，将会对后续采矿方法的选择、开拓方式以及巷道的支护方案设计都有重要的指导意义。

工程岩体质量评价即是根据一定的现场勘察和试验取得的岩体信息，进而对岩体的工程地质条件、岩体力学参数进行评判、分析、综合。对于岩体稳定性分级方法，国内外进行了大量的研究，提出了众多的分级方法，每种分级方法都各有优劣。目前进行岩体稳定性分级比较流行的方法有：由 Bieniawski 于 1973 年提出的 RMR（rock mass rating）法；挪威学者 Barton 提出的综合指标 Q 系统；东北大学林韵梅教授提出的围岩稳定性动态分级方法；我国编制的《工程岩体分级标准》国家标准等。

2.4.1 RMR 分类系统

RMR 法是众多岩体工程质量评价方法中的一种，又称为岩体权值系统分类法或地质力学分类法。该方法综合考虑了岩石强度、结构面间距及特征、岩心质量、地下水条件等地质因素的影响，是一种比较完善的工程岩体质量评价方法。

RMR 分类系统有 6 个基本参数及其分级量化权值，完整岩石材料强度权值 R_1、RQD 权值 R_2，结构面间距权值 R_3，结构面条件权值 R_4，地下水条件权值 R_5，结构面调整权值 R_6，见表 2.1、表 2.2。通过与 Hoek – Brown 强度准则的融合和运用，RMR 系统是获取岩体工程设计所需力学参数的一种可行的手段和系统。目前的研究表明，RMR 系统需要相对较少的专家经验，因此在岩体工程中得到了较广泛的应用。根据地质资料，运用上述 6 个参数评分得到权值后，将其累加即得到了岩体 RMR 值，即：

$$\text{RMR} = \sum_{i=1}^{6} R_i \qquad (2.16)$$

表 2.1 地质力学统计表

	分类参数		取值范围				
R_1	完整岩样强度/MPa	点荷载强度指标	>10	4~10	2~4	1~2	单轴压缩测试
		单轴抗压强度	>250	100~250	50~100	25~50	5~15 1~5 <1
	权值		15	12	7	4	2 1 0
R_2	RQD/%		90~100	75~90	50~75	25~50	0~25
	权值		20	17	13	8	3
R_3	结构面间距 J_s/m		>2	0.6~2	0.2~0.6	0.06~0.2	<0.06
	权值		20	15	10	8	5

续表2.1

分类参数			取值范围				
R_4	结构面条件	粗糙度	很粗糙	较粗糙	粗糙	光滑	
		充填物/mm				或<5	软弱充填>5
		张开度/mm	未张开	<1	<1	或1~5	或>5
		连续性	不连续			连续	连续
		岩壁风化程度	未风化	微风化	强风化		
		权值	30	25	20	10	0
	具体结构面条件分类指标	结构面长度	<1m	1~3m	3~10m	10~20m	>20m
		权值	6	4	2	1	0
		张开度/m	0	<0.1	0.1~1.0	1~5	>5
		权值	6	5	4	1	0
		粗糙度	很粗糙	粗糙	轻微粗糙	平滑	光滑
		权值	6	5	3	1	0
		充填物	无	硬充填物		软充填物	
				<5mm	>5mm	<5mm	>5mm
		权值	6	4	2	2	0
		风化	未风化	轻微	中等	高	离散
		权值	6	5	3	1	0
R_5	地下水条件	每10m隧道流水量/L·min⁻¹	无	<10	10~25	25~125	>125
		权值（节理水压力/最大主应力）	0	<0.1	0.1~0.2	0.2~0.5	>0.5
		一般条件	完全干燥	较湿	湿润	滴沥	水流
		权值	15	10	7	4	0
R_6	权值	结构面走向与倾向	很合适	合适	一般	不合适	很不合适
		隧道与采矿	0	-2	-5	-10	-12
		基础	0	-2	-7	-15	-25
		边坡	0	-5	-25	-50	-60

注：根据 Bieniawski 修订。

表 2.2　RMR 岩体质量分类标准

类别	Ⅰ	Ⅱ	Ⅲ	Ⅳ	Ⅴ
岩体描述	很好	好	较好	较差	很差
RMR	81~100	61~80	41~60	21~40	<20

2.4.2　Q 系统分类法

Barton 通过对 200 多个已建硐室的资料分析，在 1974 年提出岩体工程分类法，首次建立了岩体质量指标（Q）的概念。他认为决定岩体质量的主要因素包括如下6个参数：岩体的完整程度、节理性状和节理发育程度、地下水状况、地应力的大小和方向，并且提出了岩体质量指标和6个参数之间的关系：

$$Q = \frac{\text{RQD}}{J_n} \frac{J_r}{J_a} \frac{J_w}{\text{SRF}}$$ (2.17)

式中，J_n 为节理组数；J_r 为节理粗糙度数值；J_a 为节理蚀变程度；J_w 为节理水折减系数；SRF 为应力折减系数。

Q 系统法把地下围岩的分类与支护结合起来，详细地描述了节理的粗糙度和节理的蚀变程度，并把它们作为 Q 系统的强有力参数，同时明确了地应力也是 Q 系统中的一项主要参数。根据 Q 值大小将岩体分为极坏（$Q < 0.01$）、非常坏（$Q = 0.01 \sim 0.1$）、很坏（$Q = 0.1 \sim 1.0$）、坏（$Q = 1 \sim 4$）、一般（$Q = 4 \sim 10$）、好（$Q = 10 \sim 40$）、很好（$Q = 40 \sim 100$），非常好（$Q = 100 \sim 400$）和极好（$Q > 400$）九类。

2.4.3　工程岩体分级标准

由水利部长江水利委员会、长江科学院等单位于 1994 年编制了工程岩体分级标准（GB 50218—94）。该标准适用于各类型岩石工程的岩体分级，岩体基本质量指标（BQ）根据分级因素的定量指标 R_c 和 K_v 按下式计算：

$$\text{BQ} = 90 + 3R_c + 250K_v$$ (2.18)

限制条件为：当 $R_c > 90K_v + 30$ 时，应以 $R_c = 90K_v + 30$ 和 K_v 代入计算 BQ 值；当 $K_v > 0.04R_c + 0.4$ 时，应以 $K_v = 0.04R_c + 0.4$ 和 R_c 代入计算 BQ 值。

式中，R_c 为岩石单轴抗压强度；K_v 为岩体完整性指数，$K_v = (V_{pm}/V_{pr})^2$，其中 V_{pm} 为岩体 P 波速度，km/s；V_{pr} 为岩石 P 波速度，km/s，在没有波速测试数据时，可以通过结构面体积密度计算。岩体基本质量由岩石强度和岩体完整程度两个因素确定，而岩石强度和岩体完整程度则采用定性划分和定量指标两种方法确定。岩体基本质量分级，应根据岩体基本质量的定性特征和岩体基本质量指标（BQ）两者相结合，由相应表格确定。

2.5　岩体力学参数估算

岩质边坡力学参数的取值主要是确定岩质边坡滑动面或潜在滑动面的力学参数 C、φ 值，用以指导边坡的稳定性分析和加固工程设计。滑动面通常是依附于岩土体内原有的不连续面形成的贯通错动界面，或者是岩土体内新生的贯通剪切面，对于岩质边坡而言，通常是研究不连续结构面的破坏机理及其取值方法。

边坡力学参数的取值研究可以分为两个层次：第一是取值理论，即取什么的问题，边坡的强度参数有屈服强度参数、峰值强度参数、残余强度参数、长期强度参数等，如何选取与实际边坡状态相对应的强度参数值是该研究的核心；第二是取值方法，即怎么取的问题，在试验或理论分析过程中如何取得研究者需要的强度参数是该研究的核心。

在实际工程中，岩体质量评价是对岩体自然特性的反映，其目的之一是为了后续的岩体力学参数的估算。岩体的力学参数是表征岩体强度与变形的量化指标，在进行一些大中型建设工程项目的设计论证时，进行岩体力学参数的测定是一项必需的工作。如果展开大范围的现场测试，则成本高昂，消耗大量的人力物力，目前使用得并不广泛。有限的测试经费和时间，只能允许进行极少数成本高昂的试验工作。因此，有效的研究方法是通过岩体质量评价，利用已有的经验公式进行估算，这对于解决现场工程问题具有重要的意义。

工程岩体最重要的强度参数为黏聚力 C 和内摩擦角 φ，虽然通过 RMR 指标可以直接估求岩体的 C、φ，但对 C 的估计过于保守，而 φ 偏高。目前对于岩体 C、φ 值的估算，普遍使用的仍是 Hoek – Brown（HB）经验公式。Hoek 和 Brown 通过现场调查，结合 Bieniawski 的 RMR 和 Barton 的 Q 系统，通过对几个参数的确定来计算 C、φ 的值。

Bieniawski 提出的 RMR 不易把破坏准则和现场地质勘察情况很好地联系起来，特别是那些质量极差的破碎岩体，不容易提供权值。因此 Hoek 提出了地质强度指标 GSI（geological strength index）概念，以修订 RMR 质量评价体系在质量极差的破碎岩体结构中的局限性。虽然对于质量非常差的岩体（GSI < 25），岩心长度普遍小于 10m，用 GSI 法来评估的效果较好。但对于大多数的岩体（GSI > 25），GSI 值与 RMR 值间存在着一定的对应关系，这时，采用 RMR 系统，仍然是可行的。

2.5.1　变形模量的估算

由于岩体中软弱结构面的普遍存在，岩体的变形模量远低于岩石试样。而对于大范围的工程岩体，要精确测定其变形模量，目前的技术难度较大，有效的研究方法是根据岩体分类指标，然后利用已有的经验公式估算。

Serafim & Pereira 提出了 RMR 与变形模量 E（GPa）之间的预测方程，它们的关系式如下：

$$E = 10^{\left(\frac{RMR-10}{40}\right)} \tag{2.19}$$

在研究中发现：当 RMR < 57 时，可以采用上式求算岩体变形模量。

上述公式得出的是均质岩体的弹性模量，然而岩体是非均质材料，计算结果无疑是有出入的。郑颖人院士指出："研究表明泊松比 ν 对边坡的塑性区分布范围有影响，γ 的取值越小，边坡的塑性区范围越大。但是计算表明，ν 的取值对安全系数计算结果的影响极小。E 对边坡的变形和位移的大小有影响，但是对于稳定安全系数基本无影响。由此可见，只需按经验来选取 E 和 γ，即使选取有所不当，也不会影响稳定分析的结果。"

2.5.2 C 和 φ 值的估算

目前，岩体工程中最常用的破坏准则仍是 Mohr – Coulomb 准则，岩体强度取决于岩块和结构面的综合强度，在最大、最小主应力 σ_1 和 σ_3 共同作用下，Mohr – Coulomb 准则表示为：

$$\sigma_1 = \frac{2C\cos\varphi}{1 - \sin\varphi} + \frac{1 + \sin\varphi}{1 - \sin\varphi}\sigma_3 \tag{2.20}$$

Hoek – Brown 准则表示为：

$$\sigma_1 = \sigma_3 + \sqrt{m\sigma_c\sigma_3 + s\sigma_c^2} \tag{2.21}$$

式中，σ_1 为岩体破坏时的最大主应力；σ_3 为破坏时的最小主应力；m 和 s 分别为表示岩体材料性质的无量纲系数，可以通过 RMR 计算，公式如下：

对于未扰动岩体：

$$m = m_i \exp\left(\frac{\text{RMR} - 100}{28}\right) \tag{2.22}$$

$$s = \exp\left(\frac{\text{RMR} - 100}{9}\right) \tag{2.23}$$

对于扰动岩体：

$$m = m_i \exp\left(\frac{\text{RMR} - 100}{14}\right) \tag{2.24}$$

$$s = \exp\left(\frac{\text{RMR} - 100}{6}\right) \tag{2.25}$$

式中，m_i 的估算值可以从 Hoek 和 Brown 所提供的表格中查得。

m 和 s 求得后，计算 σ_3 对应的 σ_1，反之亦然，然后用回归分析方法得到该岩体所遵循的 Hoek – Brown 准则线性表达式。

$$\sigma_1 = \sigma_{mc} + k\sigma_3 \tag{2.26}$$

式中，$\sigma_{mc} = \dfrac{2C\cos\varphi}{1 - \sin\varphi}$，$k = \dfrac{1 + \sin\varphi}{1 - \sin\varphi}$。

这时，即可反求出岩体的 C、φ。

3 露天矿边坡稳定性分析与计算

边坡稳定性计算是边坡稳定性研究和评价的主要依据，这项工作直接关系到整个边坡研究及滑体方案设计工作的最终结论。因此，能否确定出具有工程代表性的剖面，找出符合客观实际的破坏模式，选定适当的计算方法，根据具体的工程地质条件确定岩体力学参数，运用先进的方法和手段，是做好这项工作的关键。只有做到以上诸方面，才能做出恰当的、符合客观实际的评价。

3.1　概述

目前，用于边坡岩体稳定性分析的方法，主要有数学力学分析法（极限平衡法、弹性力学、弹塑性力学和有限元法等）、工程类比法和图解法（赤平极射投影法、实体比例投影法、摩擦元法等）、模型模拟试验法（相似材料模拟试验、光弹试验和离心模型试验等）及原位观测法等，此外还有破坏概率法、信息论方法及风险决策等新方法。目前广泛应用于工程界的稳定分析方法主要有极限平衡分析法及数值方法。

定性分析方法主要是分析影响边坡稳定性的主要因素、失稳的力学机制、变形破坏的可能方式及工程的综合功能等，对边坡的成因及演化历史进行分析，以此评价边坡稳定状况及其可能发展趋势。该方法的优点是综合考虑影响边坡稳定性的因素，快速地对边坡的稳定性做出评价和预测。常用的方法有：地质分析法（历史成因分析法）、工程地质类比法、图解法、边坡稳定专家系统。

边坡的定量分析方法，主要有如下几种。

A　滑移线法

滑移线法同时考虑屈服条件（Mohr – Coulomb 准则）和平衡方程，导出基本的微分方程 – 塑性平衡方程，进而在屈服区内确定滑移线网，结合应力边界条件，得出各种问题的解。滑移线法不考虑岩体内部应力 – 应变关系，而按照固体力学，真实解必须满足这个条件。由滑移线方程得到的屈服区应力场不一定是正确的解，同时也不能确定是一个上限解还是一个下限解。如果通过一个给定的应力 – 应变关系能把一个相容的位移场或者速度场与屈服区应力场联系起来，则滑移线解是一个上限解；同时如果屈服区应力场可以拓展到整个求解域且满足平衡方程、屈服条件和应力边界条件，则滑移线解又是一个下限解。能满足上述两条，滑移线解就会是极限荷载的精确解。

B　极限平衡法

极限平衡法是一种最古老的边坡稳定性分析方法。早在 1916 年瑞典人彼德森就提出了极限平衡法。到目前为止，以极限平衡法为代表的常规方法仍是国内外广泛应用的方法。其基本出发点是把岩土体作为一个刚体，为方便计算做一些假定，不考虑岩土的应力－应变关系，因而这种建立在刚体极限平衡理论上的稳定性分析方法无法考虑边坡的变形与稳定。极限平衡分析方法的优点是：

（1）采用经典的力学平衡分析方法进行计算，物理力学概念明确；

（2）可以用手工计算，无需借助大型计算机，因此在计算机发展之前，极限平衡法在边坡稳定性分析和计算中占有重要的地位；

（3）采用极限平衡分析方法可以将边坡的下滑力和抗下滑力进行单独分析，从而获得明确的安全系数。

极限平衡分析方法的显著缺点是为了简化计算，做了较多的假设。由于岩土体是一种复杂的介质，它的力学特性常与地质构造和长期的地质历史有关。岩土体具有多裂隙性、分层性、力学性质上的非均质性、各向异性、应力－应变关系的非线性、流变性，在不同条件下岩土体还具有脆性或塑性破坏，并往往呈现渐进破坏的特点。岩体往往具有初始应力，加上工程对象所特有的复杂边界条件，以及复杂的地质条件等。所有的这些问题，经典的力学方法往往是难以顾及的。

C　极限分析法

与滑移线法或者极限平衡法不同，极限分析以一种理想的方式建立了极限分析条件。极限分析法的下限定理是构造一个静力场，使之满足平衡方程、应力边界，处处不违背屈服条件的应力分布（静力许可应力场），这时所确定的荷载不会大于实际破坏荷载。可见下限方法不考虑岩土体运动学条件，只考虑平衡方程和屈服条件。上限定理是满足速度边界、应变与速度相容条件的变形模式（运动许可速度场）中，由外功率等于消耗的内功率得到的荷载，不小于实际破坏荷载。可见上限只考虑速度模式和能量消耗，不要求满足平衡条件，而且只要在变形区域内定义。

因此对于一个问题，只要适当地选择应力场和速度场，就可以使所求的破坏荷载限制在很接近的小范围之内。

D　数值方法

随着计算机硬件与软件的不断发展，利用数值方法进行边坡稳定性分析成为可能。1967 年人们第一次尝试用有限元法研究边坡稳定性问题，给定量评价边坡稳定性创造了条件，使边坡稳定性分析逐步过渡到了定量的数学解法。以有限元法为代表的数值方法，可以对不同的单元根据具体情况指定不同的力学性质；可以对节理裂隙等软弱层设置适当的软弱面单元；可以方便地处理层状岩土体和有规则的节理岩体所表现出的正交各向异性；可以精确地估算地下渗流或爆破震动等对岩土体应力场、位移场以及稳定性的影响；还可以方便地处理各种不规则的几何边界以及各种复杂的边界条件。用数值方法分析边坡的稳定性，不仅能较方便地考察构造应力场的影响和模拟各种开挖高度的影响，获得坡体内的应力场、位移和塑性区的分布状态，而且还能求出可能的滑动面和安全系数。但是，由于目前岩土体试验技术还落后于客观需要，不能为数值方法提供准确的数据。而且由于部分力学模型尚存在一些缺陷，以及还有一些没有被人们认识的领域等原因，使计算数据和计算模式还不能完全满足设计要求。

有限单元法解题步骤已经系统化，并形成了很多通用的计算机程序。其优点是部分地考虑了边坡岩体的非均质、不连续介质特征，考虑了岩体的应力应变特征，因而可以避免将坡体视为刚体、过于简化边界条件的缺点，能够接近实际地从应力应变分析边坡的变形破坏机制，对了解边坡的应力分布及应变位移变化很有利。与传统的极限平衡法相比，有限单元法的优点主要有：1）破坏面的形状或位置不需要事先假定，破坏自然地发生在剪应力超过边坡岩土体抗剪强度的地带；2）由于有限单元法引入变形协调的本构关系，因此不必引入假定条件，保持了严密的理论体系；3）有限元解提供了坡体应力变形的全部信息。其不足之处是：数据准备繁琐、工作量大，原始数据易出错，不能保证整个区域内某些物理量的连续性；对解决无限性问题、应力集中问题等精度较差。

目前，应用于力学分析和计算的软件非常多，如 Ansys、Marc、Adina、Abaqus、Diana 等普遍使用的通用有限元程序；专门针对岩土工程的软件有 Geosloge 公司的 Sigma/W，RockScienc 公司的 Phasc2，Plaxis 公司的 Plaxis，ITASCA 公司的 FLAC（有限差分法程序）、UDEC（离散元法程序）、PFC（颗粒流程序），FIDES 公司的 KEM（运动单元法程序）等等。

E　概率方法

以上的极限平衡法和数值方法是基于确定性模型的。边坡稳定性分析中，因为岩土特性是空间变化的，取样的数目是有限的，测试过程以及岩土的原位特性与测定值之间是不确定的。此外载荷的精确分类、量值的大小及其分布也都是不确定因素。这些因素对于用确定性计算方法来预测边坡稳定性的影响是显著的。如果采用非确定性理论就能够考虑岩土特性和载荷的变异性，可以对各种各样不确定因素的复杂影响做出总量的估计，就能为复杂的实际问题提供可靠的结果。因此，如果将常规的、确定性的边坡稳定性计算方法与非确定性理论相结合，使它们相互渗透、相互交叉、扬长避短，可望开拓边坡稳定性计算方法的新途径。迄今为止，国内外的许多边坡工程中采用概率分析方法所解决的边坡稳定性问题已获得不同程度的成功，概率分析方法已代表了边坡稳定性分析的一个新的发展方向。人们普遍认为，当滑体的几何要素及滑动面的产状与强度指标具有不确定性时，概率方法具有明显的优越性。但是，正如任何一门学科都有其局限性一样，概率方法在应用上也有局限性。首先，在稳定性计算中，破坏概率只反映了计算参数的分散性引起的不确定性，而不包括各种未能考虑的工程因素；其次，对同一边坡，不论对于重要工程还是次要工程，以 $F_s < 1$ 为标准的破坏概率都相同；而且，对于一个不稳定的系统，一个包含着人的因素影响和作用的系统，概率的频率稳定性规律常常被破坏了。在这些情况下，传统概率方法应用的有效性便值得怀疑。

F 模糊和灰色理论

自然界存在的不确定性，既可能是随机的，也可能是模糊的或灰色的。随机性是指事件的发生与否是不确定的，但事件本身具有明确的含义。而模糊或灰色性则是事件本身的含义在概念上是不清楚的。模糊指外延确定，内涵不确定。而灰色则指内涵确定，外延不确定（内涵指内在含意，外延则指哪些事物符合此概念）。模糊和灰色这两个概念探索的途径尽管是殊途，但其实质却都是一种广义的晰化过程。为了方便与简化起见，我们不妨把它们统称"模糊"，而不管它们表示的系统状态是属于内涵还是外延。此外，把处理自然界中不确定性的概率理论、模糊数学和灰色理论统称为非确定性理论。概率论的产生，把数学应用范围从必然现象扩大到偶然现象的领域。

模糊数学或灰色理论的产生则把数学的应用范围从精确现象扩大到模糊现象的领域。概率论研究和处理随机性，模糊数学或灰色理论研究和处理模糊性，二者都属于不确定性数学，它们之间有深刻的联系，但又有本质的不同。边坡稳定性分析是不确定性问题，具有随机性、模糊性。传统方法为定值方法，没有考虑实际存在的不确定性，所给的安全系数并不能反映分析对象真实的安全度和可靠度，对于这类具有模糊性的事件可以采用模糊数学方法。如刘瑞玲等采用模糊数学方法充分考虑工程实际经验，建立了模糊综合评判模型。

G 应用系统科学、人工智能、神经网络、进化计算

应用系统科学、人工智能、神经网络、进化计算等新兴学科理论，综合研究岩土边坡工程系统的不确定性和工程经验，发展出一套切实可行的智能力学分析方法，这可能是解决复杂的边坡工程问题的一条有效途径。

3.2 极限平衡分析基本原理

3.2.1 安全系数定义

边坡稳定性定量分析的核心问题是边坡安全系数的计算。边坡稳定性分析的方法很多，目前工程界普遍采用的计算方法仍为极限平衡法，因其计算方法简便，并能定量地给出边坡稳定系数大小。不足点是不能给出边坡岩体的受力变形状态，数值分析方法则正好弥补了这一不足，但在很多情况下数值分析不能给出一个确定的破坏面。

边坡稳定性安全系数 k 的一般表达式：

$$k = \frac{\int F(x,y,y')\,\mathrm{d}x}{\int G(x,y,y')\,\mathrm{d}x} \tag{3.1}$$

基于安全系数可以建立多种分析方法，如瑞典条分法、毕肖普法、Morgenstern – Price 法、Sencer 法、Sarma 法、Janbu 法及余推力法等。

3.2.2　瑞典条分法

对于外形比较复杂，且 $\varphi > 0$ 的非均质岩土坡，且有渗透影响和地震惯性力影响时，整个滑动岩土体上力的分析就比较复杂。滑动面各点的抗剪强度又与该点法向应力有关，并非均匀分布，因此，应用瑞典条分法可将滑动岩土体分为若干条块，根据各岩土条块的剪切力和抗滑力，达到整个滑动岩体的力矩平衡，求得安全系数。

圆弧形条分法由瑞典费兰纽斯等人所创立，也称瑞典法。

针对平面问题，假定可能的滑面为圆弧形，位置和安全系数经反复试算确定，计算中不考虑条块间的作用力。计算过程如下：

（1）在已给定的边坡上，做出任意通过坡脚的圆弧 AC，半径为 R，以此圆弧作为可能的滑动面，将滑动面以上的土体分为几个条块（见图 3.1）。

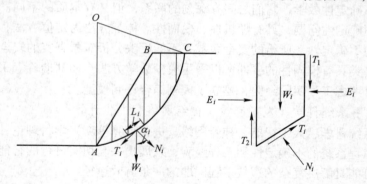

图 3.1　圆弧形条分法计算图式

（2）计算作用在每一个条块上的力，将每一个条块的自重 W_i 分解为垂直于滑动面的法向压力 N_i 和平行于滑动面的切向力 T_i，即：

$$N_i = W_i \cos\alpha_i$$
$$T_i = W_i \sin\alpha_i \tag{3.2}$$

作用于该条块所对应的长为 L_i，还有摩擦力 $N_i \tan\varphi$ 和黏聚力 CL_i，这些都是抵抗滑动的力。

在条块分界面上还有 E_1、E_2、T_1、T_2 等力，为了简化计算，假定 $E_1 = E_2$，

$T_1 = T_2$。计算中这些力不予考虑。

（3）计算各条块的下滑力对滑弧圆心 O 点的力矩 M_1：

$$M_1 = R \sum_{i=1}^{n} T_i = R \sum_{i=1}^{n} W_i \sin\alpha_i \tag{3.3}$$

（4）计算各条块抗滑力对 O 点的力矩 M_2：

$$M_2 = R \sum_{i=1}^{n} (CL_i + N_i \tan\varphi) = R \sum_{i=1}^{n} (CL_i + W_i \cos\alpha_i \tan\varphi) \tag{3.4}$$

（5）计算安全系数 F_s：

$$F_s = \frac{M_2}{M_1} = \frac{R \sum_{i=1}^{n} (CL_i + W_i \cos\alpha_i \tan\varphi)}{R \sum_{i=1}^{n} W_i \sin\alpha_i}$$

$$F_s = \frac{CL + \sum_{i=1}^{n} W_i \cos\alpha_i \tan\varphi}{\sum_{i=1}^{n} W_i \sin\alpha_i} \tag{3.5}$$

3.2.3 简布法（Janbu）

对于松散均质的边坡，由于受基岩面的限制而产生两端为圆弧、中间为平面或折线的复合滑动，此时分析复合破坏面的边坡稳定性可用简布法，如图 3.2 所示。

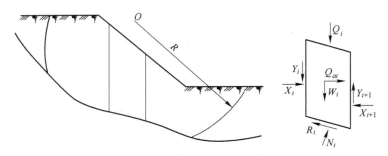

图 3.2 简布法计算图式

假设条件：垂直条块侧面上的作用力位于滑面之上 1/3 条块高处；作用于条块上的重力、反力通过条块底面的中点。

条块上作用力有：分块的重量 W_i；作用在分块上的地面荷载 Q_i；作用在分块上的水平作用力（如地震力）Q_{ai}；条间作用力的水平分力 X_i；条间作用力的垂直分力 Y_i；条块底面的抗剪力（抗滑力）R_i；条块底面的法向力 N_i。

另外，公式中用到的参数和符号有：u_i 为作用在分块滑面上的孔隙水压力；b_i 为岩土条块宽度；α_i 为分块滑面相对于水平面的夹角；C_i 为滑体分块滑动面上的黏聚力；φ_i 为滑面岩土的内摩擦角。

$$k = \frac{\sum \frac{1}{m_{ai}} \{ C_i b_i + [(W_i + Q_i - u_i b_i) + (Y_i - Y_{i+1})] \tan\varphi_i \}}{\sum \{ [W_i + (Y_i - Y_{i+1}) + Q_i] \tan\alpha_i + Q_{ai} \}} \tag{3.6}$$

式中，$m_{ai} = \cos^2\alpha_i \left(\dfrac{1 + \tan\alpha_i \tan\varphi_i}{K} \right)$。

3.2.4　毕肖普法（Bishop）

简化 Bishop 法是计算单一圆弧形破坏最为常用的方法。此种方法将滑体垂直分为 n 个条块，取其中一块为 i，其几何形状及受力分析如图 3.3 所示。

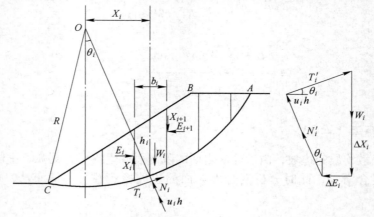

图 3.3　毕肖普法计算图式

第 i 条块高 h_i，宽 b_i；底滑面长 L_i；底面倾斜角为 θ_i；另外 E_i 为条块重心与滑弧圆心的垂向距离；R 为滑弧半径；W_i 为条块自重；Q_i 为水平向作用力（如地震惯性力）；N_i、T_i 分别为条块底部总法向力和切向力；E_i 及 X_i 分别表示法向及切向条间力。假定条块间向力 X_i 略去不计，导出安全系数公式：

$$F_s = \frac{\sum_{i=1}^{n} [C_i b_i (W_i - u_i b_i) \tan\varphi] / m_{\theta i}}{\sum_{i=1}^{n} W_i \sin\theta_i + \sum_{i=1}^{n} Q_i \dfrac{e_i}{R}} \tag{3.7}$$

式中，$m_{\theta i} = \cos\theta_i + \sin\theta_i + \tan\varphi / F_s$；$C_i$、$\varphi$ 为条块的面黏聚力和摩擦角；u_i 为条块底部孔隙水压力。

3.2.5　稳定性分析计算中几个问题的处理

3.2.5.1　滑动面寻找方法

计算中普遍采取最优化寻优与现场实测滑面位置相结合的办法寻找最大范围

可能的破坏区。

A   基本假定

（1）剪切破坏面形态用圆心坐标（X_0，Y_0）描述，并从坡脚剪出。

（2）由于圆心坐标（X_0，Y_0）两参数同时变化，为防止圆弧面与边坡面不相交，选择另一有效变量 X_C 和圆心坐标（X_0，Y_0）一起来描述圆弧形剪切破坏面形态，如图 3.4 所示。

X_C 为边坡面上的任意一点（X_C，Y_C）的横坐标值，Y_C 可通过边坡几何特征点坐标插值求得。

（3）假定变量 X_C 和圆心横坐标 X_0 及坡脚坐标（X_A，Y_A），则圆心坐标 Y_0 就可通过下式求得：

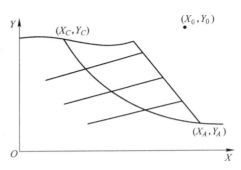

图 3.4　圆弧形剪切破坏面和形状

$$(X_0 - X_A)^2 + (Y_0 - Y_A)^2 = (X_0 - X_C)^2 + (Y_0 - Y_C)^2 \tag{3.8}$$

B   边坡临界滑面确定的单纯形优化法

最优化方法是近代数学规划中十分活跃的一个领域，目前，已有许多十分成熟的计算方法。总的来看，最优化方法分为两个体系。

第一种为确定性方法。它又可以分为直接搜索法和解析法两类。直接搜索法通过比较按照一定模式构筑的自变量的目标函数，搜索最小值。人们熟知的枚举法、网格法、优选法，都是原始形式的直接搜索法。单形法、复形法、模式搜索法等则是效率较高的直接搜索法。解析法的基本思路是寻找目标函数相对于各自变量的导数均为零的解，如负梯度法、DFP 法等。总的来说，这两类方法均可以较好地解决边坡稳定的最小值分析问题。

另外，最优化领域也出现了模拟退火、神经网络、遗传算法等新的方法，也为边坡稳定分析领域提供了新的手段，这一方面，目前仍是一个活跃的研究课题。

计算采用单纯形优化法确定最小安全系数的临界滑裂面，其原理为：

对某一初始向量 Z_0，按下面模式构筑 n 个向量 Z^i（$i = 1$，2，$\cdots$，n），组成单形。

$$
\begin{aligned}
Z^1 &= \left[z_1^0 + p, z_2^0 + q, \cdots, z_m^0 + q \right] \\
Z^2 &= \left[z_1^0 + q, z_2^0 + p, \cdots, z_m^0 + q \right] \\
&\vdots \\
Z^n &= \left[z_1^0 + q, z_2^0 + q, \cdots, z_m^0 + p \right]
\end{aligned} \tag{3.9}
$$

其中：

$$p = \frac{\sqrt{n+1} + n - 1}{n\sqrt{2}}a$$

$$q = \frac{\sqrt{n+1} - 1}{n\sqrt{2}}a$$

式中，a 为选定的步长，按照一定的方式通过反射、扩充和收缩，使单形不断更新逼近极值点。收敛准则为：

$$\left\{ \frac{1}{n+1} \sum_{k=0}^{n} \left[F(Z^k) - F(Z^a) \right]^2 \right\}^{1/2} < \varepsilon \qquad (3.10)$$

式中，$Z^a = \dfrac{\sum\limits_{k=0}^{n} Z^k}{n+1}$。

3.2.5.2 爆破对边坡稳定性的影响

爆破开挖引起的震动对边坡稳定性的影响包括两个方面：一方面是对最终边坡引起直接破坏，表现为使边坡表层岩体松散变形，从而破坏边帮岩体的完整性，降低其强度；另一方面是爆破产生的动荷载导致边坡岩体瞬时下滑力增加，岩体变形有所积累，逐渐破坏边帮岩体的完整性，从而降低其稳定性。

爆破震动对边坡的影响程度与起爆药量、起爆方式、边坡至爆心的距离及边坡的地质条件等因素有关。减轻爆破震动危害的有效方法是采取合理的控制爆破措施，如光面爆破、预裂爆破等。

露天采场处于正常的开采生产中，岩体爆破对边坡的影响是动荷载效应，这是影响边坡稳定的因素之一。这种破坏的典型形式是滑体后部破裂顶部龟裂和岩体表面松动。为了反映动荷载对边坡潜在滑动面的影响和滑动处应力储备，本次分析中参照有关振动资料，按爆破震动所产生的动荷载叠加到荷载项。爆破震动荷载采用拟静力计算方法计算。

爆破震动荷载一般根据爆破震动实测数据计算确定。由爆破实测数据计算爆破荷载对边坡稳定影响时，采用等效静荷载折算公式：

$$F = \beta k_0 W = KW \qquad (3.11)$$

式中，β 为爆破动力折算系数；k_0 为爆破荷载的地震系数，$k_0 = a/g$；K 为爆破荷载拟静力系数；a 为质点最大振动加速度，m/s^2；W 为岩体重量，N。

对于爆破震动加速度，可采用如下的经验公式：

$$\alpha = K' \frac{Q^{a/3}}{R^{\alpha}} \qquad (3.12)$$

式中，a 为质点振动加速度峰值，m/s^2；Q 为爆破装药量，微差爆破按最大段药量计，kg；R 为滑体形心至爆破中心距离，m；K' 为与岩性、爆破方法和爆破条件有关的系数，可以通过试验求得；α 为爆破衰减系数。

3.2.5.3 渗流在稳定性计算中的处理

地下水对边坡岩体稳定性起着重要的作用。从对许多滑坡事故的分析可以发现其中有不少滑坡是在暴雨后发生的，水的作用往往成为滑坡的直接原因。

地下水对边坡稳定性的影响可归纳为以下两点：

（1）静水压力：这是地下水对边坡作用的主要形式，对边坡的影响是降低岩体的抗剪强度和产生水平推力及浮托力。

（2）动水压力：地下水的渗透压力能加速边坡的滑动。

由于露天采场的开采，周围岩体产生较大范围的水降，矿坑的涌水主要是岩溶水，在坡面上没有发现明显的浸润线，因此，在计算上适当提高岩体容重。

对于坡体部分渗水，如图3.5所示，此时水下条块的重量都应按饱和容重计算，同时还要考虑滑动面上的孔隙水应力（静水压力）和作用在坡体坡面上的水压力。现除静水面 EF 以下滑动岩土体内的孔隙水应力（合力为 P_1），坡体坡面上的水压力（合力为 P_2）以外，在重心位置还作用有孔隙水的重量和岩土浮力的反作用（其合力大小等于 EF 面以下滑动岩土体同体积水量，以 G_W 表示）。因为是静水压力，这三个力组成一平衡力系。这就是说，滑动岩土体周界上的水压力 P_1 和 P_2 的合力

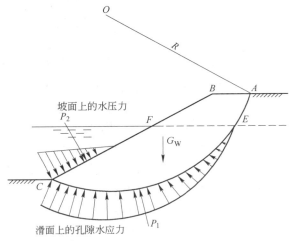

图3.5 浸水边坡的稳定性计算

与 G_W 大小相等，方向相反。因此，在静水条件下周界上的水压力对滑动岩土体的影响就可用静水面以下滑动体所受的浮力来代替，这相当于水下条块重量均按浮容重计算。因此，部分浸水坡体的安全系数，其计算公式与层岩土坡完全一样，只要把坡外水位线以下岩土的容重用浮容重 γ 代替即可。另外，由于 P_1 的作用线通过圆心，根据力矩平衡条件，P_2 对圆心的力矩相互抵消。

目前工程单位常用的方法是"代替法"。"代替法"就是用浸润线以下坡外水位以上所包围的孔隙水重加岩土力浮力的反作用力对滑动圆心 O 的力矩来代替渗透力对圆心 O 的滑动力矩，如图3.6所示。若以滑动面以上，浸润线以下的孔隙水作为隔离体，其上的作用有：

（1）滑动面上的孔隙水应力，其合力为 P_W，方向指向圆心；

（2）坡面 nC 的水压力，其合力为 P_2；

（3）nCe 范围内孔隙水重与岩土粒浮力反作用的合力 G_{W1}，垂直向下；

（4）$eABmn$ 范围内孔隙水重与岩土粒浮力的反作用的合力 G_{W2}，垂直向下；至圆心力臂为 d_w；

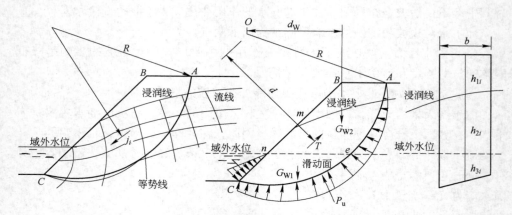

图 3.6 渗透力的求解方法

（5）岩土粒对渗流的阻力 T，至圆心力臂为 d。

在稳定渗流条件下，这些力组成一个平衡力系。现将各力按圆心取力矩，P_W 通过圆心，其力矩为零，P_2 与 G_{W1} 对圆心取矩后相互抵消，由此可得 $T_j d_j = G_{W2} d_w$。因 T_j 与渗透力的合力大小相同，方向相反，因此上式证明了渗透力对滑动圆心的力矩可用浸润线以下坡体水位以上滑弧范围内孔隙水重和岩土粒浮力的反作用力对滑动圆心的力矩来代替。

3.2.5.4 裂缝面的处理

露天采场边坡岩体存在着原生地质构造和滑裂破碎带，为了真实地反映其稳定状况，在计算中可编制计算机软件，它与滑动面搜索相配套，其特点是：

（1）岩土条重按分层计算，然后叠加；

（2）黏聚力 C 和内摩擦角 φ 按滑动面所在的岩土层位置而采用不同的数值。

如图 3.7 所示，计算条块的宽度是以计算机软件按地形状况进行插值划分，但条块的宽度不大于滑弧半径的 1/10，而且相邻两条块的滑动面倾角只差不大于 8°。

垂直张裂缝的深度根据费森科方法确定：

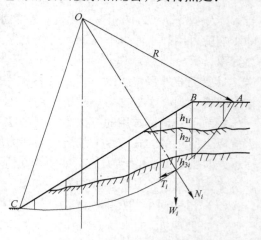

图 3.7 边坡稳定计算图式

$$H_{90} = \frac{20}{\gamma} \tan\left(45° + \frac{\varphi}{2}\right) \qquad (3.13)$$

通过现场勘察结果判断张裂缝深度，计算中垂直张裂缝可取值为 2 ~ 15m。

3.3 边坡随机分析基本原理

3.3.1 Monte – Carlo 模拟方法

蒙特卡罗模拟方法又称统计实验方法或随机模拟方法，是一种以数理统计原理为基础，通过随机变量的统计实验随机模拟求解的数值方法。

设 $X = (x_1, x_2, \cdots, x_n)$ 是边坡的基本随机变量，式中 $x_1, x_2, \cdots, x_n$ 为密度、黏聚力、摩擦系数和荷载等随机变量，它们都具有一定的分布，其统计值为已知。对于功能函数 $Z = g(X)$，应用随机抽样方法从 $X_i(i = 1, 2, \cdots, n)$ 的母体中随机地抽取一个具有相同分布的变量 $X'_i(i = 1, 2, \cdots, n)$，代入功能函数 $Z = g(X)$ 中得到一个样本 $K_j(j = 1, 2, \cdots, N)$，如此重复，直到达到预期精度的充分次数 N，就可得到 N 个相互独立的样本 $K_1, K_2, \cdots, K_N$。当功能函数用安全余量表示时，则 $Z < 0$ 表示破坏，将 N 次模拟中 $K_j < 0$ 的次数记为 n_f，则失效概率 P_f 的估计值 $\hat{P}_f$ 为：

$$\hat{P}_f = \frac{n_f}{N} \qquad (3.14)$$

由波雷尔大数定理 $\lim\limits_{N \to +\infty} P\left(\left|\frac{n_f}{N} - P_f\right| < \varepsilon\right) = 1$ 知 $\hat{P}_f$ 以概率 1 收敛于 P_f。

当功能函数用安全系数表示时，则 $Z < 1$ 表示破坏，同理可求出其破坏概率 P_f。

用蒙特卡罗模拟方法研究边坡的可靠度回避了边坡可靠度分析中的数学困难，不需要考虑极限状态曲面的复杂性、极限状态方程的非线性、变量分布的非正态性等，其方法和程序都很简单，且能得到一个相对精确的破坏概率值。蒙特卡罗模拟方法的关键在于随机样品的抽取和模拟次数的确定，其方法如下。

3.3.1.1 随机抽样

随机抽样是指用某种特定的方法产生大量的随机数，它一般分两步实现：

（1）产生伪随机数；

（2）随机变量的抽样。

对随机数的产生而言，最基本的随机变量是在 ［0，1］ 上服从均匀分布的随机变量，服从其他分布的随机变量都可以由 ［0，1］ 上均匀分布的随机变量变换得到。产生 ［0，1］ 上均匀分布随机数的方法有三种：物理方法、随机数表方法和数学方法。一般常用数学方法产生随机数，数学方法产生随机数是通过数学递推式运算实现的，并不是真正的随机数，只有通过有关的各种不同类型的检验才能把它们当做真正的随机数使用，因而常将数学方法产生的随机数称为伪随机数。数学方法产生伪随机数的方法包括迭代取中法、移位法和同余法。最常用的是同余法，同余法包括乘同余法、加同余法、混合同余法等。伪随机数产生后，还必须对其进行随机性检验。随机性检验包括均匀性检验、独立性（不相关性）检验、组合规律性检验和无连贯性检验。伪随机数产生后，必须将其变换为给定或已知分布的随机样本值，即进行随机变量的抽样。常用的随机抽样的方法有反函数法、舍选法和坐标变换法等。

3.3.1.2 误差估计与模拟次数估计

由于随机试验是概率为 P 的贝努利试验，所以 P_f 的期望值：

$$E(P_f) = E\left(\frac{M}{N}\right) = P \tag{3.15}$$

P_f 的方差为：

$$D(P_f) = \frac{P(1-P)}{N} \tag{3.16}$$

P_f 的标准差为：

$$\sigma_{P_f} = \sqrt{\frac{P(1-P)}{N}} \tag{3.17}$$

实际应用中 P 未知，可用计算的 P_f 作为 P 的估计值，则

$$\hat{\sigma}_{P_f} = \sqrt{\frac{P_f(1-P_f)}{N}} \tag{3.18}$$

当试验次数 N 充分大（$N \geqslant 50$）时，由中心极限定理

$$\frac{P_f - P}{\sigma_{P_f}} \sim N(0, 1) \tag{3.19}$$

式中，$N(0, 1)$ 为标准正态分布。

设显著水平为 α，由

$$P\left\{\left|\frac{P_f - P}{\sigma_{P_f}}\right| \leqslant u_\alpha\right\} = 1 - \alpha \tag{3.20}$$

式中，u_α 可由下式得出：

$$\frac{1}{\sqrt{2\pi}} \int_{-u_\alpha}^{u_\alpha} e^{-u^2/2} du = 1 - \alpha \tag{3.21}$$

则显著水平为 α 的 P 的置信区间为 $[P_f - \sigma_{P_f} u_\alpha, \ P_f + \sigma_{P_f} u_\alpha]$

设 P 与 P_f 的绝对误差为 ε

$$\varepsilon = |P_f - P| \leqslant u_\alpha \sigma_{P_f} = u_\alpha \sqrt{\frac{P(1-P)}{N}} \approx u_\alpha \sqrt{\frac{P_f(1-P_f)}{N}} \tag{3.22}$$

相对误差 ε'：

$$\varepsilon' = \frac{\varepsilon}{P} = \left|\frac{P_f - P}{P}\right| \leqslant \frac{u_\alpha \sigma_{P_f}}{P} \approx u_\alpha \sqrt{\frac{1 - P_f}{N P_f}} \tag{3.23}$$

绝对误差 ε 表示的模拟次数：

$$N = \frac{u_{\alpha}^{2} P_{f}(1 - P_{f})}{\varepsilon^{2}} \tag{3.24}$$

相对误差 ε' 表示的模拟次数：

$$N = \frac{u_{\alpha}^{2}(1 - P_{f})}{P_{f}(\varepsilon')^{2}} \tag{3.25}$$

由上面的推导可知：随着 N 的增大，误差减小，逐渐趋于收敛；对于给定误差和置信度 $1 - \alpha$，假定 N 取某值，可确定相应的误差，如果计算出的误差小于给定的误差，则所取的 N 满足要求，否则，应加大 N 继续模拟计算，直到满足给定的精度为止。

3.3.2 罗森布鲁斯（Rosenblueth）法

罗森布鲁斯（Rosenblueth）法又称统计矩法，它的基本数学工具是 E. Rosenblueth 于 1975 年提出，1981 年又进一步完善的统计矩点估计法。当各状态变量的概率分布为未知时，利用其均值和方差，有目的地选定或设计一些特殊值组成的点（常取关于每个随机变量的均值对称的两个点），用不同随机变量的点组成的变量组代入功能函数求其值，进而计算状态函数的各阶矩，从而求得边坡的可靠指标。Rosenblueth 法对复杂不易求导或者功能函数非明确表达的边坡可靠性分析应用起来十分方便。

对于功能函数 $Z = g(X) = g(x_1, x_2, \cdots, x_n)$，其 K 阶原点矩用 Rosenblueth 法表示为：

$$E(Z^k) = P_{1+}P_{2+}\cdots P_{n+}Z_{++\cdots} + \cdots + P_{1-}P_{2-}\cdots P_{n-}Z_{--\cdots} \tag{3.26}$$

式中，$Z_{--\cdots} = g(X_{-1}, X_{2-}, \cdots, X_{n-})$，$Z_{++\cdots} = g(X_{1+}, X_{2+}, \cdots, X_{n+})$。

而 X_{i+}、X_{i-}、P_{i+}、P_{i-} 由下式计算：

$$X_{i+} = \mu_{i+} + \sigma_{xi}\sqrt{\frac{P_{i-}}{P_{i+}}}$$

$$X_{i-} = \mu_{i-} - \sigma_{xi}\sqrt{\frac{P_{i+}}{P_{i-}}} \tag{3.27}$$

$$P_{i+} = \frac{1}{2}\left[1 - \sqrt{1 - \frac{1}{1 + (C_{sxi}/2)^2}}\right]$$

$$P_{i-} = 1 - P_{i+}$$

式中，C_{sxi} 为随机变量 X_i 的偏度系数。

设 n 个状态变量互相关，则每一组合的概率 P_j 的大小取决于变量间的相关系数 ρ_{ij}：

$$P_j = \frac{1}{2^n}(1 + e_1 e_2 \rho_{12} + e_2 e_3 \rho_{23} + \cdots + e_{n-1} e_n \rho_{(n-i)n}) \tag{3.28}$$

式中，$e_i (i = 1, 2, \cdots, n)$，取值为：当 x_i 取 X_{i+} 时，$e_i = 1$；当 x_i 取 X_{i+}、X_{i-} 时，$e_i = -1$。

则取 $2n$ 个点的 Z 的均值的点估计为：

$$\mu_z = \sum_{j=1}^{2n} P_j Z_j \tag{3.29}$$

如此便可推出状态函数 Z 的概论分布的各阶矩表达式：

（1）一阶矩 M_1

$$M_1 = E[Z] = \mu_z \approx \sum_{j=1}^{2n} P_j Z_j \tag{3.30}$$

（2）二阶矩 M_2

$$M_2 = E[(Z - \mu_z)^2] \approx \sum_{j=1}^{2n} P_j Z_j^2 - \mu_z^2 \tag{3.31}$$

（3）三阶矩 M_3

$$M_3 = E[(Z - \mu_z)^3] \approx \sum_{j=1}^{2n} P_j Z_j^3 - 3\mu_z \sum_{j=1}^{2n} P_j Z_j^2 + 2\mu_z^3 \tag{3.32}$$

（4）四阶矩 M_4

$$M_4 = E[(Z - \mu_z)^4] \approx \sum_{j=1}^{2n} P_j Z_j^4 - 4\mu_z M_3 - 6\mu_z^2 M_2 - \mu_z^4 \tag{3.33}$$

于是由状态函数 Z 的各阶矩可求得边坡的可靠指标 β、变异系数 δ、偏度系数 C_s 以及峰度系数 E_k：

$$\beta = \frac{M_1}{M_2^{\frac{1}{2}}} \quad \delta = \frac{M_2^{\frac{1}{2}}}{M_1} \quad C_s = \frac{M_3}{M_2^{\frac{3}{2}}} \quad E_k = \frac{M_4}{M_2^2} \tag{3.34}$$

3.3.3　露天矿边坡破坏风险评估

工程的可靠性通常用可靠指标表示，对于一定工程来说，一般需要给出工程所需达到的可靠度，或者从风险角度说，它表示设计所允许的或可接受的风险水平。

风险是相对的，边坡工程可接受的风险水平是由破坏概率和破坏后果决定的，它反映决策者的风险态度，既要结合主观判断，又要考虑实际工程性质、重要程度、实际破坏的经验数据，以及所承担风险与可能得到的经济收益之间的权衡。因此说，边坡工程的可靠性并不是越高越好，因为可靠性越高，需要的费用就越多。如何在安全和费用上做出合理的权衡是设计中必须考虑的问题之一，也是可靠性设计的根本问题。然而，在不同工程条件下，确定设计可靠度或可接受风险水平阈值并非是件容易事，甚至可以说，比评价风险本身还难。目前任何国家都不采纳一般性建议，因为至今还没有一个统一的标准。对于露天矿边坡而言，目前只能借鉴相关结构工程及前期的少量研究结果，确定可接受的边坡破坏概率。

Priest 和 Brown 采用 Monte Carlo 模拟方法研究了秘鲁一露天矿边坡稳定性，并据其破坏概率提出了一组选择设计安全系数的准则。对于主要运输线路的边坡及其下有矿山永久设备的边坡，可接受的破坏概率 $[P_f] = 0.003$，对于台阶边坡以及临时的非靠近运输线路的边坡，可接受的破坏概率 $[P_f] = 0.10$。实践证明，通常比较高的破坏概率是可以接受的。

我国露天矿边坡曾经开展的可靠性研究中，依据 Priest 和 Brown 的建议，对于重要边坡区段均选取 $[P_f] \leqslant 0.001$ 作为可接受的破坏概率，如马鞍山矿山研究院等于 1990 年 12 月完成的"太钢尖山铁矿露天矿边坡优化设计方法"中，以 $[P_f] \leqslant 0.001$（可靠指标 $\beta = 2.33$）作为边坡重要区段可接受的破坏概率，马鞍山矿山研究院与北京科技大学等单位于 1996 年 12 月完成的"太钢峨口铁矿高陡边坡工程及计算机管理技术研究"以 $[P_f] \leqslant 0.003$（可靠指标 $\beta = 2.74$）作为边坡可接受的破坏概率。美国某大型露天铜矿边坡分析中确定的可接受破坏概率为 0.039。国外的一些学者提出了边坡可接受的破坏概率参考值，见表 3.1。

表 3.1' 国外学者建议的矿山边坡可接受破坏概率

国外学者	Piteau (1977)	Priest (1983)	Hantz (1988)	Hoek (1991)	Genske (1991)	Sandronr (1993)
破坏概率 $[P_f]$	0.10	0.20 ~ 0.003	0.15 ~ 0.30	0.10 ~ 0.15	0.01 ~ 0.001	0.02

3.4 数值模拟分析方法

近年来，数值方法一直在不断地发展，它渗透到科学与工程技术研究的各个主要领域。数值方法的突出优点是能够替代昂贵而又非常耗时的物理试验，对所研究的问题进行数值模拟。工程技术领域中的许多力学问题和场问题，如固体中的位移场、应力场分析、电磁学中的电磁分析、振动特性分析、热力学中的温度分析、流体力学中的流场分析等，都可以归结为在给定边界条件下求解其控制方程（常微分方程或偏微分方程）的问题。虽然人们能够得到它们的基本方程与边界条件，但是能够用解析法求解的只是少数性质比较简单和边界比较规则的问题。对于大多数的工程技术问题，由于物体的几何形状较复杂或者问题的某些特征是非线形的则很少有解析解。这类问题的解决通常有两种途径：第一，引入简化假设，将方程和边界条件简化为能够处理的问题，从而得到它在简化状态下的解。这种方法在有限的情况下是可行的，因为过多的简化将导致不正确的甚至错误的解。第二，保留问题的复杂性，利用数值模拟方法求得问题的近似解。数值模拟技术是人们在现代数学、力学理论的基础上，借助于计算机技术来获得满足工程要求的近似解。数值模拟技术（即 CAE 技术，Computer – aided Engineering）是现代工程仿真学发展的重要推动力之一。

对于岩土工程问题来说，岩体性态复杂且受多种地质因素的影响，用解析方法求解岩土力学问题会遇到很大的困难。岩土材料的复杂性表现在非均质、各向异性、本构关系的非线性、时间相关性和岩体构造的复杂性。岩体构造的复杂性主要是岩体的节理、裂隙、断层等，这些就使得在很多岩土工程本构关系分析中，难以使用解析法。即使采用也必须进行大量的简化，而得到的结果很难满足工程需要。对于像岩土工程这样的材料性质和边界条件都很复杂的问题，我们完全可以靠数值方法给出近似的比较令人满意的答案。

20 世纪 70 年代以来，数值方法构成了岩体力学计算方法的主要进展。在岩体工程问题中，岩体力学行为的数值模拟越来越重要，数值方法的新发展也层出不穷。然而，人们对数值方法在岩体力学问题中的应用始终未能得出一致的看法，其间包含着众多的误解。显然，只有在深入理解各种数值方法的基本原理和基本假定的基础上，我们才能够有希望对其进行合理评价。

目前在岩土工程技术领域内常用的数值模拟方法有：有限单元法、边界元法、离散单元法、块体理论和有限差分法等。

3.4.1　强度折减法的原理

强度折减法首先对于某一给定的强度折减系数，通过下式调整材料的强度指标 c 和 φ，其中 F_s 为强度折减系数，通过弹塑性有限元数值计算确定边坡内的应力场、应变或位移，并且对应力、应变或位移的某些分布特征以及有限元计算过程中的某些数学特征进行分析，不断增大折减系数，直至根据对这些特征的分析结果表明边坡已经发生失稳破坏，将此时的折减系数定义为边坡的稳定安全系数。

$$c' = c/F_s$$
$$\varphi' = \arctan(\tan\varphi/F_s)$$

（3.35）

下面以 Mohr 应力圆中 c 项来阐述这一强度变化过程，如图 3.8 所示，在 $\sigma - \tau$ 坐标系中，有三条直线 AA、BB 及 CC，分别表示材料的实际强度包线、强度指标折减后所得到的强度包线和极限平衡，即剪切破坏时的极限强度包线，图中 Mohr 圆表示一点的实际应力状态。此时 Mohr 圆的所有部分都处于实际强度包线 AA 之内，表明该点没有发生剪切破坏。

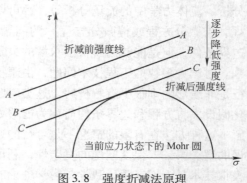

图 3.8　强度折减法原理

随着折减系数 F_s 的增大，Mohr 圆与强度指标折减后所得到的实际强度包线（如图中直线 BB）逐渐靠近，材料的强度逐渐得以发挥。当折减系数 F_s 增大至某一特定值时，Mohr 圆将与此时强度指标折减后所得到的实际发挥强度包线相切（如图中直线 CC），表明此时所发挥的抗剪强度与实际剪应力达到临界平衡，即表明实际边坡中该点岩体在给定的安全系数 F_s 条件下达到临界极限平衡状态。因此在弹塑性有限元数值分析中应用强度折减系数概念时必须合理地评判临界状态并确定与之相应的安全系数。

通过对图 3.8 的分析不难看出，强度折减技术就是从直线 AA 到直线 CC 逐渐增加折减系数 F_s 使得强度线与 Mohr 应力圆相切的过程，刚好相切时的折减系数 F_s 就称为该点的安全系数。

3.4.2 强度折减法与安全系数

强度折减法中最重要的定义就是安全系数。目前采用的安全系数主要有三种：一是基于强度储备的安全系数，即通过降低岩土体强度来体现安全系数；二是超载储备安全系数，即通过增大荷载来体现安全系数；三是下滑力超载储备安全系数，即通过增大下滑力但不增大抗滑力来计算滑坡推力设计值。

关于强度储备安全系数 F_s，1952 年毕肖普提出了著名的适用于圆弧滑动面的"简化毕肖普法"。在这一方法中，边坡安全系数定义为：土坡某一滑裂面上抗剪强度指标按同比降低为 c/F_s 和 $\tan\varphi/F_s$，则土体将沿着此滑裂面处处达到极限平衡状态，即有

$$\tau = c' + \tan\varphi' \tag{3.36}$$

式中，$c' = c/F_s$，$\tan\varphi' = \tan\varphi/F_s$。

上述将强度指标的储备作为安全系数定义的方法有明确的物理意义。安全系数的定义根据滑动面的抗滑力（矩）与下滑力（矩）之比得到，其计算可简化为

$$F_s = \frac{\int_0^l (c + \sigma\tan\varphi)\mathrm{d}l}{\int_0^l \tau\mathrm{d}l} \tag{3.37}$$

按上式计算安全系数时，尚需要考虑条间力的作用，如果不考虑条间力，则公式相当于瑞典法。将公式两边同除以 F_s，则式变为

$$1 = \frac{\int_0^l \left(\dfrac{c}{F_s} + \sigma\dfrac{\tan\varphi}{F_s}\right)\mathrm{d}l}{\int_0^l \tau\mathrm{d}l} = \frac{\int_0^l (c' + \sigma\tan\varphi')\mathrm{d}l}{\int_0^l \tau\mathrm{d}l} \tag{3.38}$$

上式中左边为 1，表明当强度折减 F_s 后，坡体达到极限平衡状态。

上述将强度指标的储备作为安全系数定义的方法是经过多年来的实践被国际

工程界广泛承认的一种方法，这种安全系数只是降低抗滑力，而不改变下滑力。同时，用强度折减法也比较符合工程实际情况，许多边坡破坏的发生常常是由于外界因素引起岩土体强度降低而导致岩土体滑坡。

按照传统的计算方法采用目前国际上使用的强度储备安全系数是较合理的，也符合边坡受损破坏的实际情况，所以建议一般情况下采用强度储备安全系数作为边坡的安全系数。

3.4.3　破坏失稳标准的定义

强度折减法思路清晰，原理简单，用于边坡的稳定分析有其独特优点，安全系数可以直接得出，不需要事先假设滑动面的形式和位置。然而，该方法的关键问题是临界破坏状态的确定，即如何定义失稳判据。目前判断边坡发生失稳通常有三个依据：

（1）根据计算所得到域内某一部位的位移与折减系数之间关系的变化特征确定失稳状态。宋二祥等采用坡顶位移折减系数关系曲线的水平段作为失稳判据，当折减系数增大到某一特定值时，坡顶位移突然迅速增大，则认为边坡发生失稳。

（2）根据有限元解的收敛性确定失稳状态，即在给定的非线性迭代次数限值条件下，最大位移或不平衡力的残差值不能满足所要求的收敛条件，则认为边坡岩体在所给定的强度折减系数下失稳破坏。

（3）通过分析域内广义剪应变或者广义塑性应变等某些物理量的变化和分布来判断，如当域内某一幅值的广义剪应变或者塑性应变区域连通时，则判断边坡发生破坏。

郑颖人院士对边坡失稳的判据进行了总结，认为通过有限元强度折减，使边坡达到破坏状态时，滑动面上的位移将产生突变，产生很大的并且无限制的塑性流动，有限元程序无法从有限元方程组中找到一个既能满足静力平衡，又能满足应力－应变关系和强度准则的解，此时，不管是从力的收敛标准，还是从位移的收敛标准来判断，有限元计算都不收敛。因此，可以将滑面上节点的塑性应变或者位移出现突变作为边坡整体失稳的标志，以有限元静力平衡方程组是否有解、有限元计算是否收敛作为边坡失稳的判据。同时，郑颖人院士指出：边坡塑性区从坡脚到坡顶贯通并不一定意味着边坡整体破坏，塑性区贯通是破坏的必要条件，但不是充分条件，还要看是否产生很大的且无限发展的塑性变形和位移。

3.4.4　动力计算参数

金属露天矿边坡势必受到频繁的爆破动力影响，岩土工程的动力计算与静力时不完全相同，本书以有限差分法 FLAC 为例同时从以下三个方面考虑：

3.4.4.1 阻尼的选取

由于岩体的运动是不可逆的过程，要避免系统在平衡位置来回振荡，就要采用加阻尼的办法来耗散系统在振动过程中产生的动能。因而在动力分析时，需要确定阻尼形式和大小。FLAC 动力计算中主要采用了两种形式的阻尼，即瑞利阻尼（Rayleigh damping）和局部阻尼（Local damping），其他还有滞后阻尼、哈丁阻尼等，但目前仍处于研究阶段。Rayleigh 阻尼是结构分析和弹性体系分析中用来抑制系统自振的，可以用矩阵形式表示为：$\boldsymbol{C} = \alpha \boldsymbol{M} + \beta \boldsymbol{K}$。式中：$\boldsymbol{C}$、$\boldsymbol{M}$ 和 $\boldsymbol{K}$ 分别是阻尼矩阵、质量矩阵和刚度矩阵，α 为质量阻尼常数，β 为刚度阻尼常数。在 FLAC 岩土体动力计算中，设置 Rayleigh 阻尼时须选择中心频率 f_{mid}，$\boldsymbol{C}$ 和 f_{mid} 一般是相互独立的。在选择 Rayleigh 阻尼参数 ξ_{min} 时，根据 FLAC 用户手册的建议，对于岩石或土，ξ_{min} 一般取 2% ~ 5%；对于结构系统，ξ_{min} 取 2% ~ 10%。

局部阻尼 FLAC 在静力计算中采用的阻尼方法，在振动中通过在节点上增加或者减少质量的方法达到收敛，但系统保持质量守恒。当节点速度符号改变时增加节点质量，当速度达到最大或最小值时减少节点质量，因此损失的能量是最大瞬时应变能的一定比例，这个比值 $\Delta W / W$，是临界阻尼比 D 的函数，与频率无关。用公式表示为：

$$\alpha_L = \pi D$$

式中，α_L 为局部阻尼系数；D 可以参照 ξ_{min}。

大量计算实践表明，Rayleigh 阻尼计算得到的边坡动力响应规律比较符合实际，但存在一个主要问题是计算时间步太小，对于单元较多的计算模型，将导致动力计算时间过长，对于使用强度折减法反复搜索安全系数这一问题，显然不太合适。因而本节选用局部阻尼，D 选取目前岩土动力分析中的典型值 5%。

3.4.4.2 边界条件

在动力计算中，波传播到模型边界会产生反射，这势必会影响计算的结果。理论上，模型边界选取得越大越好，但过大的模型会引起巨大的计算负担，影响效率，可操作性差。因而在 FLAC 中提供两类边界条件，即静态边界和自由场边界来解决这个问题。

静态边界通过施加法向和切向的黏壶来吸收来自模型内部的入射波。如果入射角大于 30°，入射波可以被完全吸收，此范围外的波也具有一定的吸收能力。自由场边界通过在模型的四周生成一圈单元，与主单元的侧面通过阻尼器进行耦合，提供了与无限场地相同的效果，使面波不会发生扭曲。

自由场边界大多用于从模型底部输入的动力条件，例如地震，并且选用自由场边界条件影响计算效率。本模型的研究对象为爆破载荷，来自模型的内部，范围有限。如果模型的范围足够大，选用静态边界完全可以达到计算的精度要求。

3.4.4.3 爆破动载荷的输入

FLAC 动力计算中的动载荷可以采用加速度时程、速度时程、力时程和应力时程 4 种方式。如果选取实测的最大质点振动速度，转换为应力形式输入。由于采用的是现场实测的数据，这样得到的计算结果更具有可信性。因为最大实测振动速度为垂向速度，因而输入法向压应力的形式、速度和应力之间的转换公式如下所示：

$$\sigma_n = \rho C_p v_n \tag{3.39}$$

式中，ρ 为岩体密度，kg/m^3；C_p 为 P 波波速；v_n 为质点垂向振动速度。

当 C_p 没有实测数据时，可以采用下式计算。

$$C_p = \left[\left(K + \frac{4}{3} G \right) / \rho \right]^{0.5} \tag{3.40}$$

式中，K 为岩体体积模量，Pa；G 为岩体剪切模量，Pa。

K 和 G 通过岩体弹性模量和泊松比求得，即：

$$K = E / [3(1 - 2\nu)] \\ G = E / [2(1 + \nu)] \tag{3.41}$$

3.4.5　屈服准则和计算软件

屈服准则描述了不同应力状态下材料某点进入塑性状态，并使塑性变形继续发展所必须满足的条件。Mohr – Coulomb 准则是目前岩土力学研究中应用最为广泛的屈服准则，其表达式为：

$$f = \frac{I_1 \sin\varphi}{3} - c\cos\varphi + \sqrt{J_2} \left(\cos\theta_0 + \frac{\sin\theta_0 \sin\varphi}{\sqrt{3}} \right) = 0 \tag{3.42}$$

式中，I_1 和 J_2 为应力张量第一不变量和应力偏量第二不变量；θ_0 为应力罗德（Lode）角；φ 为内摩擦角。

由于岩土工程强度折减计算中难免会遇到大变形和计算不收敛的情形，有限差分软件 FLAC 采用动态松弛方法，应用质点运动方程求解，通过阻尼使系统运动衰减至平衡状态，可以较好地处理大变形、计算不收敛等问题。同时，FLAC 中的 Mohr – Coulomb 准则考虑拉伸截断（tension cut off），适用于求解复杂的边坡整体安全系数问题。

4 弓长岭露天矿独木采场边坡稳定性分析

4.1 概述

 鞍钢集团矿业公司弓长岭露天铁矿独木采区是鞍钢重要的铁矿石原料生产基地之一，该矿从 20 世纪 50 年代后期投产至今已有半个世纪的开采历史。独木采区现执行鞍山冶金设计研究总院于 2003 年完成的开采设计，设计年产矿石 200 万吨，矿山服务年限 18 年，稳产 17 年。根据独木采区设计开采终了平面图，采场北帮混合岩区段最终境界边坡设计露天底标高为 +88m，北部地表最高处为 +316.9m，采用两并段组合台阶形成最终边坡。并段后的台阶坡面角为 63° ~ 65°，段高为 24m，安全平台宽 5m，清扫平台 8.5m，最终边坡角为 53° ~ 55°，最大边坡高度约 230m。

 独木采区北帮是矿体的上盘，为生产推进工作帮，上盘过渡帮区域是独木采区的主要生产部位之一，现有两条排岩运输公路，其沟下 200m 半固定运输公路为东部生产排岩通路。采场坑底最低开采标高为 +105m，地表标高受地形变化影响，从西至东逐渐增高，最高处为 +350m。目前，独木采场北帮东端从 +292m 水平以上局部已超出设计境界，采场内并段台阶比较多，按标准 12m 台阶计算，北帮已形成 16 个开采台阶，目前主要的开采部位位于采场的下部和东部。

 2006 年初北帮中西部沿一条与采场边坡近平行的东西向大断层形成大规模滑体，5 月份滑体开始出现大范围整体下滑迹象，并且发展迅速，随着雨季的来临下滑加速，7 月底沿东西向断层下滑形成的滑体后壁出露高度已达 10m 左右，断层长约 370m，断层的滑移已东延至上部公路以上，滑体西侧切断 +304m ~ +292m 公路，路面下沉近 2m，在 +304m ~ +292m 公路及沟下 +200m 公路路面上均可见大量的平行或斜交公路张裂隙。北帮中部滑体规模较大，若不及时有效对滑体进行综合治理，对矿山安全经济生产将造成较大的威胁及经济损失，影响约 450 万吨（ +104m ~ +248m）滑体破坏影响区域内的矿石的正常开采，滑坡区内工作的开采设备及人员的安全将受到极大的威胁。

4.2 工程地质特性与岩体结构特征研究

4.2.1 矿区自然地理及区域地质概况

 弓长岭露天铁矿独木采区位于辽阳市东南 35km，有铁路及公路与辽阳和本溪相通，交通方便。矿区位于千山山脉的西北部，为前震旦系变质岩系构成的中低山区，基岩裸露，一般标高 250～400m，最高山峰为矿区西侧老岭大碴子，高程为 585.6m。

本区属温带气候，年降水量一般为 700～900mm，多集中在 6～9 月份，以 7 月份最多，降水量少的月份为 1 月（平均 7.1mm）。本区最高气温为每年的 7～8 月份，最低气温为每年 12 月至翌年 2 月。

区域出露的地层有太古界鞍山群，下元古界辽河群，上元古界震旦系，古生界寒武系、奥陶系，中生界侏罗系和新生界第四系，另外，还分布有大规模的混合岩和花岗岩等。

本区大地构造位于华北地台、辽东地块、太子河浑江右拗陷的南缘，褶皱断裂比较发育，构造形迹以东西向构造和北北东向构造为主体，构成区域地质构造骨架，此外还有北东向（50°～60°）、北西向（310°～330°）构造等。

4.2.2　矿区工程地质岩组

4.2.2.1　石榴云母石英片岩组

该岩组为采场下盘边坡的主要岩组，厚 100～300m，银灰色，片理发育，具鳞片变晶结构，组成矿物主要为石英、绢云母、石榴子石、斜长石，另外有少量透闪石、十字石和绿泥石等。

该岩组片理极其发育，呈鳞片状，片理上有绢云母等变质矿物，岩层褶曲使片理走向与边坡走向或垂直、或平行、或斜交。该岩体节理裂隙多为闭合节理，平均裂隙密度 3.0 条/m。该岩组岩石较软，岩体结构为薄层状结构，抗风化能力弱。

4.2.2.2　含铁石英岩夹角闪岩组

该岩组出露采场中下部，为主要开采对象，局部构成边坡岩体。含铁石英岩与角闪岩或角闪质岩石互层，并呈多层次，含铁石英岩主要有四层（Fe3～Fe6），其中 Fe4 最厚，为本区主矿层；角闪岩主要有三层，分布于含铁石英岩各层之间，单层平均厚度为 30～40m，最厚 80m。

含铁石英岩为灰黑角，条带状或块状构造，岩石坚硬，矿物成分主要为磁铁矿，次要金属矿物为赤铁矿、褐铁矿。节理裂隙发育，平均裂隙密度为 3.6 条/m，岩体为层状结构。

斜长角闪岩为暗绿色，片理不发育，主要由细柱状角闪石、细粒状斜长石和片状绿泥石等矿物组成。岩体为块状结构，平均裂隙密度为 4.0 条/m。

4.2.2.3　混合岩组

混合岩组主要分布在采场上盘和东西端帮，是构成上盘和东西端帮边坡岩体的主要岩组，出露面积大，分布广，岩石为肉红色、鲜红色，岩石坚硬，粗－中粒结构，块状构造，主要矿物为石英、奥长石、微斜长石，尚有白云母及少量的磁铁矿，该岩石多为花岗状混合岩。

该岩组岩体结构为块状结构，节理裂隙发育，节理裂隙为闭合、平整，平均裂隙密度为4.0条/m。该岩组风化较严重，地表强风化厚度约20～30m，最大风化厚度为100m左右。

4.2.2.4 火成岩组

火成岩组主要有辉绿岩脉，出露规模小，主要出露在F2断层带中，呈脉状产出，一般厚度为0.5～4m，走向长30～100m，延深100m左右，深绿色，斑状结构，组成矿物主要为角闪石、绿泥石、斜长石和辉石等。

4.2.2.5 第四系松散岩组

该岩组主要为冲积物和坡积物，结构松散、厚度较薄，主要分布在采场北面的小北沟中，另外采场周围还分布有人工堆积物。

4.2.3 北帮中部边坡变形破坏现象与危害

北帮中部边坡变形破坏区（图4.1）位于北帮Y3500～Y4000、X－300～X－600区间内，破坏区长480m，高差110m。

图4.1　北帮中部岩体边坡变形破坏区范围

北帮中部边坡变形区内有两条排岩运输公路（＋304m～＋292m公路和沟下＋200m公路）横穿滑体，为北帮东部生产排岩的半固定运输通路。根据边坡岩体变形特征和破坏原因，北帮中部边坡变形破坏区以Y3800为界可分为中东部和中西部两个变形破坏区。中东部边坡破坏以沿斜交边坡的断层滑移和上部风化岩的滑塌为特征，目前对采场生产威胁不大；中西部边坡破坏以沿平行于边坡走向的东西向断层构成滑体后壁、南北向断层构成滑体边界为主要特征，滑体规模大，灾害后果严重。

北帮中西部边坡变形破坏开始于2006年年初。2006年5月，滑体开始出现大范围整体下滑迹象并且发展迅速，7月底沿平行于边坡走向的东西向断层下滑而形成的滑体后壁出露高度已达10m左右（图4.2），断层长约370m，断层的滑移已东延至上部公路以上。滑体西侧＋304m～＋292m公路被切断，路面错断落差近 2m（图 4.3）。在 +304m ~ +292m 公路及沟下 +200m 公路路面上均可见大量的平行或斜交公路张裂隙，裂隙区长 210m，裂隙最长为 104m，最宽为 0.3m，张裂隙深度大于 2m。

　　滑体后壁距现开采地表线的距离为 65 ~ 78m，距设计境界的最近距离仅为 8m，按设计境界开采推进靠帮时，势必产生大规模的边坡岩体破坏，危及生产中的人员和设备安全，致使滑体破坏影响区域内约 450 万吨（+104m ~ +248m）的矿石难于正常开采。

　　　图 4.2　滑体后壁（断层面）形态

　图 4.3　　+304m ~ +292m 公路错断后形态

4.2.4　北帮中部边坡变形区断裂构造分布规律研究

　　北帮中部边坡断裂构造较发育，通过地表调查、探槽勘查、物探测试及钻探勘查等工作查明研究区共发育有 11 条断层，沿边坡走向发育有 F100、F101、F102 和 F103 4 条断层，垂直边坡走向发育有 F110、F111、F112、F113、F114、F115 和 F116 7 条横向断层，北帮断裂构造平面展布和产状如图 4.4 所示，断层产状、长度、断层面及破碎带充填情况等描述如下：

　　（1）F100 断层：倾向 190°，倾角 53°，断层面较平整，有明显断层擦痕及挤压片理，少量断层泥，断层带宽约 1m。上下盘已明显滑动，落差约 10m。

　　（2）F101 断层：倾向 200°，倾角 73°，破碎带宽 0.5 ~ 1.0m，上盘岩体较破碎，节理发育，下盘岩体相对完整。

　　（3）F102 断层：倾向 180°，倾角 72°，挤压破碎带宽 0.2 ~ 0.3m。

　　（4）F103 断层：倾向 160°，倾角 75°，破碎带宽 0.3 ~ 0.5m，下盘混合岩中有部分绿泥岩捕房体，混合岩呈碎裂结构。

　　（5）F110 断层：倾向 135°，倾角 40°，断层面平直，宽约 1.5m，断层带中有糜棱岩、断层泥、挤压片理及碎裂岩，其中断层泥最厚 30mm，糜棱岩 10 ~ 20mm，挤压片理 30 ~ 40mm，碎裂岩厚度为 80 ~ 105cm。通过 TC2 揭露切断 F100。

（6）F111 断层：倾向 155°，倾角 60°，挤压破碎带宽 10~15cm。

（7）F112 断层：倾向 142°，倾角 65°，断层面平整，采场曾沿此断层面滑落过。

（8）F113 断层：倾向 150°~170°，倾角 67°，宽 0.3~0.5m。

（9）F114 断层：倾向 140°，倾角 70°，宽 1m 左右，有断层泥，沿断层面发生过边坡变形破坏。

（10）F115 断层：倾向 125°，倾角 85°，宽 0.5~1m，有少量断层泥及挤压扁豆体。

（11）F116 断层：倾向 260°，倾角 73°，断层面呈舒缓波状，沿断层走向有明显裂隙，宽 0.4~0.6m。

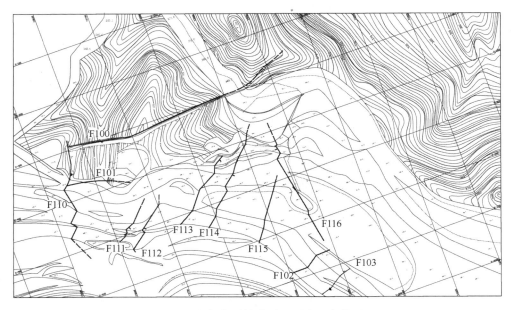

图 4.4　北帮断裂构造平面展布和产状图

4.2.5　北帮中部边坡岩体节理裂隙分布规律研究

北帮中部边坡岩体的岩性为混合岩，呈肉红色或鲜红色，局部因混合岩化较弱而呈灰色，岩石坚硬，粗-中粒结构，块状构造，主要矿物为石英、奥长石、微斜长石，局部有白云母和磁铁矿。混合岩体为块状结构，节理裂隙发育，闭合平整型，上部岩体质量较差，风化严重，地表风化层厚度约 20~30m，对表层边坡破坏有一定影响。边坡下部岩体质量较好，强度较高。边坡岩体的变形破坏主要受断层控制，但边坡破坏必须最终剪断下部节理岩体才能发生，因此了解掌握岩体内节理的分布规律是至关重要的。

在岩石力学中一般将节理划分为Ⅳ级结构面。在岩体中大量发育，属于随机性结构面，只能在野外的岩层露头处进行调查与室内统计，以认识其统计规律。Ⅳ级结构面影响岩体的完整性及岩体的力学特性，对岩体的力学性质有一定的影响，其参数主要有节理发育程度（线密度、面密度及体密度）、节理产状（走向、倾向和倾角）和延展尺度（迹长）等。

节理调查的基本方法是现场详细测线法和统计窗法。详细测线法是在台阶坡面上人为确定一条水平线作为测线，量测与测线相交的节理产状、迹长等以及确定节理的面密度。统计窗法是在岩体表面确定一个统计窗口，量测统计窗内的节理产状、迹长等以及统计推断节理的面密度等。节理倾向、倾角运用罗盘进行现场测量。露天矿台阶边坡近于直立，通常采用设定参照标尺的摄影法进行数码相片室内处理与分析，以确定节理的规模和密度的分布规律。

4.2.6　节理密度的测量与统计

岩体线密度是指沿取样线方向单位长度上的节理数量，节理的面密度为单位面积内节理迹线中点的数量，节理的调查统计可用测线法统计窗法得出节理的线密度或面密度。

在一个观测面统计窗内，节理迹线一般有三种类型：（1）两端均能观测到；（2）只能观测到一端；（3）两端均不能观测到。后两种迹线的中点不一定在观测面内，所以节理面密度 λ 一般不等于观测到的裂隙数量除以观测面的面积。Kulatilate 主张用迹线中点位于观测面内的概率来计算 λ 值：

$$\lambda = \frac{K + \sum_{i=1}^{L} \left[P_1(W) \right]_i + \sum_{i=1}^{M} \left[P_0(W) \right]_i}{A}$$

$$P_1(W) = 1 - e^{-ua} \tag{4.1}$$

$$P_0(W) = ue^{ua} \int_{2a}^{\infty} \frac{a}{x - a} e^{-ua} dx + 1 - e^{-ua}$$

式中，K、L、M 分别为三种迹线在观测面上的数量；A 为观测窗的面积，m^2；$P_1(W)$ 为节理一端出露的迹线中心位于观测面内的概率；$P_0(W)$ 为节理两端均不出露的迹线中心位于观测面内的概率；a 为迹线出露的长度，m；u 为迹线平均长度的倒数。

节理密度测量选取三个边坡坡面摄影照片作为样本，每个样本布置一个统计窗，量测节理的迹长并进行面密度的计算，三个样本确定的面密度值分别为5.925、2.253 和3.500 条/m^2，平均值为3.893 条/m^2。每个样本照片内同时布设三条水平测线和三条垂直测线，以统计测量节理的线密度，每条测线的测量结果和三个样本照片的综合统计结果列于表4.1 和表4.2，统计直方图和曲线如图4.5 所示，三个样本照片及统计窗和测线见图4.6～图4.8。

表4.1　各测线密度测量结果

测线编号	1－1	1－2	1－3	1－4	1－5	1－6
测线长度/m	3.69	3.69	3.69	2.61	2.61	2.61
节理数目/条	20	17	13	13	11	11
节理线密度/条·m^{-1}	5.42	4.61	3.52	4.97	4.21	4.21
测线编号	2－1	2－2	2－3	2－4	2－5	2－6
测线长度/m	8.68	8.68	8.68	3.72	3.72	3.72
节理数目/条	21	25	23	8	9	7
节理线密度/条·m^{-1}	2.42	2.88	2.65	2.15	2.42	1.88
测线编号	3－1	3－2	3－3	3－4	3－5	3－6
测线长度/m	6.39	6.39	6.39	3.58	3.58	3.58
节理数目/条	18	15	19	9	12	14
节理线密度/条·m^{-1}	2.82	2.35	2.97	2.51	3.35	3.91

表4.2　节理线密度测量结果统计

平均值/条·m^{-1}	标准差/条·m^{-1}	变异系数/%	最大值/条·m^{-1}	最小值/条·m^{-1}
3.29	1.041	31.63	5.42	1.88

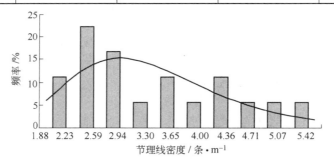

图4.5　节理线密度统计直方图和曲线

图4.6　测量节理发育程度的样本1图片和统计窗

图 4.7　测量节理发育程度的样本 2 图片和统计窗

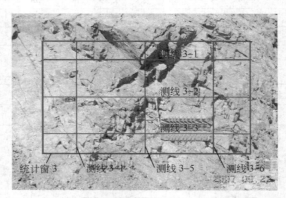

图 4.8　测量节理发育程度的样本 3 图片和统计窗

4.2.7　节理迹长的测量与统计

对图 4.6～图 4.8 三个样本照片的节理迹长进行了测量，其统计结果见表 4.3，统计直方图和概率密度曲线如图 4.9～图 4.12 所示，经假设检验均服从对数正态分布。

（1）样本 1 节理迹长概率密度函数：

$$f(x) = \frac{1}{0.641 \times \sqrt{2\pi} \times x} e^{-\frac{(\ln x - 4.495)^2}{2 \times 0.641^2}}$$

$$(4.2)$$

（2）样本 2 节理迹长概率密度函数：

$$f(x) = \frac{1}{0.547 \times \sqrt{2\pi} \times x} e^{-\frac{(\ln x - 4.578)^2}{2 \times 0.547^2}}$$

$$(4.3)$$

（3）样本 3 节理迹长概率密度

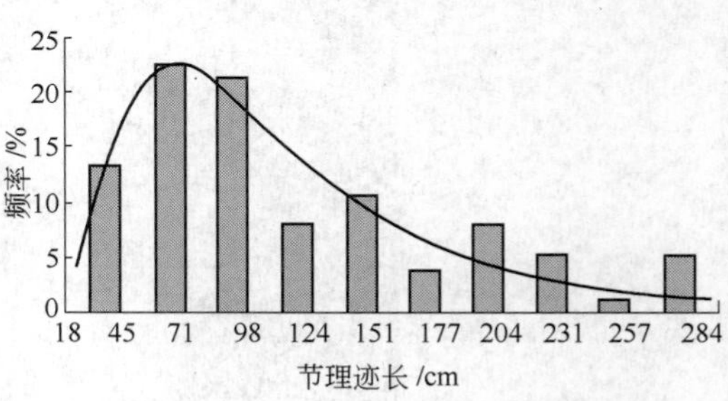

图 4.9　节理迹长（样本 1）统计直方图和曲线

函数：

$$f(x) = \frac{1}{0.576 \times \sqrt{2\pi} \times x} e^{-\frac{(\ln x - 4.361)^2}{2 \times 0.576^2}} \tag{4.4}$$

（4）综合三样本节理迹长概率密度函数：

$$f(x) = \frac{1}{0.592 \times \sqrt{2\pi} \times x} e^{-\frac{(\ln x - 4.473)^2}{2 \times 0.592^2}} \tag{4.5}$$

表 4.3　北帮边坡节理迹长统计结果

统计样本	平均值/cm	标准差/cm	变异系数/%	最大值/cm	最小值/cm	分布类型
样本 1	108.9	68.94	63.25	283.73	18.10	对数正态
样本 2	114.4	77.46	67.67	427.67	33.25	对数正态
样本 3	93.6	66.48	70.98	459.41	24.92	对数正态
综合	105.1	71.35	67.86	459.41	18.10	对数正态

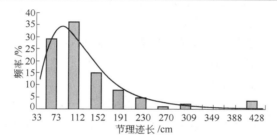

图 4.10　节理迹长（样本 2）统计直方图和曲线

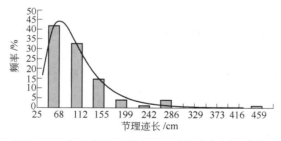

图 4.11　节理迹长（样本 3）统计直方图和曲线

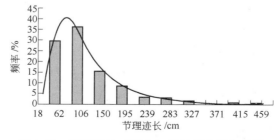

图 4.12　节理迹长（综合）统计直方图和曲线

4.2.8　节理优势产状的聚类分析

　　节理面产状的要素主要包括节理的走向、倾向和倾角，结构面成因的复杂性决定其分布既有一定的规律同时也具有不确定性。结构面分组的传统方法一般采用节理倾向玫瑰花图、节理极点图和等密度图，其优越性在于对主要结构面分布情况较易做出直观判断，但分组结果主要依靠经验，尤其是在各分组边界不明显的情况下，分组结果更缺乏客观性。Shanley 和 Mahtab 于 1976 年首次提出了结构面产状的聚类算法，后经 Mahtab 和 Yegulalp（1982），Harrison 和 Curran（1998）等人的工作，发展了用于结构面识别的模糊 C 均值（Fuzzy C–Means，FCM）聚类算法。模糊 C 均值聚类算法的引入较传统方法有了较大的进步，它通过优化模糊目标函数得到了每个样本点对类中心的隶属度，从而决定样本点的归属，这种模糊化的处理能较准确地反映数据的实际分布，特别适合于各类数据点在分布上有重叠的情况，并可进行有效性的检验。

　　设现场测量得到的节理产状样本集有 n 个样本 $X = \{X_1，X_2，\cdots，X_n\}$，即 n 个样本数据子集，节理面的法向向量 $X_k = (X_{k_1}，X_{k_2}，X_{k_3})$ 为 k 个样本特征向量，节理面倾向、倾角为 α_k、β_k 时：

$$X_k = (\sin\alpha_k\sin\beta_k，\cos\alpha_k\sin\beta_k，\cos\beta_k) \qquad (k = 1，2，\cdots，n) \qquad (4.6)$$

模糊 C 均值聚类算法将 X 划分为 C 类，其准则是如下目标函数 J_m 最小。

$$J_m = \frac{1}{2} \sum_{i=1}^{C} \sum_{k=1}^{n} (u_{ik})^m \parallel X_k - V_i \parallel^2 \qquad (4.7)$$

式中，u_{ik} 表示第 k 个样本 X_k 隶属于聚类 C_i 的程度，且满足 $u_{ik} \in [0，1]$ 和 $\sum_{i=1}^{C} u_{ik} = 1$；$m \in [1，\infty]$ 为模糊加权指数，一般取 2；$V_i = (V_{i1}，V_{i2}，V_{i3})$ 为聚类中心。

　　节理面间的距离度量可采用欧氏距离或法向向量间夹角的正弦值。采用欧氏距离：

$$\parallel X_k - V_i \parallel^2 = \sum_{i=1}^{3} (x_{kj} - v_{ij})^2 \qquad (4.8)$$

模糊 C 均值聚类算法通过对目标函数进行如下迭代来实现：

$$u_{ik} = \frac{(\parallel X_k - V_i \parallel^2)^{\frac{1}{1-m}}}{\sum_{j=1}^{C} (\parallel X_k - V_j \parallel)^{\frac{1}{1-m}}}$$

$$V_i = \frac{\sum_{k=1}^{n} (u_{ik})^m \cdot X_k}{\sum_{k=1}^{n} (u_{ik})^m} \qquad (1 \leqslant i \leqslant C，1 \leqslant k \leqslant n) \qquad (4.9)$$

通过上述迭代求解，目标函数最终将收敛到一个极小点，从而得到 X 的一个

模糊 C 划分。

聚类的有效性检验可采用模糊熵指标 H_c 和分类系数 F_c 来进行聚类效果优劣的检验，其计算公式如下：

$$H_c = -\frac{1}{n} \sum_{k=1}^{n} \sum_{i=1}^{C} u_{ik} \cdot \log_a(u_{ik})$$

$$F_c = \frac{1}{n} \sum_{k=1}^{n} \sum_{i=1}^{C} u_{ik}^2$$

(4.10)

式中，对数的底 $a \in (1, \infty)$，且约定当 $u_{ik} = 0$ 时有 $u_{ik} \cdot \log_a(u_{ik}) = 0$，本书取自然对数；$H_c$ 越接近 0，F_c 越接近 1，表明分类的模糊性越小，聚类的效果越好。

对于采用欧氏距离的 R3 空间，聚类效果的评价指标还有模糊超体积 F_{hv} 及平均划分密度 P_{da}，最优模糊划分对应最小模糊超体积和最大平均划分密度。其计算公式为：

$$F_{hv} = \sum_{i=1}^{C} \left[\det(F_i) \right]^{1/2}$$

$$P_{da} = \frac{1}{C} \sum_{i=1}^{C} \left(\sum_{j=1}^{n} u_{ij} \right) \left[\det(F_i) \right]^{1/2}$$

(4.11)

$$F_i = \frac{\sum_{j=1}^{n} (u_{ij})^m (X_j - V_i)(X_j - V)^T}{\sum_{j=1}^{n} (u_{ij})^m} \qquad (1 \leq i \leq C)$$

北帮中部边坡节理倾向玫瑰花图和极点图如图 4.13 和图 4.14 所示。从节理倾向玫瑰花图和极点图可以看出，节理分组的边界不明显，离散性较大，大致可分为 2～4 组，为此采用模糊 C 均值聚类算法进行了 2～4 组的划分试算，计算结果列于表4.4。

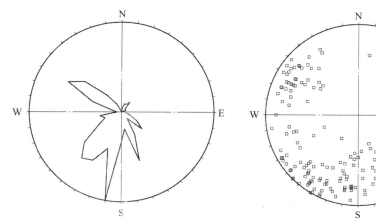

图 4.13　北帮中部边坡节理倾向玫瑰花图　　　　图 4.14　北帮中部边坡节理极点图

表4.4　节理模糊 C 均值聚类分析结果

节理聚类组数	划分组数 $C=2$	划分组数 $C=3$	划分组数 $C=4$
模糊熵指标 H_c	0.3661	0.5428	0.6835
分类系数 F_c	0.7737	0.7004	0.6474
模糊超体积 F_{hv}	1.1746	1.3532	1.6030
平均划分密度 P_{da}	52.7189	26.7671	17.2727
优势节理组方位及数目	185.8°/64.1°	302.6°/68.6°	302.4°/69.7°
	299.2°/65.3°	211.0°/72.9°	222.1°/76.5°
		144.3°/58.6°	180.1°/64.0°
			115.5°/59.0°

分析模糊熵指标 H_c、分类系数 F_c、模糊超体积 F_{hv} 和平均划分密度 P_{da} 四个聚类效果检验指标,均可发现北帮中部边坡岩体中的节理划分为两组较为合理。第一组优势方位为倾向185.8°,倾角64.1°;第二组优势方位为倾向299.2°,倾角65.3°。

4.2.9　优势节理组的统计分析

两组优势节理组倾向与倾角的统计结果见表4.5,统计直方图和概率密度曲线如图4.15~图4.18所示,经假设检验均服从正态分布。

表4.5　优势节理组产状统计结果

节理组	参数	均值/(°)	标准差/(°)	变异系数/%	分布类型
第一组	倾向	183.8	37.1	20.2	正态分布
	倾角	68.9	15.1	21.9	正态分布
第二组	倾向	309.1	43.1	13.9	正态分布
	倾角	69.1	11.9	17.2	正态分布

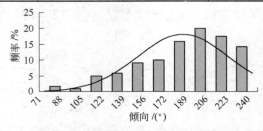

图4.15　第一组优势节理组倾向统计直方图和曲线

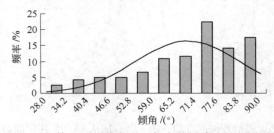

图4.16　第一组优势节理组倾角统计直方图和曲线

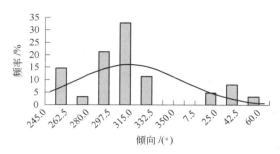

图 4.17　第二组优势节理组倾向统计直方图和曲线

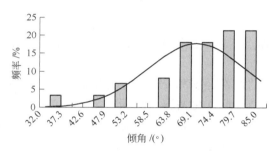

图 4.18　第二组优势节理组倾角统计直方图和曲线

4.3　北帮滑体移动规律的监测与研究

露天矿边坡稳定性监测是用仪器或装置探测边坡岩体移动的规律，提供边坡稳定性分析的基础资料，了解掌握滑体的形态、规模和发展趋势，分析判断滑体的稳定状态，保证矿山安全、高效、经济地开采。

4.3.1　滑体监测的指导思想和目标

滑体监测工作的主要任务是针对滑体地质环境和工程地质特征，确定变形关键部位，突出重点，建立完整的监测剖面和监测网，使之系统化、立体化。滑体监测应达到以下目的：（1）形成立体监测网；（2）对整个滑体进行跟踪监测，达到超前预报，确保安全；（3）反馈设计，指导施工；（4）监视滑体的变形动态，通过对量测所获取的各种资料综合分析，判断滑体的稳定性，对滑体的变形发展趋势做出预测，确保矿山的生产安全。

监测工作的指导思想为：（1）根据滑体地质环境和边坡岩体工程地质特征，提出科学、合理的监测设计，建立可靠的监测系统，在滑体稳定性研究、治理设计及施工全过程中及时测定及预报滑体的位移，确保安全；（2）突出重点，兼顾全局；（3）监测滑体地表绝对位移，控制滑体整体变形，监视滑体沿滑面、软弱面的变形动态；（4）监测点重点布置在最有可能发生滑移、变形部位，力求形成较完整的剖面。

滑体位移监测采用地表埋桩观测的方法，地表位移采用全站仪监测滑体的绝对位移变化情况，掌握滑体沿软弱滑面的变形情况，通过定期、长期观测，掌握滑体的变形移动规律，判定滑体的稳定程度。

4.3.2 北帮边坡变形监测网的设置

4.3.2.1 观测桩定点方式和设置形式

观测网选取十字交叉和射线相复合的形式。这样布置观测网是采纳了射线网观测范围大而十字叉网布置观测点很规律等不同的优点。观测桩沿纵向为射线形分布，横向近似在直线上布点形成较为规则的观测网。在南帮 X1019.84，Y3800.95 点设立置镜点，在观测网的范围内通视良好，可以控制整个北邦岩体变形的情况。

对照桩和观测桩的设置是在每条射线的端点设立一个对照桩，其作用是校核该射线上各测点的三维坐标变化情况。对照桩必须设置在不发生移动的基岩上，其坐标值常视为固定值。观测桩沿每条射线纵向分布，尽可能布置在正向。

对于开裂、下滑、沉降等严重的岩体可适当加密观测点，在每个开采水平上应至少有一个观测桩，根据地形和观测范围的需要共设置五条射线。对照桩和观测桩的规格为 200m×200m，中心点设置标志物以便测量立镜。

4.3.2.2 观测点设置参数预精度确定

该采区测量控制采用一个Ⅳ等三角点 nn2 和两个Ⅴ等三角点 D1、D2、观礼台组成。由于本次测量主要强调局部精度，因此根据观测点分布情况，以观礼台为起点、D1 为后视点，nn2 和 D2 为检查点，进行观测，采用矿山独立坐标系，高程为国家高程系，起点坐标如表 4.6 所示。测量技术标准执行冶金部一九九二年十月颁布的《冶金矿山测量规范》和建设部 1997 年 11 月颁布的《建筑变形测量规范》。

表 4.6 起点坐标成果表

起始点	X	Y	Z	起始点	X	Y	Z
观礼台	−1019.573	3800.941	268.174	D1	−1093.685	3584.515	259.779
nn2	−391.22	3051.844	311.795	D2	−955.687	3042.559	269.192

为了确保观测结果的精度，委托辽宁省测绘仪器计算站检定 GTS−301 全站仪，仪器的加常数 $c = −0.72mm$，乘常数 $R = 2.64mm/km$，各项技术指标均满足规范要求。

根据边坡变形标点的分布，水平控制与高程控制均采四个原有Ⅳ、Ⅴ三角点进行测量，为减小对中误差，测站与镜站均采用强制对中，同时测定温度及气压改正，各项观测误差均满足规范要求。

北帮边坡变形区共埋设变形监测点 25 个，变形监测点位置和监测桩的结构如图 4.19、图 4.20 所示。监测桩纵截面为梯形，底面规格为 60cm×60cm，顶面规格为 30cm×30cm，顶部平整，并水平嵌入强制对中器，高度 1.0m。桩体深入

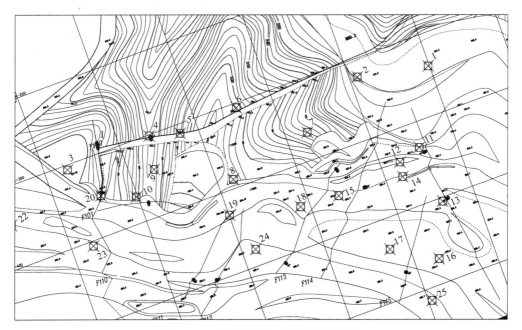

图 4.19 北帮边坡变形监测点位置图

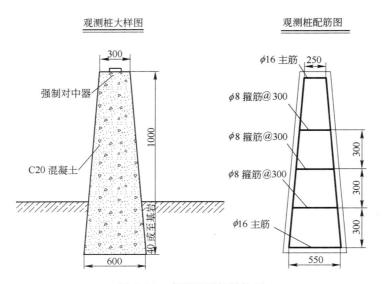

图 4.20 变形监测桩结构图

地表 40cm 以下或到达稳固基岩，要求和岩（土）体为一整体，在滑体变形时不会产生相对位移。桩体以钢筋为骨架，用 C20 混凝土筑。

4.3.2.3　变形观测点的测量方法

观测采用 GTS−301 全站仪单向四个测回观测，每测回四次读数，测回间重新照准，同时测定观测时的气压和温度，测站和镜站均采用强制对中。

在检查外业各项观测成果满足规范要求后，对各标点进行计算。根据外业测得的三边，采用计算机以严密平差法计算各点坐标，边长进行气象改正、仪器加乘常数改正及投影改正，各项精度指标均满足规范要求。

4.3.3　边坡变形监测成果与分析

北帮边坡变形区的地表位移监测共进行了 13 次，从 2007 年 2 月 12 日至 2007 年 8 月 31 日各监测点的水平位移和速度数据汇总于表 4.7 和表 4.8，水平位移历程曲线如图 4.21 ~ 图 4.25 所示，边坡监测点水平移动速度历程曲线如图 4.26 ~ 图 4.30 所示。

表 4.7　北帮边坡岩体水平位移监测成果汇总

监测点	2月12日	2月28日	3月26日	4月17日	4月26日	5月28日	6月20日	6月26日	7月4日	7月15日	8月3日	8月18日	8月31日
1	0.0	0.0	120.8	123.0	123.0	123.0	123.0	123.0	123.0	123.0	123.0	123.0	123.0
2	0.0	0.0	216.5	218.5	218.5	218.5	218.5	218.5	218.5	218.5	218.5	218.5	218.5
3													
4	0.0	0.0	4.2	6.7	6.7	6.7	6.7	6.7	6.7	6.7	6.7	6.7	6.7
5	0.0	0.0	22.4	31.6	31.6	31.6	31.6	31.6	31.6	31.6	31.6	31.6	31.6
6	0.0	0.0	22.4	104.6	104.6	104.6	104.6	104.6	104.6	104.6	104.6	104.6	104.6
7	0.0	0.0	343.6	421.3	457.0	479.7	518.6	570.8	628.2	628.2	628.2	628.2	628.2
8	0.0	0.0	417.0	472.5	500.8	989.3							
9	0.0	0.0	141.4	189.8	195.4	243.6	312.6	388.3	392.0	398.0	400.0	402.0	403.0
10	0.0	0.0	236.0	256.6	275.9	377.3	392.7	403.1	499.2	564.0	612.2	636.1	646.1
11	0.0	102.0	442.0	627.4	1390.0	3016.6	7326.6	7448.0	7488.1	7491.9	7494.7	7495.7	7718.9
12	0.0	0.0	394.8	1046.6	1068.6	2634.4	6622.8	6621.4	6661.0	6689.3	6726.0	6744.2	6826.6
13	0.0	494.3											
14	0.0	522.1	541.8	1515.7	2143.9								
15	0.0	0.0	195.8	124.6	449.3								
16	0.0	335.4	370.3	381.6	325.8								
17	0.0	337.9	351.0	355.8	341.1								
18	0.0	0.0	416.0	465.1	504.4	923.9	1013.7	966.8	895.8	864.4	854.0	852.0	845.1
19	0.0	0.0	231.6	371.2	481.9	657.1	721.7	747.0	752.9	744.3	795.3	750.9	751.7
20													

监测点	2月12日	2月28日	3月26日	4月17日	4月26日	5月28日	6月20日	6月26日	7月4日	7月15日	8月3日	8月18日	8月31日
21	0.0	0.0	408.0	498.7	506.9	528.3	545.5	552.9	552.3	558.7	567.0	570.7	571.4
22	0.0	0.0	411.0	463.8	499.6	499.6	1163.7	1191.5	1194.9	1205.5	1210.8	1213.0	1218.1
23	0.0	0.0	198.3	244.6	302.9	749.6	869.8	816.1	931.5	976.9	1026.6	1031.3	1035.2
24	0.0	0.0	135.1	203.6	204.7	206.3	236.3	245.5	261.2	272.0	294.6	297.8	297.8
25	0.0	35.0	38.1	37.7	60.4	75.7							

表4.8　北帮边坡岩体水平移动速度汇总

监测点	2月12日	2月28日	3月26日	4月17日	4月26日	5月28日	6月20日	6月26日	7月4日	7月15日	8月3日	8月18日	8月31日
1	0.00	0.00	4.65	0.23									
2	0.00	0.00	8.33	0.27									
3	0.00	0.00											
4	0.00	0.00	0.16	0.14									
5	0.00	0.00	0.86	0.45									
6	0.00	0.00	0.86	3.82									
7	0.00	0.00	13.21	3.54	3.99	1.06	3.63	19.68	17.90				
8	0.00	0.00	16.04	2.53	3.24	15.38							
9	0.00	0.00	5.44	4.45	0.67	1.51	3.67	15.92	1.35	0.91	0.12	0.15	0.08
10	0.00	0.00	9.08	3.58	2.54	4.60	1.83	17.15	14.44	6.41	2.77	1.65	0.77
11	0.00	6.37	16.04	8.49	95.59	50.83	200.12	21.80	5.02	0.37	0.17	0.07	18.86
12	0.00	0.00	15.18	37.60	4.04	48.94	176.11	6.32	5.54	2.97	3.07	1.27	6.36
13	0.00	30.89			*								
14	0.00	32.63	7.59	50.28	69.96								
15	0.00	0.00	7.53	13.55	36.43								
16	0.00	20.96	1.76	5.91	13.67								
17	0.00	21.12	0.60	0.55	2.11								
18	0.00	0.00	16.00	2.26	4.50	13.11	6.83	7.86	21.03	3.20	1.19	0.21	1.25
19	0.00	0.00	8.91	6.50	12.64	5.52	2.90	5.55	5.22	1.68	2.69	3.34	0.15
20	0.00	0.00	13.94	1.70	46.49	2.41	13.27	161.09	1201.70	49.64	10.98	1.84	0.54
21	0.00	0.00	15.69	4.13	2.12	0.75	1.07	3.00	2.40	1.75	1.34	0.47	0.52
22	0.00	0.00	15.81	2.41	3.98	0.00	28.89	6.43	3.41	1.56	0.69	0.27	0.85
23	0.00	0.00	7.63	2.11	6.48	13.97	5.60	17.78	14.48	6.41	4.75	0.76	0.46
24	0.00	0.00	5.20	3.12	3.02	1.96	2.21	3.89	2.67	1.44	1.51	0.27	0.00
25	0.00	2.19	0.16	0.52	2.67	0.51							

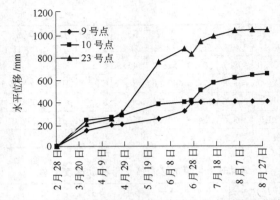

图 4.21　北帮边坡 9 号、10 号、23 号点水平位移曲线

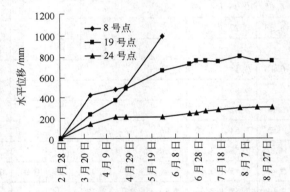

图 4.22　北帮边坡 8 号、19 号、24 号点水平位移曲线

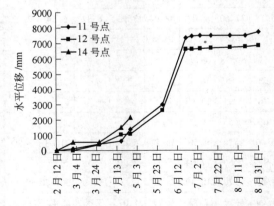

图 4.23　北帮边坡 11 号、12 号、14 号点水平位移曲线

（1）北帮中部边坡变形破坏可分为东西两区，西部的边坡变形破坏主要受平行于边坡走向的 F100 断层控制，同时 F101 和 F110 断层对边坡的变形亦有较大影响，2006 年变形破坏较为严重，2007 年地表未现明显破坏迹象，2007 年 2 ~

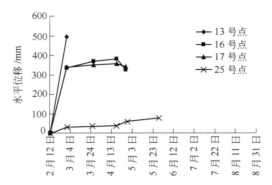

图 4.24 北帮边坡 13 号、16 号、17 号、25 号点水平位移曲线

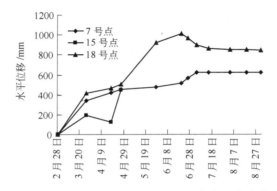

图 4.25 北帮边坡 7 号、15 号、28 号点水平位移曲线

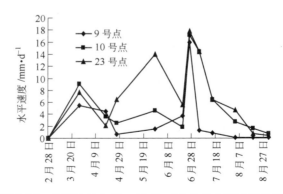

图 4.26 北帮边坡 9 号、10 号、23 号点水平速度曲线

8 月监测点 9 号、10 号、23 号、8 号、19 号、24 号的水平位移为 0.297 ~
1.035m，总体上北帮中西部边坡半年的变形约为 0.5m，属于缓慢移动的平稳间
歇期。边坡岩体移动速度最大的时间为 6 月份，水平移动速度约为 17mm/d，大
气降雨对滑体的影响较大。

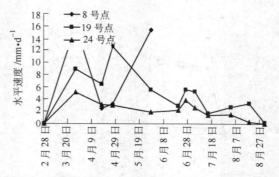

图 4.27　北帮边坡 8 号、19 号、24 号点水平速度曲线

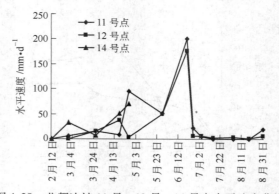

图 4.28　北帮边坡 11 号、12 号、14 号点水平速度曲线

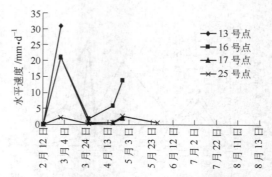

图 4.29　北帮边坡 13 号、16 号、17 号、25 号点水平速度曲线

（2）北帮中东部边坡的稳定性主要受多条斜交断层 F113、F114、F115 和 F116 等的影响，其中以 F114 断层影响最大。2007 年 6 月发生沿 F114 断层的边坡变形破坏，11 号和 12 号监测点的水平位移 7m，平均速度约为 200mm/d，而后在 7、8 月份变形较小，平均速度约为 0.07 ~ 5.54mm/d。

（3）北帮中东部 13 号、16 号、17 号、25 号监测点的水平位移小于 0.5m，

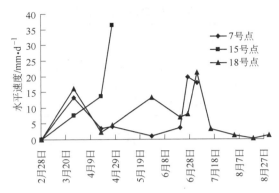

图 4.30　北帮边坡 7 号、15 号、18 号点水平速度曲线

变形较小，上部边坡的变形破坏与岩体的风化和松散堆积体相关。

（4）观测预变形分析结果表明：独木北帮边坡岩体的变形一直处于变形滑移的动态变化过程，受季节影响呈现不均衡状态，而北帮是独木采区的主要采剥区域，采用竖分条带陡帮工艺方法，该区域边坡的不稳定状态和变形特点给正常安全生产带来较大威胁，成为重大安全隐患，因此应尽快采取有效措施进行治理。

4.4　北帮边坡岩体力学性质试验研究

岩体是经历多次反复地质作用，经受过变形，遭受过破坏，形成一定的岩石成分和结构，赋存于一定的地质环境中的地质体。岩体抵抗外力作用的能力称为岩体力学性质，包括岩体的稳定性特征、强度特征和变形特征，它是由组成岩体的岩石、结构面和赋存条件决定的。岩体物理力学特性是决定露天矿边坡稳定性的重要因素，随着工程活动的不断实践，岩体物理力学性质的研究及工程应用有了较大的进展。岩体边坡稳定性计算分析首先要解决的问题是岩体变形特征和变形参数的确定，各种评价和数值分析计算的准确性取决于岩体本构模型和力学参数取值的可靠性。

4.4.1　北帮岩石物理力学性质试验研究

北帮岩性主要为混合岩，局部夹有绿泥岩岩脉，根据现场条件试验取样在 +292m 水平和 +262m 水平进行，混合岩取样 3 组，绿泥岩取样 1 组，分别进行了岩石密度（干燥、饱和）、吸水率（自然、饱和）、单轴抗压强度（自然、饱和）、抗拉强度（自然、饱和）、变角剪抗剪强度（自然、饱和）、岩石变形参数（自然、饱和）试验，试验结果见表 4.9 ~ 表 4.12，混合岩试验的汇总统计结果见表 4.13。

表 4.9　北帮中东部 +292m 水平混合岩试验结果

序号	试验项目	含水状态	单样值			平均值
			1	2	3	
1	密度/g·cm⁻³	干燥	2.56	2.57	2.55	2.56
		饱和	2.57	2.58	2.56	2.57
2	吸水率/%	自然	0.74	0.73	0.67	0.71
		饱和	1.09	1.09	1.25	1.15
3	抗压强度/MPa	自然	69.2	70.7	68.1	69.3
		饱和	68.7	65.3	52.2	62.1
4	抗拉强度/MPa	自然	7.3	7.2	7.5	7.4
		饱和	6.2	6.3	5.9	6.1
5	黏聚力 C/MPa	自然	8.3			
		饱和	6.9			
6	内摩擦角 φ/(°)	自然	38.1			
		饱和	36.0			
7	弹性模量 E / ×10⁴ MPa	自然	1.04	1.11	1.33	1.18
			1.11	1.22	1.24	
		饱和	1.08	1.14	1.20	1.12
			1.10	1.19	0.99	
8	泊松比 ν	自然	0.39	0.31	0.34	0.37
			0.40	0.42	0.38	
		饱和	0.40	0.38	0.29	0.37
			0.38	0.39	0.38	

表 4.10　北帮中西部 +292m 水平混合岩试验结果

序号	试验项目	含水状态	单样值			平均值
			1	2	3	
1	密度/g·cm⁻³	干燥	2.59	2.61	2.58	2.59
		饱和	2.60	2.62	2.59	2.60
2	吸水率/%	自然	0.36	0.39	0.42	0.39
		饱和	0.77	0.83	0.86	0.82
3	抗压强度/MPa	自然	96.9	89.7	91.3	92.6
		饱和	79.2	75.6	73.0	75.9
4	抗拉强度/MPa	自然	8.1	8.5	8.2	8.2
		饱和	6.5	6.4	6.2	6.4
5	黏聚力 C/MPa	自然	7.7			
		饱和	7.0			
6	内摩擦角 φ/(°)	自然	41.2			
		饱和	38.0			

续表4.10

序号	试验项目	含水状态	单样值			平均值
			1	2	3	
7	弹性模量 E $/\times10^4\,\mathrm{MPa}$	自然	1.43	1.38	1.47	1.39
			1.31	1.33	1.43	
		饱和	1.32	1.14	1.10	1.18
			1.03	1.33	1.17	
8	泊松比 ν	自然	0.28	0.32	0.37	0.33
			0.36	0.37	0.27	
		饱和	0.25	0.32	0.34	0.28
			0.30	0.26	0.22	

表4.11　北帮中西部 +262m 水平混合岩试验结果

序号	试验项目	含水状态	单样值			平均值
			1	2	3	
1	密度$/\mathrm{g\cdot cm^{-3}}$	干燥	2.57	2.58	2.57	2.57
		饱和	2.58	2.58	2.57	2.58
2	吸水率/%	自然	0.60	0.76	0.66	0.67
		饱和	1.07	0.98	1.00	1.02
3	抗压强度/MPa	自然	85.1	85.2	92.9	87.7
		饱和	76.6	77.6	76.2	76.8
4	抗拉强度/MPa	自然	7.8	8.2	8.1	8.0
		饱和	7.2	6.8	6.7	6.9
5	黏聚力 C/MPa	自然	9.1			
		饱和	8.5			
6	内摩擦角 φ/(°)	自然	39.1			
		饱和	37.6			
7	弹性模量 E $/\times10^4\,\mathrm{MPa}$	自然	1.30	1.31	1.05	1.28
			1.38	1.37	1.29	
		饱和	1.23	1.18	1.21	1.19
			1.24	1.11	1.16	
8	泊松比 ν	自然	0.40	0.39	0.41	0.37
			0.41	0.22	0.40	
		饱和	0.28	0.35	0.28	0.29
			0.31	0.29	0.20	

表 4.12 北帮中西部 +262m 水平绿泥岩试验结果

序号	试验项目	含水状态	单样值			平均值
			1	2	3	
1	密度/g·cm⁻³	干燥	2.55	2.58	2.59	2.57
		饱和	2.56	2.59	2.60	2.58
2	吸水率/%	自然	0.46	0.65	0.53	0.55
		饱和	0.82	1.00	0.89	0.90
3	抗压强度/MPa	自然	56.7	54.3	56.1	55.7
		饱和	43.4	50.8	44.9	46.4
4	抗拉强度/MPa	自然	6.3	6.1	6.5	6.3
		饱和	5.6	5.7	5.4	5.6
5	黏聚力 C/MPa	自然	5.7			
		饱和	5.6			
6	内摩擦角 φ/(°)	自然	37.5			
		饱和	34.1			
7	弹性模量 E /×10⁴MPa	自然	1.11 1.17	1.13 1.07	1.15 0.94	1.09
		饱和	0.99 1.05	0.85 0.90	0.84 1.01	0.94
8	泊松比 ν	自然	0.41 0.37	0.38 0.38	0.38 0.34	0.38
		饱和	0.37 0.26	0.37 0.38	0.33 0.39	0.35

表 4.13 北帮中部混合岩试验结果汇总统计

序号	试验项目	含水状态	最小值	最大值	平均值	标准差	变异系数/%
1	密度/g·cm⁻³	干燥	2.55	2.61	2.58	0.02	0.7
		饱和	2.56	2.62	2.58	0.02	0.7
2	吸水率/%	自然	0.36	0.76	0.59	0.16	27.0
		饱和	0.77	1.25	0.99	0.15	15.3
3	抗压强度/MPa	自然	68.10	96.90	83.23	11.05	13.3
		饱和	52.20	79.20	71.60	8.53	11.9
4	抗拉强度/MPa	自然	7.20	8.50	7.88	0.45	5.7
		饱和	5.90	7.20	6.47	0.39	6.0
5	黏聚力 C/MPa	自然	7.70	9.10	8.37		
		饱和	6.90	8.50	7.47		

序号	试验项目	含水状态	最小值	最大值	平均值	标准差	变异系数/%
6	内摩擦角 $\varphi/(°)$	自然	38.10	41.20	39.47		
		饱和	36.00	38.00	37.20		
7	弹性模量 E $/\times 10^4$ MPa	自然	1.04	1.47	1.28	0.13	10.2
		饱和	0.99	1.33	1.16	0.09	7.6
8	泊松比 ν	自然	0.22	0.42	0.36	0.06	15.8
		饱和	0.20	0.40	0.31	0.06	19.1

4.4.2　北帮岩体力学性质参数研究

分析研究岩体边坡的稳定性，其力学参数主要指岩体的抗剪强度。抗剪强度是指被切穿岩体破坏面上的抗剪强度，包括已有不连续面和被剪断岩块两部分抗剪强度因素。

4.4.2.1　岩体黏聚力 C_m

岩体黏聚力 C_m 的确定可由辛普森（Simpson）法和费辛柯（фпсеико）法确定。

A　辛普森（Simpson）法

该经验方法认为，岩体黏聚力 C_m 与完整岩块黏聚力 C_I 和裂隙密度 i 之间有如下关系：

$$C_m = C_I(0.114e^{-0.48(i-2)} + 0.02) \qquad (4.12)$$

B　费辛柯（фпсеико）法

该经验方法的岩体黏聚力 C_m 计算公式为：

$$C_m = \frac{C_I}{1 + a\ln\left(\dfrac{H}{L}\right)} \qquad (4.13)$$

式中，H 为边坡高度，m；L 为裂隙间距，m；a 为由岩块强度和结构面分布特征所决定的系数（表 4.14）。

表 4.14　特征系数 a 取值

岩石名称和裂隙特征	岩块黏聚力/MPa	a
不密实的和轻微的砂-黏土质沉积岩，强风化的完全高岭土化的岩浆岩	0.4~0.9	0.5
密实的砂-黏土质岩石，主要为直交裂隙	1.0~2.0	2
强高岭土化的岩浆岩	3.0~8.0	2
密实的砂-黏土质岩石，发育有斜交裂隙的高岭土化的岩浆岩	3.0~8.0	3

续表 4.14

岩石名称和裂隙特征	岩块黏聚力/MPa	a
中硬的层状岩石，主要为直交裂隙	10 ~ 15	3
	15 ~ 17	4
	17 ~ 20	5
坚硬岩石，主要为直交裂隙	20 ~ 30	6
	>30	7
坚硬岩浆岩，主要为直交裂隙	>20	10

C　计算结果

计算结果见表 4.15。

表 4.15　混合岩岩体黏聚力 C_m 计算结果

序号	含水状态	岩块 C_I /MPa	辛普森法		费辛柯法			
			i/条·m^{-1}	C_m/kPa	间距 L/m	a	H/m	C_m/kPa
1			1.88	1084	0.53	3	150	430
2		7.7	3.29	627	0.30	3	150	393
3			5.42	324	0.18	3	150	365
4			1.88	1281	0.53	3	150	508
5	自然	9.1	3.29	741	0.30	3	150	464
6			5.42	383	0.18	3	150	431
7			1.88	1178	0.53	3	150	467
8		8.4	3.29	681	0.30	3	150	427
9			5.42	352	0.18	3	150	397
10			1.88	971	0.53	3	150	385
11		6.9	3.29	561	0.30	3	150	352
12			5.42	290	0.18	3	150	327
13			1.88	1196	0.53	3	150	474
14	饱和	8.5	3.29	692	0.30	3	150	434
15			5.42	358	0.18	3	150	403
16			1.88	1051	0.53	3	150	417
17		7.5	3.29	608	0.30	3	150	381
18			5.42	314	0.18	3	150	354

4.4.2.2　岩体内摩擦角 φ_m

岩体内摩擦角应介于完整岩块内摩擦角与不连续面内摩擦角之间，一些经验丰富的岩石力学专家总结大量的试验数据认为完整岩石内摩擦系数是裂隙岩体的

1.10 ~ 1.20 倍，岩体内摩擦角 φ_m 计算结果如表 4.16 所示。

表 4.16   混合岩岩体内摩擦角 φ_m 计算结果

序号	含水状态	岩块 $\varphi_1/(°)$	岩体内摩擦角 $\varphi_m/(°)$		
			折减系数 1.10	折减系数 1.15	折减系数 1.20
1	自然	38.1	35.5	34.3	33.2
2		41.2	38.5	37.3	36.1
3		39.5	36.8	35.6	34.5
4	饱和	36.0	33.4	32.3	31.2
5		38.0	35.4	34.2	33.1
6		37.2	34.6	33.4	32.3

4.4.2.3   岩体强度指标取值

自然含水状态下混合岩岩体黏聚力的辛普森（Simpson）法计算结果为 324 ~ 1178kPa，中值为 751kPa，岩块强度取平均值 8.37MPa、节理密度取平均值 3.29 条/m 时计算结果为 681kPa；费辛柯（фпсеико）法计算结果为 365 ~ 508kPa，中值 436kPa，岩块强度取平均值 8.37MPa、节理密度取平均值 3.29 条/m 时计算结果为 427kPa。混合岩岩体的内摩擦角 φ_m 计算结果为 33.2° ~ 38.5°，中值为 35.8°；岩块内摩擦角取平均值 39.5° 时，计算结果 34.5° ~ 36.8°，中值 35.6°。

饱和含水状态下混合岩岩体黏聚力的辛普森（Simpson）法计算结果为 290 ~ 1196kPa，中值为 743kPa，岩块强度取平均值 7.47MPa、节理密度取平均值 3.29 条/m 时计算结果为 608kPa；费辛柯（фпсеико）法计算结果为 327 ~ 417kPa，中值 372kPa，岩块强度取平均值 7.47MPa、节理密度取平均值 3.29 条/m 计算结果为 381kPa。混合岩岩体内摩擦角 φ_m 计算结果 31.2° ~ 35.5°，中值为 33.3°；岩块内摩擦角取平均值 37.2° 时，计算结果为 32.3° ~ 34.6°，中值为 33.5°。

综合考虑混合岩岩体黏聚力、内摩擦角的计算结果和岩体赋存条件的各种随机性，确定自然含水状态下混合岩岩体的黏聚力为 350 ~ 750kPa，中值为 550kPa，内摩擦角 34.5° ~ 36.5°，中值 35.5°；饱和含水状态下混合岩岩体黏聚力为 300 ~ 700kPa，中值 500kPa，内摩擦角 33.0° ~ 35.0°，中值 34.0°。

根据鞍钢东鞍山铁矿、大孤山铁矿、眼前山铁矿和齐大山铁矿以往的研究结果，含铁石英岩（铁矿石）的岩体黏聚力选取为 1000kPa，内摩擦角 42.0°。

4.4.3   断层泥（F100 和 F110）性质试验与统计分析

现场地质调查和探槽勘查在 F100、F110、F112 和 F114 断层中均见有薄层断层泥，对北帮的边坡稳定性起主要控制作用，为此在探槽 TC1 和 TC2 中对 F100 和 F110 断层中的断层泥进行了取样试验，试验项目为比密度、密度、含水率、液限、塑限、直接剪切（快剪）和三轴压缩（UU）等试验，F100 断层泥和 F110 断层泥的比密度为 2.74，断层泥干密度、孔隙比、液限、塑限、塑性指数、液性指数、直接剪切（快剪）黏聚力与内摩擦角和三轴压缩（UU）黏聚力与内摩擦角试验指标的统计结果列于表 4.17～表 4.19，数理统计直方图和概率密度曲线如图 4.31～图 4.40 所示。

表 4.17   F100 断层泥物理力学性质试验汇总统计表

	试 验 指 标	均值	标准差	变异系数/%	最小值	最大值	分布类型
物理性质	干密度/g·cm^{-3}	1.601	0.014	0.91	1.580	1.630	正态
	孔隙比	0.713	0.016	2.18	0.686	0.734	正态
	液限/%	38.15	0.48	1.27	37.40	38.90	正态
	塑限/%	19.74	0.21	1.05	19.30	20.00	正态
	塑性指数	18.41	0.40	2.16	17.60	19.00	正态
	液性指数	0.33	0.03	8.01	0.28	0.35	正态
快剪	黏聚力 C/kPa	24.90	3.60	14.47	19.00	29.00	正态
	内摩擦角 φ/(°)	8.06	0.58	7.24	7.00	8.90	正态
三轴（UU）	黏聚力 C/kPa	28.05	2.80	9.97	23.89	32.01	正态
	内摩擦角 φ/(°)	7.79	0.87	11.17	6.62	8.91	正态

表 4.18   F110 断层泥物理力学性质试验汇总统计表

	试 验 指 标	均值	标准差	变异系数/%	最小值	最大值	分布类型
物理性质	干密度/g·cm^{-3}	1.619	0.018	1.12	1.590	1.660	正态
	孔隙比	0.694	0.019	2.71	0.655	0.722	正态
	液限/%	37.75	0.56	1.48	36.50	38.80	正态
	塑限/%	19.56	0.28	1.42	19.00	20.10	正态
	塑性指数	18.18	0.36	1.95	17.30	18.90	正态
	液性指数	0.31	0.03	10.51	0.25	0.38	正态
快剪	黏聚力 C/kPa	21.44	3.32	15.47	16.00	30.00	正态
	内摩擦角 φ/(°)	7.48	1.16	15.44	5.60	10.80	正态
三轴（UU）	黏聚力 C/kPa	24.93	3.25	13.05	20.01	33.82	正态
	内摩擦角 φ/(°)	6.64	0.87	13.13	5.56	8.69	正态

表 4.19   断层泥（F100 和 F110）物理力学性质试验统计表

	试 验 指 标	均值	标准差	变异系数/%	最小值	最大值	分布类型
物理性质	干密度/g·cm^{-3}	1.616	0.019	1.16	1.580	1.660	正态
	孔隙比	0.697	0.020	2.80	0.655	0.734	正态
	液限/%	37.81	0.56	1.49	36.50	38.90	正态
	塑限/%	19.59	0.27	1.40	19.00	20.10	正态
	塑性指数	18.22	0.37	2.02	17.30	19.00	正态
	液性指数	0.31	0.03	10.48	0.25	0.38	正态

试 验 指 标		均值	标准差	变异系数/%	最小值	最大值	分布类型
快剪	黏聚力 C/kPa	21.98	3.57	16.22	16.00	30.00	正态
	内摩擦角 φ/(°)	7.57	1.10	14.56	5.60	10.80	正态
三轴 (UU)	黏聚力 C/kPa	25.42	3.37	13.24	20.01	33.82	正态
	内摩擦角 φ/(°)	6.82	0.96	14.12	5.56	8.91	正态

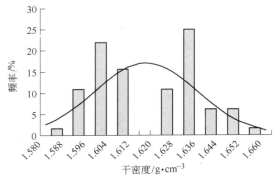

图 4.31　断层泥干密度统计直方图和曲线

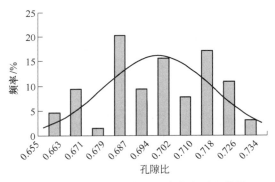

图 4.32　断层泥孔隙比统计直方图和曲线

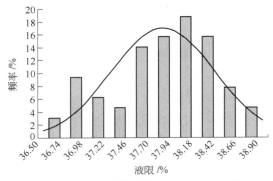

图 4.33　断层泥液限统计直方图和曲线

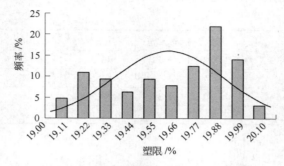

图 4.34　断层泥塑限统计直方图和曲线

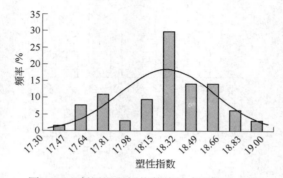

图 4.35　断层泥塑性指数统计直方图和曲线

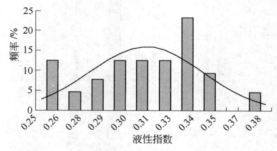

图 4.36　断层泥液性指数统计直方图和曲线

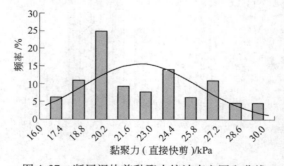

图 4.37　断层泥快剪黏聚力统计直方图和曲线

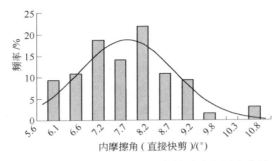

图 4.38　断层泥快剪内摩擦角统计直方图和曲线

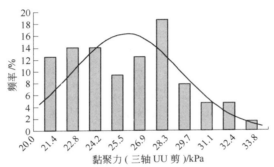

图 4.39　断层泥三轴剪（UU）黏聚力统计直方图和曲线

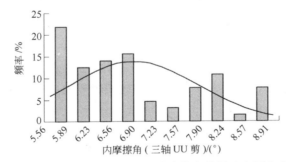

图 4.40　断层泥三轴剪（UU）内摩擦角统计直方图和曲线

4.5　北帮中部边坡稳定性分析与预测研究

　　边坡稳定性分析计算是边坡稳定性研究中最终给出定量评价指标的分析过程，该项工作以工程地质、水文地质调查所获得的大量实际资料为基础，通过对边坡岩体物理力学性质的研究及各种影响因素的综合分析，正确选用符合实际的几何参数和力学参数，通过稳定性计算最终给出表征边坡稳定程度的定量指标。

　　边坡稳定性分析是确定边坡是否处于稳定状态，是否需要对其进行加固治理，防止其发生破坏的重要依据。

4.5.1　爆破与地下水对边坡稳定性的影响

爆破开挖引起的震动对边坡稳定性的影响包括两个方面：一方面是对最终边坡引起直接破坏，表现为使边坡表层岩体松散变形，从而破坏边帮岩体的完整性，降低其强度；另一方面是爆破产生的动荷载导致边坡岩体瞬时下滑力增加，岩体变形有所积累，逐渐破坏边帮岩体的完整性，从而降低其稳定性。

爆破震动对边坡的影响程度与起爆药量、起爆方式、边坡至爆心的距离及边坡的地质条件等因素有关。减轻爆破震动危害的有效方法是采取合理的控制爆破措施，如光面爆破、预裂爆破等形式。

地下水是影响边坡稳定性的重要因素，主要通过静水压力和动水压力作用对岩土体的力学性质施加影响。静水压力作用减小岩土体的有效应力而降低岩土体的强度，在裂隙岩体中的孔隙静水压力可使裂隙产生扩容变形；动水压力作用对岩土体产生切向的推力以降低岩土体的抗剪强度，地下水在松散土体、松散破碎岩体及软弱夹层中运动时对岩土颗粒施加一体积力，在孔隙动水压力的作用下可使岩土体中的细颗粒物质产生移动，甚至被携出岩土体之外，产生潜蚀而使岩土体破坏，这就是管涌现象；在岩体裂隙或断层中的地下水对裂隙壁施加两种力，一是垂直于裂隙壁的孔隙静水压力（面力），使裂隙产生垂向变形；二是平行于裂隙壁的孔隙动水压力（面力），使裂隙产生切向变形。另外，地下水对岩土体的软化作用也是影响岩土体稳定性的一个重要方面，特别是软岩边坡的稳定性问题。

独木采场的最低开采水平已接近设计底标高的 +88m 水平，北帮边坡的地下水潜水面已较低，潜水的静水压力和动水压力作用影响不大，地下水对边坡的影响主要是含水岩体密度增加、强度降低以及断层泥的强度问题，在岩体强度指标的确定上应给予考虑。北帮中东部边坡的地表覆盖有大量松散堆积体及风化岩石，受大气降雨的影响较大。

4.5.2　临界安全系数的确定

为使矿山在生产服务年限内不发生规模较大的总体滑坡，边坡稳定性评价必须给予一定的安全储备，其临界安全系数的确定主要取决于边坡研究区段的重要程度及研究的深入程度。

国内矿山边坡稳定研究采用的临界安全系数如下：

（1）武钢大冶铁矿（1978）　　　　1.15 ~ 1.20
（2）海南铁矿（1980）　　　　　　1.15 ~ 1.25
（3）本钢南芬铁矿（1986）　　　　1.25
（4）鞍钢大孤山铁矿（1986）　　　1.15 ~ 1.25
（5）鞍钢东鞍山铁矿（1988）　　　1.30

（6）鞍钢眼前山铁矿（1986）　　　1. 20 ~ 1. 25

通过工程类比分析，本次稳定性计算的临界安全系数确定为 1. 25 ~ 1. 30。稳定性计算时混合岩体和断层泥采用饱和含水强度指标，而不考虑爆破及地下水对边坡的荷载作用。

4.5.3　北帮边坡稳定性的分析与预测

北帮边坡岩体的下部为含铁石英岩（铁矿石），铁矿石赋存于边坡大约 +184m 水平以下，质地坚硬，强度极高，边坡稳固；混合岩边坡位于矿体上盘，除地表第四纪土、风化混合岩和松散堆积体外，总体上混合岩质量较好，强度较高。北帮边坡的稳定性主要是断层的影响问题，断层的空间位置、形态及断层与境界的组合关系控制着边坡的破坏模式及稳定状态。依据断层影响形式不同，北帮中部边坡可分东、西两部分。北帮是独木采区的主要采剥区域，采用的是竖分条带陡帮工艺方法，目前仅有上部较少的开采水平靠界，因此稳定性评价应以分析预测最终边坡形成后的稳定状态为主。

4.5.3.1　北帮中西部边坡稳定性分析预测

北帮中西部边坡主要受 F100、F101 及 F110 断层的影响，最终境界边坡倾向为 220°，边坡与 F100 断层和 F101 断层的夹角分别为 30° 和 20°。F100 断层和 F101 断层均属平行于边坡走向的Ⅲ级结构面，F100 断层和 F101 断层的倾角（53° 和 73°）较陡，因此断层不能在边坡下部出露而形成单一平面滑体，其边坡的破坏模式为上部沿断层直线滑移与下部弧形剪断岩体的复合形式，即断层 F100 和断层 F101 作为滑弧的后壁。F110 断层与边坡近垂直相交，虽不对边坡破坏模式起控制作用，但可构成北帮中西部滑体的西部边界。由于断层面平直光滑并发育有强度极低的断层泥，以及处于易滑动范围的 40° 倾角，因此从三维角度分析对稳定性较为不利。断层 F100 和断层 F101 组合对现状边坡的严重破坏影响已反映了这一事实。

北帮中西部布置 4 个稳定性计算剖面，最终境界边坡的稳定性计算结果列于表 4. 20，剖面 1 ~ 剖面 4 的边坡境界、断层分布与危险滑弧位置如图 4.41 ~ 图 4.44 所示。

表 4. 20　北帮中西部边坡稳定性计算结果

计算剖面	滑弧后壁断层	简布法	不平衡推力法
1	F100	0. 642	0. 922
2	F100	0. 510	0. 691
3	F101	1. 539	1. 778
	F100	1. 026	1. 185
4	F100	1. 308	1. 378

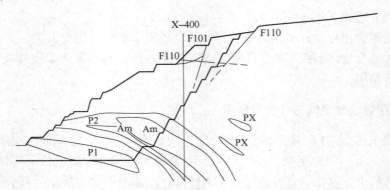

图 4.41　北帮剖面 1 边坡境界与危险滑弧位置图

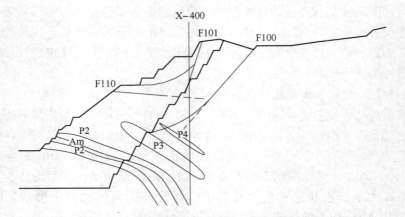

图 4.42　北帮剖面 2 边坡境界与危险滑弧位置图

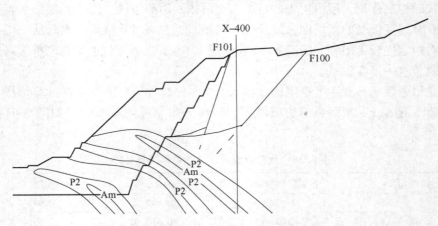

图 4.43　北帮剖面 3 边坡境界与危险滑弧位置图

　　（1）受 F100 断层的影响，剖面 1 ~ 剖面 3 的简布法计算的安全系数仅为 0.510 ~ 1.026，不平衡推力法计算的安全系数为 0.510 ~ 1.026，表明最终境界边

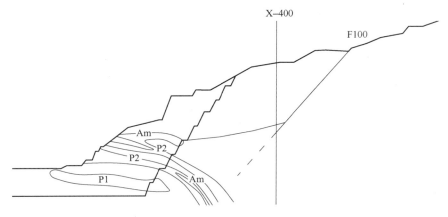

图4.44　北帮剖面4边坡境界与危险滑弧位置图

坡处于不稳定状态或安全储备不足，特别是剖面1和剖面2的计算安全系数均小于1（考虑了F100断层可能被F110断层切断的问题），最后一个竖分条开采至某一水平尚未见矿时边坡即已失稳，因此必须采取治理措施确保矿山的生产安全。

（2）在剖面4上F100断层与最终境界边坡的距离已超过150m，安全系数的计算结果已大于1.25，边坡已有足够的安全储备。

（3）剖面3的F101断层作为滑弧后壁的计算结果为1.539和1.778，表明沿其发生滑动的可能不大，与其倾角较陡有较大关系，但因与边坡交角较小，相交的坡面发生局部台阶破坏的可能性是较大的。

（4）对于现状边坡沿F101断层发生破坏的可能性在剖面1和剖面2上用简布法进行了计算，其安全系数分别为1.560和1.847，表明尽管路面开裂严重，但剪断岩体整体下滑的可能性还是不大。

（5）从计算结果看，F100断层在边坡顶部出露的坡顶距L与边坡的高度H对稳定性影响较大，为此进行灵敏度分析，其计算结果绘于图4.45和图4.46。

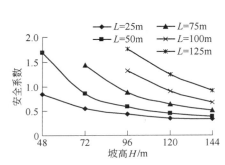

图4.45　不同F100断层坡顶距L下安全系数与坡高H的关系曲线

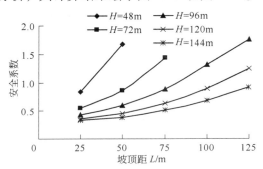

图4.46　不同坡高H下安全系数与F100断层坡顶距L的关系曲线

4.5.3.2 北帮中东部边坡稳定性分析预测

北帮中东部边坡主要受 F113、F114、F115 及 F116 断层的影响。F113、F114 和 F115 断层倾向均为南东，而 F116 断层倾向为南西，若断层延展较长，F113、F114 和 F115 断层与 F116 断层将相交。通过赤平投影分析（图 4.47～图 4.49）可知，其交线倾角分别为 64°、62.6°和 67.7°，均大于 53°的总体边坡角，即组合交线不能从边坡面上穿出，不能形成平面楔形体的破坏模式。

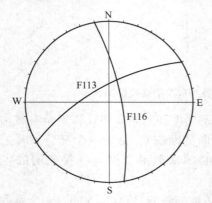 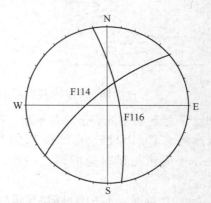

图 4.47 断层 F113 与断层 F116 赤平投影图　图 4.48 断层 F114 与断层 F116 赤平投影图

最终境界边坡倾向为 180°，F113、F114、F115 断层和 F116 断层与边坡的夹角分别为 30°、40°、55°和 80°。从现场调查看，F113 断层和 F115 断层延展长度不大，破碎带较窄，并未见断层泥充填，对边坡稳定性影响较小。F114 断层内显见有断层泥发育，2007 年 6 月在未有大气降雨的干燥条件下曾发生过突发性滑移破坏，可见是控制北帮中东部边坡稳定性的主要断层。F116 断层与边坡近于垂直，虽然不能与 F114 断层构成

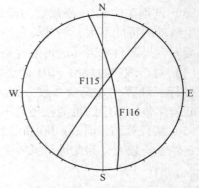

图 4.49 断层 F115 与断层 F116 赤平投影图

楔体滑坡模式，但可作为其滑体的东边界，降低其边坡的稳定性。F114 与边坡的夹角为 40°，与边坡斜交，考虑断层泥的存在和 F116 断层的影响，北帮中东部边坡的稳定性分析仍以上部沿断层直线滑移与下部弧形剪断岩体的复合型破坏模式进行略为保守的计算。

北帮中东部布置 4 个稳定性计算剖面，最终境界边坡的稳定性计算结果列于表 4.21，剖面 5～剖面 8 的边坡境界、断层分布与危险滑弧位置如图 4.50～图 4.53 所示。

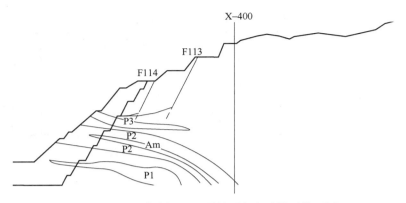

图 4.50   北帮剖面 5 边坡境界与危险滑弧位置图

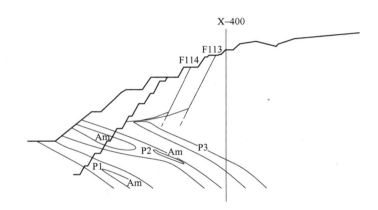

图 4.51   北帮剖面 6 边坡境界与危险滑弧位置图

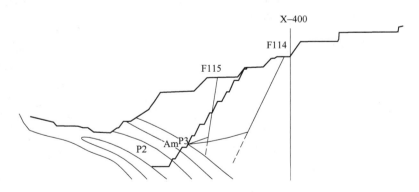

图 4.52   北帮剖面 7 边坡境界与危险滑弧位置图

（1）受 F114 断层的影响，剖面 5～剖面 8 的简布法计算的安全系数仅为 0.718～1.221，不平衡推力法计算的安全系数为 0.803～1.382，表明最终境界边坡处于不稳定状态或安全储备不足，因此应采取治理措施维护边坡的稳定。

表 4.21　北帮中东部边坡稳定性计算结果

计算剖面	滑弧后壁断层	简布法	不平衡推力法	计算剖面	滑弧后壁断层	简布法	不平衡推力法
5	F114	1.221	1.382	7	F114	0.718	0.803
	F113	1.589	1.698		F115	2.861	3.295
6	F114	1.068	1.309	8	F114	0.790	1.038
	F113	1.210	1.335		F115	1.322	1.744

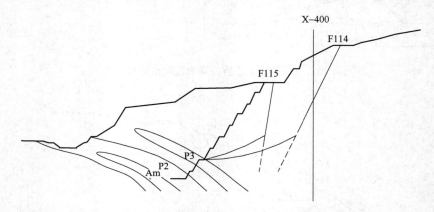

图 4.53　北帮剖面 8 边坡境界与危险滑弧位置图

（2）以 F113 断层和 F115 断层作为滑弧后壁计算的安全系数大于 1.25，表明沿其发生滑动的可能不大，但断层在坡面出露处发生局部台阶破坏的可能性是较大的。

（3）F114 断层在边坡顶部出露的坡顶距 L、边坡高度 H 对稳定性影响的灵敏度分析计算结果绘于图 4.54 和图 4.55。

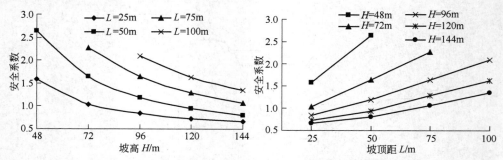

图 4.54　不同 F114 断层坡顶距 L 下安全系数
与坡高 H 的关系曲线

图 4.55　不同坡高 H 下安全系数
与 F114 断层坡顶距 L 的关系曲线

4.6　北帮中部边坡可靠性分析与评价

露天矿边坡的状态是矿山企业安全高效生产的关键技术问题，从生产实际和传统的思维观念上讲，人们希望能够给出直观的确定性结果，如最大的稳定边坡角和边坡高度等，但由于自然条件和实际工程中的许多不确定性的存在，这就使人们一直在努力追求的完美确定性结果不易获得，为此，考虑边坡工程中客观存在的诸多不确定性因素进行边坡工程的可靠性分析就显得十分必要和迫切。

根据边坡重要性和相关边坡研究的情况，北帮中部整体边坡的可接受破坏概率取为 0.005（即可靠指标 $\beta = 2.573$）。

北帮中部最终境界总体边坡的蒙特卡罗（Monte Carlo）法和罗森布鲁斯（Rosenblueth）法可靠性计算结果列于表 4.22 ~ 表 4.25。

（1）北帮中西部边坡剖面 1 ~ 剖面 3 Monte Carlo 法计算的边坡破坏概率为 0.153 ~ 0.969，Rosenblueth 法计算的边坡破坏概率为 0.147 ~ 0.919，已远大于可接受破坏概率 0.005；剖面 4 Monte Carlo 法和 Rosenblueth 法计算的边坡破坏概率分别为 0.004 和 0.002，其破坏风险可以接受。

（2）北帮中东部边坡剖面 5 ~ 剖面 8 的 Monte Carlo 法计算的边坡破坏概率为 0.121 ~ 0.675，Rosenblueth 法计算的边坡破坏概率为 0.115 ~ 0.616，虽然破坏概率小于北帮中西部边坡，但其破坏风险亦是不能接受的，必须对边坡进行维护治理。

（3）Monte Carlo 法的基本原理是随机统计原理，而 Rosenblueth 法是基于最大熵原理，二者截然不同，但分析结果表明非常接近。

表 4.22　北帮中西部边坡蒙特卡罗法计算结果

计 算 剖 面	剖面 1	剖面 2	剖面 3	剖面 4
安全系数均值	0.713	0.524	1.160	1.389
置信度 95% 均值区间	(0.699, 0.728)	(0.514, 0.534)	(1.153, 1.167)	(1.383, 1.395)
安全系数标准差	0.329	0.238	0.154	0.139
置信度 95% 标准差区间	(0.319, 0.340)	(0.231, 0.246)	(0.149, 0.159)	(0.135, 0.144)
可靠性指标	− 0.411	− 0.926	1.040	9.989
破坏概率均值	0.803	0.969	0.153	0.004
置信度 95% 均值区间	(0.802, 0.803)	(0.968, 0.969)	(0.152, 0.153)	(0.003, 0.004)
破坏概率标准差	0.009	0.004	0.008	0.001
置信度 95% 标准差区间	(0.009, 0.009)	(0.004, 0.004)	(0.008, 0.008)	(0.001, 0.001)

表 4.23　北帮中东部边坡蒙特卡罗法计算结果

计 算 剖 面	剖面 5	剖面 6	剖面 7	剖面 8
安全系数均值	1.218	1.068	0.806	1.014
置信度 95% 均值区间	(1.210, 1.226)	(1.056, 1.081)	(0.788, 0.825)	(0.987, 1.040)
安全系数标准差	0.185	0.280	0.423	0.609

计 算 剖 面	剖面5	剖面6	剖面7	剖面8
置信度95%标准差区间	(0.179, 0.191)	(0.272, 0.289)	(0.410, 0.437)	(0.591, 0.629)
可靠性指标	1.180	0.244	−0.246	0.014
破坏概率均值	0.121	0.402	0.675	0.530
置信度95%均值区间	(0.121, 0.121)	(0.402, 0.402)	(0.675, 0.675)	(0.530, 0.530)
破坏概率标准差	0.007	0.011	0.010	0.011
置信度95%标准差区间	(0.007, 0.008)	(0.011, 0.011)	(0.010, 0.011)	(0.011, 0.012)

表 4.24　北帮中西部边坡罗森布鲁斯法计算结果

计 算 剖 面	剖面1	剖面2	剖面3	剖面4
一阶矩 M1(安全系数均值)	0.563	0.405	1.156	1.390
二阶矩 M2(安全系数标准差)	0.373	0.180	0.022	0.019
三阶矩 M3	−0.109	−0.162	0.700	2.340
四阶矩 M4	0.205	0.247	−3.236	−13.006
可靠指标	−1.172	−3.302	1.049	10.019
变异系数	1.084	1.047	0.128	0.100
偏态系数	−2.109	−27.685	65417	328257
峰态系数	1.479	7.622	−6663	−35118
破坏概率	0.763	0.919	0.147	0.002

表 4.25　北帮中东部边坡罗森布鲁斯法计算结果

计 算 剖 面	剖面5	剖面6	剖面7	剖面8
一阶矩 M1(安全系数均值)	1.219	1.063	0.833	0.845
二阶矩 M2(安全系数标准差)	0.033	0.077	0.320	0.652
三阶矩 M3	1.098	0.457	0.138	1.275
四阶矩 M4	−5.353	−1.933	−0.815	−3.812
可靠指标	1.203	0.225	−0.523	−0.238
变异系数	0.149	0.261	0.679	0.956
偏态系数	30052	998	4.242	4.607
峰态系数	−4862	−325	−7.983	−8.977
破坏概率	0.115	0.411	0.616	0.576

5 弓长岭露天矿何家采区边坡优化设计

5.1 引言

弓长岭矿业公司露天铁矿何家采区是鞍钢集团矿业公司主力采区之一，年产近四百多万吨铁矿石。虽然近期何家采区边坡工程没有发生大规模滑坡事故，但随着采深的增加，处于河床部位的上盘固定边坡的稳定性问题将凸显出来。2009年春季开始，上盘边坡上部土体出现了大面积的滑移，造成处于不稳定滑坡体的212m铁路Ⅰ线及其直流接触网被破坏，严重影响矿石输出，迫使矿山于2009年6月对铁路进行移设，如图5.1所示。如果边坡出现进一步滑移，将使得212m水平铁路全部报废。为了确保露天矿安全生产的目标，需要对何家采区上盘边坡开展稳定性研究。

图 5.1 上盘边坡 212m 铁路线平台滑移情况

为了保障弓长岭矿业公司露天铁矿何家采区上盘边坡工程的安全稳定，避免出现重大人员伤亡及被迫停产的被动局面，必须对上盘边坡整体稳定性进行分析，提出并采取综合有效的措施进行预测和防治。因此，开展"何家采区上盘边坡稳定性研究与边坡结构优化设计"，对保证露天矿的正常生产、避免重大事故的发生具有特别重要的意义。

5.2　边坡工程地质特性与岩体结构特征研究

5.2.1　自然地理特征

弓长岭矿业公司露天铁矿位于辽宁省辽阳市弓长岭区岭东，西北距辽阳市火车站直距 31.6km，西南距鞍山火车站直距 43.8km，矿区地理坐标东经 123°30′，北纬 41°06′。矿区交通极为方便，辽（辽阳）溪（本溪）铁路从矿区西北端安平站通过，矿区有专用宽轨铁路与辽溪线相接，由矿区到辽阳、鞍山、本溪有柏油路相通。

矿区内属低山丘陵地貌，位于长白山山系西南部支脉至千山山脉的西北部，除西北方为大的冲积平原外，大部分属于山岳地带，为壮年晚期地形，山脉走向一般为北东走向，部分为北西走向，山峰高度一般为海拔 260～500m，最高山峰海拔 565m（高山）。最低处河床标高为 220～224m，相对比高 339～341m。山脉坡度不甚大，多为 10°～20°，剥蚀比较强烈，山谷多呈"U"字形。

弓长岭铁矿床一矿区位于汤河与蓝河之间，均属太子河水系。

汤河发源于千山山系西部，经安平在小屯注入太子河，最高洪水位为 74.46m，最低绝对水位 71.13m，河床宽 20～100m，最大流量 144m³/s，最小流量 3.0m³/s，平均为 5.0m³/s，1972 年修建了汤河水库，蓄水量较大。

蓝河发源于下马塘以东的庙沟，经黄泥岗孤家子，在北台大河沿流入太子河。一矿区系蓝河上游的一个支流，由两条小溪经何家堡子在黄泥岗注入蓝河，小溪宽 6～10m，水量依季节而变化，枯水期干涸，洪水期水位上涨。一般流量为 0.079m³/s，洪水期最大流量为 300m³/s。

本区属温带气候，一年中冬季最长，夏季次之，相对较短，四季分时，温差变化较大。

本区年平均气温多在 7～8℃ 之间，平均约为 7.4℃。本区最高气温为每年的 7～8 月，历年最热月平均最高气温为 28～29℃，最高气温为 37℃。最低气温为每年 12 月～翌年 2 月，历年最冷月平均气温为 −18～−19℃，最低气温为 −30.5℃。

本区年降水量一般为 700～900mm 之间，年平均降水量为 767.5mm，降水量最多为 6～9 月，以 7 月份为最多，平均为 206.2mm，降水量最少为 1 月，平均降水量为 7.1mm。积雪期为每年的 11 月～翌年的 4 月，平均积雪深度为 15～20cm，历年最大积雪深度为 33cm。地面冻结期为每年的 11 月～翌年的 4 月。

本区夏季多为南风及东南风，冬季为北风和西北风。历年来平均风速 1.98m/s。每年的春季风大，夏季次之，冬季最小。4 月份风速最大，平均风速为 3.98m/s，八月份风速弱，平均风速为 1.80m/s。

据资料记载，辽南及附近地区 1900 年以前发生 4 级以上地震 6 次（4～6

级），震中多在沈阳、金州、营口等地；1900～1975 年前发生 4 级以上地震 10 次（4～6 级），震中多在盖县、熊岳、东沟、庄河、鞍山、本溪等地，其中 1974 年 12 月 22 日发生 4.8 级地震，震中位于附近的参窝水库；1975 年辽南海城地区发生地震 127 次，其中 2 月 4 日发生一次 7.3 级强烈地震，震中位于海城英洛乡岔沟，震源深度 16km，震中裂度Ⅸ度。受此影响弓长岭地区建筑物遭到轻度破坏；1976 年发生地震 102 次，最大震级 5.8 级，震中位于海城、鞍山、韩家峪等地；1977 年发生地震 34 次，最大震级 2.4 级；1978 年地震活动减弱，1988 年 7 月发生一次 5 级地震；1989～1990 年轻度地震，颇为频繁。1999 年 4 月发生一次 3.5 级地震。

本区气候适宜，交通方便，物产丰富，经济状况较好。农业以粮食为主，玉米、大豆、高粱经济作物为辅。本区矿产资源丰富，特别是铁矿资源储量较大，是鞍钢集团重要原料生产基地。

5.2.2 区域地质

区域范围：东起蓝河、西至汤河沿、南起周家东沟、北至安平，东西长 20km，南北宽 18.5km，面积约 370 平方公里。

5.2.2.1 地层

本区为中国辽宁古陆基的一部分，所以出露本区的地层，以前震旦纪及震旦纪的变质岩系为主，并有小部分寒武纪、奥陶纪及石炭二叠纪岩层。本区域内还有不同时代侵入的岩浆岩以及大规模混合岩化作用而形成的混合岩和许多大小不等的酸—中—基性的岩脉侵入岩。

出露于本区内的前震旦纪的岩石为本区最古老的地层，即所谓的"鞍山群"。铁矿层含于此鞍山群之内。鞍山群地层层序自上而下为：

Ⅲ. 上混合岩层：主要为条带状混合岩和伟晶混合岩，厚度约 100m，同位素年龄为 18 亿年。

Ⅱ5. 石英岩

Ⅱ4. 上含铁带

（5）第六层铁矿，即主要的富铁矿层

（4）上斜长角闪岩层

（3）第五层铁矿

（2）下斜长角闪岩层

（1）第四层铁矿

Ⅱ3. 中部黑云钠长变粒岩夹第三层铁矿

Ⅱ2. 下含铁带

（4）第二层铁矿

（3）中部片岩层

（2）第一层铁矿

（1）下部片岩层

Ⅱ1.角闪岩层

Ⅰ.下混合岩：主要为条带状的混合岩和伟晶混合岩，厚度约2500m，同位素年龄为20亿年。

5.2.2.2　构造

本区地层主要为古老的变质岩系所构成，它们受吕梁及燕山运动时期的造山运动的影响，因而其构造很复杂。

鞍山群地层区的古构造：在吕梁运动中或稍后，由于大规模弓长岭花岗岩的侵入，致使将完成的大复背斜两翼互相有所脱落，西南翼又受到强大推动作用，向东南有所转动，成为今日的布局。弓长岭一矿区、二矿区、三矿区原是一个矿层，因为相互转动成为鼎足之势。二矿区为大复背斜的东北翼，一、三矿区为大复背斜的东南翼。二矿区岩层的走向为北西300°～340°，倾斜北东60°～80°。东北翼内的高角度逆断层倾角与岩层的倾角有时一致，有时稍陡或稍缓，从而造成铁矿层有时受到切削或重叠现象；一、三矿区岩层走向北东50°～90°，倾斜东南10°～50°。有向斜及背斜构造，它们的轴向是朝东南倾落。在一、三矿区与二矿之间存在的大规模数条横向平推断层走向北东30°～60°，倾斜北西60°～80°。在一矿区内有西北向的正断层，而在三矿区内有东北向的逆断层。

发育在震旦纪地层的褶皱构造：褶皱为背斜两翼走向北东并向西南倾落，为北西或南西10°～30°倾斜的波形缓倾角。在三矿区东北部有相同于上述轴向的大向斜构造。

发育在古生代地层的构造：在二矿区西北部有北东走向的大逆断层，延展到本溪煤田的侏罗纪地层中。它是燕山运动的产物，称为寒岭大断层。一、三矿区的西北边界的断层也属同时期构造。

弓长岭花岗岩的侵入：当弓长岭花岗岩普遍地侵入前震旦纪鞍山群时，以猛烈的巨力摧毁了铁矿层，致使矿体之间相互分开，并对矿体上下盘围岩促成很大的变化（花岗岩化及伟晶化）。

5.2.3　矿区地质

分布在弓长岭铁矿床南帮的岩层，目前揭露主要为前震旦系鞍山群变质岩系，其次为鞍山群茨沟组铁矿和第四系山坡堆积物及冲积层。

5.2.3.1　鞍山群花岗混合岩

该岩石一般呈肉红色，通过镜下观察，结构不均一，为细～中～粗粒花岗变晶结构，同时还可见到微斜长石和正长石变成斑晶，岩石中破碎现象比较显著，在大的长石晶体裂隙和边缘见有磨棱岩化的微粒石英和长石，块状构造。

主要矿物：石英、正长石、微斜长石、斜长石；次要矿物为白云母、磁铁矿。

石英：他形粒状，颗粒大小不等，多具明显波状的消光现象。含量30%～40%。

微斜长石：具有格子状双晶，表面干净，结晶颗粒较大，并包含有石英等矿物，含量为30%～40%。

正长石：结晶颗粒较大，常包含石英、斜长石等小颗粒。含量20%。

酸性斜长石：自形半自形晶，具有钠氏双晶，颗粒常具有波状消光，同时具有双晶现象，含量为（10±0.2）%。

白云母：呈不规则片状，解理弯曲，并沿解理缝有铁质和绿泥石。白云母应为黑云母析铁退色而成，含量很少。

磁铁矿：含量很少，星散分布在岩石中。

5.2.3.2 鞍山群茨沟组铁矿

第一铁矿层中夹有片岩层如绢云母石英片岩、绿泥片岩、绿泥斜长角闪岩、石榴石绿泥岩等，一般片岩层厚约3～15m。铁矿层厚度一般20～55m。

5.2.3.3 第四系

第四系主要为山坡堆积物、河谷冲积层及残坡积层，厚0～10m，主要分布于山坡和沟谷。

山坡堆积层，主要由铁矿石、混合岩、花岗岩及片岩碎块与泥质物构成，颜色不一。

河谷冲积层主要由花岗岩、混合岩风化后长石、石英、泥质物和砂砾石与片岩及铁矿石的碎屑物所构成。

5.2.4 矿区构造

弓长岭一矿区位于区域二级构造单元的弓长岭背斜南西翼。一矿区内两个上、下近于平行的铁矿层与其围岩构成一个缓倾斜的复式向斜。由四个向斜和三个背斜形成一个波浪式的褶皱构造。复式向斜轴向为N30°～50°W，向南东倾伏，轴倾角20°～30°。

区内褶皱构造按褶皱轴向与岩层走向的关系，可分成纵向褶皱与横向褶皱。本区的断裂构造按与岩层走向的关系基本可分为三组，即走向断层、斜交断层与横断层。

5.2.4.1 褶皱构造

（1）纵向褶皱构造，有四个向斜褶曲和三个背斜褶曲。

第一向斜褶曲：位于何家堡子西北，Ⅰ～Ⅶ剖面的北东端，褶曲轴线呈弯曲状，由 ZK15 孔附近经过，长度 650m，核部为二层铁，褶曲轴向 315°～345°向东南倾伏，倾角 10°～20°。

第二向斜褶曲：位于韩家碴子之北，褶曲开阔，直线状轴线长 1600m，核部由二层铁及片岩层组成。轴向 310°～360°倾伏于南东，倾角 20°～30°，因 F3 把该向斜切割为两部分，相互间水平位移 100～150m。

第三向斜褶曲：位于高山老爷庙东部。轴线近直线状，由 ZK19、ZK23、ZK161、BK151 孔通过，轴线长度 1000m，核部为二层铁，轴向 315°～340°，倾伏于南东，倾角 13°～22°。

第四向斜褶曲：分布于大阳沟Ⅰ～Ⅵ线之间，向斜轴线通过 ZK28、ZK29 号孔，轴线长度 500m，轴向为 N40°～65°W，南东倾伏，倾角 13°～15°。

第一背斜褶曲：位于老爷庙东部，第二、第三向斜之间，褶曲轴线近直线分布在Ⅴ线 CK232、Ⅶ线 CK226、Ⅸ线 ZK18、Ⅺ线 CK215、Ⅷ线 CK206 孔附近，轴长 1100m。轴向 N35°～45°W，向南东倾伏，倾角 15°。

第二背斜褶曲：位于老爷庙东部第二、第三向斜之间，褶曲轴线近直线分布在Ⅴ线 CK232、Ⅶ线 CK226、Ⅸ线 ZK18、Ⅷ线 CK206 孔附近，褶曲轴长 1100m，轴向 N30°～45°W，向南东倾伏，倾角 15°。

第三背斜褶曲：位于大阳沟的东北第三、第四向斜之间。褶曲轴线呈直线分布。轴线位于Ⅴ线 CK268 孔北东 150m 至Ⅶ线，轴线长度 800m，轴向 N40°～60°W，倾伏于南东，倾角 18°。

（2）横向褶皱。本区的横向褶皱比较发育，但波动的幅度不大，从纵剖面图上看，多呈波状起伏，褶皱幅度一般为 5～15m，最大 20m。由于岩矿层产状较缓，近水平分布，加之纵横褶皱比较发育，导致矿体形态表面上错综复杂，实际上是一个比较完整的复式向斜。

5.2.4.2　断裂构造

（1）走向断层。本区共有九条较大的断层，其断层特征分述如下：

1）F1 断层位于韩家碴子北东Ⅷ～ⅩⅤ剖面间，为走向逆断层，走向 N10°～65°W，倾向南东，倾角 30°～45°，断距为 300～500m，上盘为混合花岗岩，下盘为震旦系钓鱼台组的石英岩，南芬组的泥灰岩、结晶灰岩等。

2）F2 断层位于韩家碴子Ⅶ～ⅩⅤ剖面间，为走向正断层，走向 N20°～60°W，倾向北东，倾角 35°，断距为 40～60m，上盘为一层铁，下盘为一层铁、二层铁及混合花岗岩。

（2）斜交断层。

1）F3 断层：位于韩家碴子北西Ⅸ～Ⅷ剖面间，为斜交逆断层，走向 N50°～90°E，倾向南东（南西），倾角 60°～75°，断距为 90m。

2）F4 断层：位于韩家碴子之南Ⅷ～ⅩⅤ剖面之间，为斜交逆断层，走向

EW，倾向南，倾角55°，断距约80～110m。

3）F5断层：位于高山区北东Ⅰ～Ⅴ剖面间，为走向正断层，走向N30°W，倾向北东，倾角40°～50°，断距为100～310m。

4）F6断层：位于高山北东Ⅰ～Ⅴ剖面间，为走向正断层，走向为N20°～55°W，倾向北东，倾角50°～65°，断距25～63m。

5）F7断层：位于大阳沟北部Ⅰ～Ⅴ剖面间，走向N55°W，倾向北东倾角80°，垂直断距为20～30m，水平断距为120m。

（3）横断层。

1）F8断层：位于Ⅴ剖面北侧，为横向正断层，走向N50°E，倾向南东，倾角35°，垂直断距为30m，水平断距为60m。

2）F9断层：位于韩家砬子，Ⅺ剖面南侧，为走向正断层，走向N50°W，倾向南东，倾角50°，断距为50～80m。

5.2.5 水文地质

5.2.5.1 区域水文地质

区域为基岩裸露的低山丘陵区，山脉属千山山脉。山脉连绵不断，山脉一般高度均在500m以下。由于山脉联结构成良好的分水岭，形成极其优越的水文排泄网，不利于地下水的大量集聚。

5.2.5.2 矿区水文地质

本区为基岩裸露低山丘陵地带，山脉走向一般为北东～南西和北西～南东方向延伸，最高山为高山区，山头标高560m，一般山高400～500m。山间厚侵蚀基准面标高为200～245m，无大的地表水体，仅于区南有小溪，据1991年6月28日观测结果，上游流量为28.4L/s，下游流量69.3L/s，流量大小呈现季节性变化，枯水期河床局部地段可干枯转为地下径流。

区内构造以褶曲发育为特征，为波浪倾式缓倾斜的复式褶皱，属三级构造单元，其特征是：褶皱发育连续，背斜和向斜褶皱成相互交替，总轴向为310°～330°，向东南倾伏，倾角10°～15°。

矿床由于构造运动的影响，普遍存在大小不等的构造，平行和斜交矿体走向。该断裂被比褶皱构造稍晚的产物充填，故与地下水关系并非密切，但由于矿床受构造和区内大片混合岩侵入影响，坚硬岩石产生节理裂隙，成为地下水的良好通路和聚集带。

矿区出露的含水层主要以前震旦系鞍山群变质岩系的含铁矿石英岩为主，次为混合岩，钓鱼台组石英岩及第四系层。

上盘边坡在开挖176m台阶时，边坡出现了渗水现象。在边坡底部开挖的集水池范围很大，每天都需要及时排水。

到 2010 年，开挖到 152m 和 140m 台阶时，上盘边坡表面已没有渗水现象，底部集水池渗水量也很少，范围很小。表明开挖 176m 台阶时渗水量较大，主要原因是原河床下在 176m 水平左右存在弱含水层，经过一段时间的排水，地下水量减少，地下水对边坡稳定性影响程度逐渐减轻。

5.2.6　上盘边坡工程地质分区与节理裂隙调查

弓长岭露天铁矿何家采区年设计生产能力 400 万吨，根据矿体赋存条件、自然地形和矿山开采设计的要求将露天矿采场边坡分成三个区域：

Ⅰ区：包括采场上盘和东、西端帮，长度约 1850m，露天底标高为 +8m 和 +56m，露天顶标高为 +200m，边坡岩体主要为层状分布的片岩和矿体。

Ⅱ区：主要为采场下盘 9 线以东，长度为 750m，露天底标高为 +8m，露天顶标高为 +330m，边坡岩体主要为片岩和贫矿体。

Ⅲ区：主要为采场下盘的 9 线以西，长度为 800m，露天底标高为 +56m，露天顶标高为 +320m，边坡岩体主要为矿体底板围岩，即片岩和贫矿体。

研究的重点为采场的上盘边坡，目前采场最低开采水平为 140m 左右，根据上盘的边坡结构及岩体特征将上盘边坡划分为Ⅰ区、Ⅱ区、Ⅲ区三个工程地质分区，如图 5.2 所示。

图 5.2　上盘边坡分区图

5.2.6.1　Ⅰ区

Ⅰ区位于上盘边坡的东端帮附近，范围相对较小，该段岩性主要为鞍山群茨沟组铁矿及鞍山群花岗混合岩。岩体弱风化，主要产状有以下三组：（1）70°~90°∠20°~25°；（2）110°~125°∠35°；（3）240°~270°∠60°~75°。岩石节理裂隙很发育，岩体破碎，节理裂隙多为 5~20 条/m。图 5.3 为测定边坡节理裂隙照片。图 5.4 为区域Ⅰ节理走向玫瑰花图。

图5.3 裂隙参数的测定

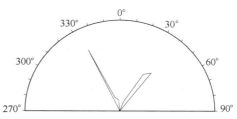

图5.4 区域Ⅰ节理走向玫瑰花图

5.2.6.2 Ⅱ区

Ⅱ区位于上盘边坡的中部，也是此时滑体发生的主要位置，该段岩性主要为鞍山群花岗混合岩和片岩。岩体强～弱风化，节理主要有三组：（1）90°～100°∠40°～50°；（2）180°～200°∠50°～75°；（3）230°～265°∠40°～45°。岩石节理裂隙很发育，岩体破碎，节理裂隙多为5～10条/m，局部20～30条/m，多处小危岩楔形体，如图5.5和图5.6所示。观测中该区域现阶段无裂隙出水点，矿坑底部共有五根排水管进行排水。图5.7为区域Ⅱ节理走向玫瑰花图。

图5.5 区域Ⅱ楔形小滑体

图5.6 区域Ⅱ局部岩体裂隙发展严重

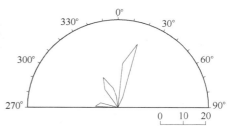

图5.7 区域Ⅱ节理走向玫瑰花图

5.2.6.3　Ⅲ区

Ⅲ区位于上盘边坡的西侧，该段岩性主要仍为鞍山群花岗混合岩。该区域上部边坡覆盖层较厚。岩体强~弱风化，节理主要产状有以下三组：（1）90°~100°∠20°~30°；（2）170°~180°∠50°~60°；（3）250°~270°∠70°~80°。岩石节理裂隙发育，岩体较破碎。

5.3　钻孔勘探与试验

5.3.1　钻孔勘探及技术要求

5.3.1.1　基本任务

钻孔勘探应基本查明边坡深部地层地质构造、岩体完整程度、节理裂隙及破碎带分布状况，进行岩石及结构面试验，为整体稳定性评价提供深部地层的地质资料和建议。

5.3.1.2　技术要求

本次预计钻探2个孔，孔径为75mm，全部孔均为取心钻探。施工中根据岩层走向，本次采用垂直钻孔钻进。

岩心采取率一般不低于90%，破碎地带的岩心采取率不得低于75%，随钻机及时进行钻孔编录和参数统计，量测RQD指标，并按时完成钻探任务并提交钻孔柱状图。

每个孔在不同深度取有代表性的岩心5~7组进行岩块物理力学参数试验，并提交试验成果。对岩心进行照相保存。根据钻孔揭露的地下水状况，选择合适的试验方法，进行水文试验。

5.3.1.3　执行技术规范标准

（1）《岩土工程勘察规范》（GB 50021—2001）

（2）《建筑工程地质钻探技术标准》（JGJ 87—92）

（3）《地质岩心钻探规程》（DZ/T 227—2010）

（4）《工程岩体试验方法标准》（GB/T 50266—2013）

（5）《建筑抗震设计规范》（GB 50011—2001）

（6）《煤和岩石物理力学性质测定方法》（GB/T 23561.6—2009）

（7）《工程岩体分级标准》（GB 50218—94）

5.3.2　钻孔布设与施工

5.3.2.1　钻孔布设

布设原则：按照露天矿边坡工程钻探规范，边坡钻探钻孔力求做到穿越边帮高度1/2~1/3，终孔深度应穿越最终边坡圆弧形破坏潜在破裂面以下（自终了坡脚上延30°左右），并尽可能穿越更多不同岩性地层和结构面。根据上述要求，由相关各方在实际施工中进行调整确定。

5.3.2.2 钻孔倾角

根据岩层走向，为保证岩心裂隙的调查量测，施工采用垂直直孔钻进，孔径75mm。

5.3.2.3 钻孔取心

本次钻进采用双管单动绳索取心，岩心采取率达到100%。量测岩体裂隙密度和RQD指标。

根据边坡稳定性研究的需要和现场实际作业条件，在上盘边坡14线和15线之间158平台布设了ZK1钻孔，在10线附近的170m平台布设ZK2钻孔。

野外地质勘察施工，完成工程钻孔2个，单孔深度110～140m，总进尺251m，边坡勘察钻孔孔位、孔口标高与孔底标高等见表5.1和图5.8、图5.9。在对岩体水文地质试验及室内岩石试验分析结果整理的基础上，结合鞍山地区经验值，对勘察场地进行了工程岩体结构类型和工程岩体质量级别的划分，并对各种测试、试验数据进行综合分析整理，绘制完成边坡钻探工程地质柱状图等图表和工程勘察报告编制工作。

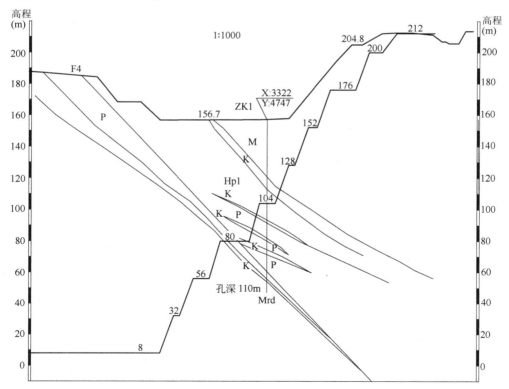

图 5.8　ZK1 钻孔剖面图

表 5.1   边坡勘察钻孔基本数据

孔　号	孔口坐标	孔口标高/m	孔底标高/m	钻孔进尺/m
ZK1	$X = -3322.014$ $Y = 4746.820$	157.141	46.5	110.6
ZK2	$X = -3406.501$ $Y = 4521.485$	169.639	29.5	140.1

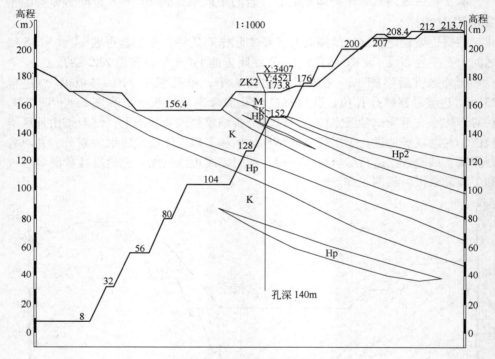

图 5.9   ZK2 钻孔剖面图

本次勘察使用国产 XY-42 型回转钻机，双套钻具，金刚石钻头，清水循环，绳索取心工艺钻进。本次钻探采用斜孔钻进，因此在原有钻探取样、测试及室内岩石试验等工作基础上，专门进行钻孔测斜，工作量见表 5.2。

表 5.2   边坡钻孔勘探工作量

项　目	工作量	项　目	工作量
工程钻探	251m	抗剪断试验	14 组
测斜	29 段次	单轴抗压试验	14 组
压缩变形试验	14 组	水文地质试验	6 段次
测量密度、吸水率、比密度、弹性模量（干燥和饱和状态）			各 14 组

5.3.3 水文地质试验

为了解岩层的含水性与渗透性，获取有关水文地质参数，根据钻探揭露地层及地下水位具体情况采取不同的水文试验方法。

5.3.3.1 水文地质试验方法的选取

A 地下水位测定

（1）孔内地下水水位用万用表、双股电线观测。

（2）钻探过程中做简易水位观测。

（3）在水文试验前后均进行了稳定水位观测。

B 试验方法的选定

钻探中分别进行压水试验，利用一定时间内在钻孔中压入的水量和压力大小的关系，计算岩体相对透水性和定性了解岩体裂隙发育程度，不受岩体中有无地下水的限制。

5.3.3.2 水文地质试验——压水试验

本次钻探钻孔水文地质试验采用压水试验方法测取渗透系数 K 值具有很高的精度。压水试验分别在两个钻孔（ZK1、ZK2）中进行，测定钻孔岩体渗透性。本次进行了 6 次（各 3 段）压水试验，取得了不同深度岩体的渗透系数值，了解了岩体透水性。结果见表 5.3。

表 5.3 水文地质压水试验综合成果

孔 号	孔口标高/m	试验段标高/m	岩 组	渗透系数/cm·s^{-1}
ZK1	157.14	40.3~31.8	混合花岗岩	4.63×10^{-4}
		78.6~72.4	假象赤铁石英岩、片岩	7.18×10^{-5}
		110.6~104.2	磁铁石英岩	2.23×10^{-5}
ZK2	169.64	30.2~23.4	混合岩	5.3×10^{-4}
		86.8~80.5	铁矿层与片岩互层带	4.7×10^{-5}
		102.4~95.5	铁矿层与片岩互层带	2.3×10^{-4}

钻孔水文地质试验揭示的地层含水性及透水性变化较大。钻孔揭露岩体渗透性主要受节理裂隙控制，分析试验所取得的渗透系数值，结合岩心状况，片岩、混合岩节理裂隙发育可达弱透水等级，石英岩应为微透水等级。钻探施工在 8 月份，地下水位与大气降水、采场下部采掘等因素有关，采区地下水位处于动态变化中。

5.3.4 岩石物理力学性质试验

对现场取样和钻孔岩心进行了岩石力学参数的试验，试验项目为比密度、密度、吸水率、单轴抗压试验、抗剪断试验和压缩变形试验，获得了钻孔各区段岩石试件的密度、空隙率、抗压强度、抗剪断强度、弹性模量和波松比等物理参数。综合各试件的试验结果进行平均和统计。

5.3.5 钻孔电视观测

为了更真实了解钻孔中岩层节理裂隙发育程度和规律，研究采用 JL – IDOI（A）智能钻孔电视成像仪进行观测。该仪器适用于工程地质、水文地质、地质找矿、岩土工程、矿山等部门；适用于垂直孔、水平孔和倾斜孔（俯角、仰角），锚索（杆）孔、地质钻孔和混凝土钻孔等各类钻孔，可形成数字化钻孔岩心，永久保存，特别适合于无法取得实际岩心的破碎带地层。

钻孔共揭露裂隙 30 多条，石英岩 40 多层，破碎区多处。列出具有代表性的裂隙 6 条，石英岩 6 层，严重破碎区 2 处。裂隙数目以靠近地表居多，裂隙倾向范围 75.1° ~ 281.7°，倾角 46.8° ~ 80.6°，平均在 50° 左右；裂隙宽度 1.76 ~ 6.24cm，平均为 2cm 左右。石英岩层倾向 15.1° ~ 216.0°，倾角 59.3° ~ 84.2°，最大厚度达 20.9cm 左右。破碎区 5.5 ~ 14m。

5.3.6 基于 Hoek – Brown 准则的边坡岩体强度估算

推广后的 Hoek – Brown 准则：

$$\sigma_1 = \sigma_3 + \sigma_c \left(\frac{m_b}{\sigma_c} \sigma_3 + s \right)^{\alpha} \tag{5.1}$$

$$m_b = m_1 \exp\left[(GSI - 100)/28 \right] \tag{5.2}$$

式中，σ_1 为岩体破坏时的最大主应力；σ_3 为岩体破坏时的最小主应力；σ_c 为组成岩体完整岩块的单轴抗压强度；m_b 为岩体的 Hoek – Brown 常量；m_1 为组成岩体完整岩块的 Hoek – Brown 常数（由岩石类型决定）；s、α 取决于岩体特性的常数（地质强度指标 GSI（geological strength index））。

对于 GSI > 25 的岩体：$s = \exp\left[(GSI - 100)/9 \right]$，$\alpha = 0.5$；

对于 GSI < 25 的岩体：$s = 0$，$\alpha = 0.65 - GSI/200$。

由岩体体密度参数 j_v（节理数/m³）可确定节理化岩体的结构，见表 5.4。

表 5.4 岩体结构特征定量描述的表示

岩体结构	J_v/节理数·m^{-3}	岩体结构	J_v/节理数·m^{-3}
块状	< 3	块状/褶曲	10 ~ 30
非常块状	3 ~ 10	碎块状	> 30

当用 Hoek – Brown 准则估计节理化岩体强度指标与力学参数时，需用 3 个基本参数：

（1）组成岩体完整岩块的单轴抗压强度 σ_c；

（2）组成岩体完整岩块的 Hoek – Brown 常数 m_1（查表5.5）；

表5.5 由岩石类型所决定的 Hoek – Brown 常量 m_1

岩石类型	岩石性状	岩石化学特征	结　构			
			粗糙的	中等的	精细的	非常精细的
沉积岩	碎屑状		砾岩22	砾岩19	粉砂岩9	泥岩4
	非碎	有机的		煤8~21		
		碳化的	角砾岩20	石灰岩8~10		
	屑状	化学的		石膏16	硬石膏13	
变质岩	非层状		大理岩9	角页岩19	石英岩24	
	轻微层状		片麻岩30	闪石25~31	糜棱岩6	
	层状		片麻岩33	片岩4~8	千枚岩10	板岩9
火成岩	亮色的		花岗岩33		流纹岩16	黑曜岩19
			花岗闪长岩30		石英安山岩17	
	暗色的		辉长岩27	辉绿岩19	玄武岩17	
	火成碎屑状		砾岩20	角砾岩18	凝灰岩15	

（3）岩体的地质强度指标 GSI（查表5.6）。

由摩尔 – 库仑强度准则，设 φ 为岩体的内摩擦角，C 为黏聚力，则有

$$\sin\varphi = \frac{\sigma_1 - \sigma_3}{\sigma_1 + \sigma_3 + 2C\cot\varphi} \tag{5.3}$$

$$\sigma_1 = \frac{1 + \sin\varphi}{1 - \sin\varphi} + \frac{2C\cos\varphi}{1 - \sin\varphi} \tag{5.4}$$

当 $0 < \sigma_3 < \sigma_c/4$，由已确定出的该岩体所遵循的 Hoek – Brown 方程估计节理化岩体强度与力学参数时，用上式近似地拟合该岩体所遵循的 Hoek – Brown 准则，这可用线性回归分析法得到该岩体所遵循的 Hoek – Brown 准则的直线表示形式：

$$\sigma_1 = k\sigma_3 + b \tag{5.5}$$

将式（5.4）和式（5.5）相对比，可得

$$k = \frac{1 + \sin\varphi}{1 - \sin\varphi}, \quad b = \frac{2C\cos\varphi}{1 - \sin\varphi} \tag{5.6}$$

由上式可反求出该岩体的黏聚力 C，内摩擦角 φ；岩体的抗拉强度由令 $\sigma_1 = 0$ 解出；节理化岩体的抗压强度可由式（5.5）中令 $\sigma_3 = 0$ 而得到；岩体的变形模量可由下式来估计：

$$E_m = \sqrt{\frac{\sigma_c}{100}}10^{\frac{GSI-10}{40}} \tag{5.7}$$

表 5.6　岩体的地质强度指标 GSI

岩体结构 ＼ 表面条件	非常好的 非常粗糙的新鲜的无风化的表面	好 的 粗糙的轻微风化的暗铁色的表面	比较好的 光滑的中等风化的表面	差 的 有擦痕面高度风化的具有密实或角状块状充填覆盖的表面	非常差的 有擦痕面具有黏土质的软岩覆盖或充填的高度分化的表面
块状 由三个正交的不连续面形成的相互连接很好的未扰动的立方块岩体 $J_V \leqslant 3$	$J_v=1$　80 $J_v=2$　70 $J_v=3$				
非常块状 由四个或更多不连续面形成的具有多面角状部分扰动相互连接的块状岩体 $3 < J_V \leqslant 10$	$J_v=4$ $J_v=5$ $J_v=6$　60 $J_v=7$ $J_v=8$　GSI=50 $J_v=9$ $J_v=10$				
块状/褶曲 由许多相互交错的不连续面形成的具有角状块体的褶曲和(或)断层 $10 < J_V \leqslant 30$	$J_v=14$ $J_v=18$　40 $J_v=22$ $J_v=26$　30 $J_v=30$				
碎块状 具有角状或圆形岩块的非常破碎的相互连接差的岩体 $J_V > 30$				20	10

何家采区上盘边坡岩性主要为绿泥角闪片岩、混合花岗岩、赤铁石英岩，试验汇总统计结果见表 5.7。

表 5.7 边帮岩体力学参数

岩　性	抗压强度/MPa	抗拉强度/MPa	C/MPa	φ/(°)	E_{m}/MPa
绿泥角闪片岩	5.71	0.35	2.1	30.2	4.5
混合花岗岩	19.5	1.2	8.4	34.9	29.4
赤铁石英岩	21.8	1.5	10.4	38.7	33.4

边坡绿泥角闪片岩完整岩块的单轴抗压强度 $\sigma_{\mathrm{c}} = 18\mathrm{MPa}$，$J_{\mathrm{v}} = 4$，GSI = 60，岩石 $m_1 = 19$。

$$m_{\mathrm{b}} = m_1 \exp\left[(\mathrm{GSI} - 100)/28\right] = 2.553$$
$$s = \exp\left[(\mathrm{GSI} - 100)/9\right] = 0.011744; \quad \alpha = 0.5$$
$$\sigma_1 = \sigma_3 + 175(0.02602\sigma_3 + 0.011744)^{0.5} \tag{5.8}$$

$\sigma_{3\max} = \sigma_{\mathrm{c}}/4 = 8\mathrm{MPa}$，在 σ_3 取 $0 \sim 43\mathrm{MPa}$ 时，有 $\sigma_1 = k\sigma_3 + b$

$$k = \frac{\sum \sigma_1 \sigma_3 - \dfrac{\sum \sigma_1 \sum \sigma_3}{n}}{\sum \sigma_3^2 - \dfrac{\left[\sum \sigma_3\right]^2}{n}}$$

$$b = \frac{\sum \sigma_1 - k \sum \sigma_3}{n} \tag{5.9}$$

由回归分析表得到 $k = 4.64$；$b = 43.717$，即有：

$$\sigma_1 = 4.64\sigma_3 + 43.717 \tag{5.10}$$

由式（5.6）得到 $\varphi = 30.195°$；$C = 2.148\mathrm{MPa}$。

由式（5.7）得到岩体的变形模量 $E_{\mathrm{m}} = 4.52\mathrm{MPa}$。

由式（5.8）令 $\sigma_1 = 0$ 而解出岩体的单轴抗拉强度 $\sigma_{\mathrm{tm}} = -0.351\mathrm{MPa}$。

由式（5.9）令 $\sigma_3 = 0$ 而解出岩体的单轴抗压强度 $\sigma_{\mathrm{cm}} = 5.717\mathrm{MPa}$。依照以上步骤，可以计算出混合花岗岩、赤铁石英岩参数。

5.4 上盘边坡稳定性研究

5.4.1 边坡稳定性的 FLAC 数值模拟

FLAC（fast langrangian analysis of continue）是美国 Itasca Consulting Group Inc. 基于显式拉格朗日有限差分算法开发的岩土工程数值模拟程序，在分析岩土工程结构的弹塑性力学行为、模拟施工过程等方面有其独到的优点，尤其在发生塑性流动或失稳的情况下 FLAC 可以很方便地模拟岩土结构从弹性到塑性屈服、失稳破坏直至大变形的全过程，这是其他连续介质数值方法无法比拟的。FLAC 具有多种本构模型，程序还设有界面单元可以模拟断层、节理和摩擦边界的滑动、张开和闭合行为，支护结构，如抗滑桩、锚杆、支架等与围岩的相互作用也可以在 FLAC 中进行模拟。

5.4.1.1 FLAC 程序简介

美国明尼苏达大学和美国 Itasca Consulting Group Inc. 开发的二维有限差分计算程序 FLAC2D（Fast Langrangian Analysis of Continue）主要适用模拟计算地质材料和岩土工程的力学行为，特别是材料达到屈服极限后产生的塑性流动。由于FLAC 程序主要是为岩土工程应用而开发的岩土力学计算程序，程序中包括了反映地质材料力学效应的特殊计算功能，可计算地质类材料的高度非线性（包括应变硬化/软化）、不可逆剪切破坏和压密、黏弹（蠕变）、孔隙介质的应力 – 渗流耦合、热 – 力耦合以及动力学行为等。FLAC2D 程序设有多种本构模型：各向同性弹性材料模型、横观各向同性弹性材料模型、摩尔 – 库仑弹塑材料模型、应变软化/硬化塑性材料模型、双屈服塑性材料模型、节理化模型和空单元模型等，可用来模拟地下硐室的开挖和露天矿开采。另外，程序设有界面单元，可以模拟断层、节理和摩擦边界的滑动、张开和闭合行为，支护结构如砌衬、锚杆、可缩性支架或板壳等与围岩的相互作用也可以在 FLAC 中进行模拟。同时，用户可根据需要在 FLAC 中创建自己的本构模型，进行各种特殊修正和补充。

FLAC 程序建立在拉格朗日算法基础上，特别适合模拟大变形和扭曲。FLAC采用显式算法来获得模型全部运动方程（包括内变量）的时间步长解，从而可以追踪材料的渐进破坏和垮落，这对研究岩土工程是非常重要的。此外，程序允许输入多种材料类型，亦可在计算过程中改变某个局部的材料参数，增强了程序使用的灵活性，极大地方便了在计算上的处理。

5.4.1.2 模型的建立

建立合理的、正确的数学和力学模型是数值分析的首要任务，模型设计的正确与否，是能否获得数值分析准确结果的前提和基础。模型的设计，必须遵循下列原则：

（1）影响露天矿边坡稳定性的因素较多，包括地质因素和生产技术要素，构建 FLAC 模型时，必须分清各影响因素的主次，并进行合理的抽象、概化。所以，在模型设计时，必须突出主要因素，并尽可能地考虑其他因素。

（2）任何边坡工程都有时空特性，所以模型的设计必须能够体现伴随台阶逐渐延伸对边坡稳定性的影响这一动态过程。

（3）模型乃是实体的简化而不是失真的实体，设计的模型尽量要与实际相符，并尽可能地体现岩层的物理力学特性，如由于岩层节理、裂隙、断层而导致的岩体的不均匀性、不连续性等。

（4）岩土工程问题实质上是半无限问题，由于受计算机内存的限制，模拟时只能考虑一定的影响范围，因此，建立模型时必须考虑边界条件。

（5）模型的设计，应尽可能便于模拟计算。在考虑模拟范围时，既要能全面地体现各岩层的受力特性，又要顾及计算机的内存和运行速度。

由于弓长岭何家采区开采范围较大，并且整个采场在环线方向上的变形很小，可忽略不计，故根据地质条件和边坡形态，选择位于上盘边坡三个分区中三个典型剖面做力学分析，采用平面应变的力学模型，即垂直于计算剖面方向的变形为零。取模型宽度为498m，高度从水平 −100m 起，一直模拟到地表，高度为312m。计算模型共有22446个平面单元，局部地方（开采区域）网格加密。模型底面限制水平和垂直两个方向上移动，模型两侧限制水平方向移动。

岩石力学实验表明：当荷载达到屈服极限后，岩体在塑性流动过程中，随着变形仍保持一定的残余强度。本书计算采用理想弹塑性本构模型——摩尔 − 库仑（Mohr − Coulomb）屈服准则。

图 5.10 为计算剖面的水平位置图，取三个剖面分别代表三个不同区域。剖面 I 代表区域一，剖面 II 代表区域二，剖面 III 代表区域三。剖面 II、剖面 III 分别穿过钻孔 1 和钻孔 2。

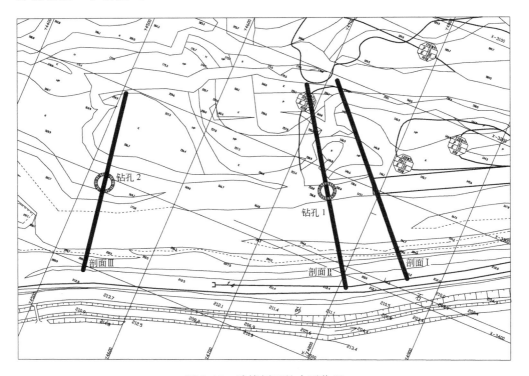

图 5.10　计算剖面的水平位置

图 5.11 ~ 图 5.13 为各计算剖面的计算模型，分别为设计模型和现状模型。根据现场踏勘岩体裂隙发育情况和荷载抗压强度均值及其离散程度，参考《弓长岭铁矿床一矿区何家采区补充勘探地质报告》，并通过其他露天矿边坡稳定分析的工程类比，计算所用的岩体力学参数见表5.8。

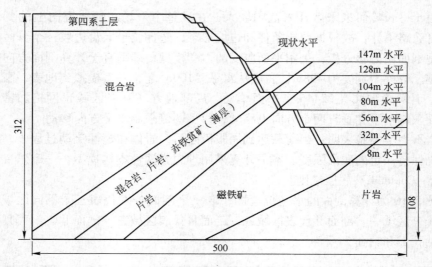

图 5.11　计算剖面 I 模型

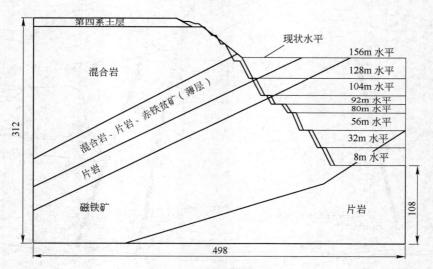

图 5.12　计算剖面 II 模型

表 5.8　FLAC 数值模拟计算选用的岩体力学参数

地 层	密度 /kg·m⁻³	黏聚力 /MPa	内摩擦角 /(°)	抗拉强度 /MPa	弹性模量 /MPa	泊松比
第四系覆土	2000	0.028	17	0.02	6	0.30
混合岩（强风化）	2600	0.375	31	0.2	11800	0.25
片岩	2600	0.275	34.5	0.2	13500	0.25
混合岩、片岩、赤铁贫矿（薄层）	2800	0.325	33	0.5	12000	0.25
磁铁矿	3300	2.500	32.5	2	15000	0.20

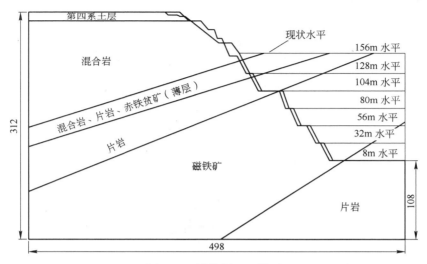

图 5.13　计算剖面Ⅲ模型

数值模拟计算过程如下：

（1）根据各剖面形状，划出网格，形成现状及开采台阶形状。考虑微机计算能力和精度，要求局部地方（开挖区域）加密到 $2m \times 2m/$单元。

（2）给计算模型加上约束，分别给铁矿石和岩体赋予相应的强度、变形参数值，在自重作用下形成初始应力场，得到台阶上各监测点的水平位移、垂直位移随模拟开采进行的变化过程。计算 20000 时步。

（3）把形成初始应力场时的位移场重归为零，一次性形成开采现状，计算 10000 时步，达到现状平衡。然后开始模拟开采过程，每个台阶一次性分层开采，每步开挖深度大约 24m。每次模拟开采计算 5000 时步，各步骤都形成数据文件，直到形成最终境界。

（4）分别模拟各开采进程。整理数据，分析结果。

5.4.2　边坡稳定性极限平衡分析

从工程实用观点看，计算方法中无论采用何种假定并不影响最后求得的稳定安全系数值。本书将采用四种方法来寻找安全系数解集中的最小值，这个最小值就是边坡稳定安全系数。

根据弓长岭露天矿上盘边坡范围及周边地质条件，选取了三个剖面进行稳定性计算。

本次边坡稳定性计算与分析所采用的岩土物理力学性质指标见表 5.8。

图 5.14 为上盘边坡Ⅰ—Ⅰ剖面开挖至 156m、92m、8m 水平时稳定性极限平衡计算滑面计算图，图 5.15 和图 5.16 为边坡剖面开挖到三个水平强度和抗剪强度分布度图，表 5.9～表 5.11 为三个剖面的稳定性计算结果。

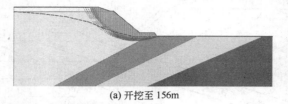

(a) 开挖至 156m

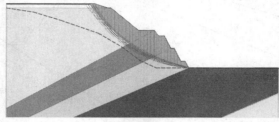

(b) 开挖至 92m

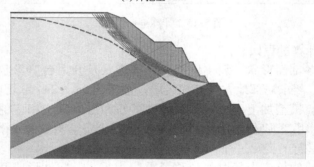

(c) 开挖至 8m

图 5.14　Ⅰ—Ⅰ剖面稳定性极限平衡滑面计算图

表 5.9　Ⅰ—Ⅰ剖面开挖至 156m 水平边坡最小安全系数

分析方法	最小安全系数		稳定系数
	力　矩	受　力	
Ordinary 法	2.638	—	
Bishop 法	2.872	—	2.568
Janbu 法	—	2.568	
M－P 法	2.868	2.869	

表 5.10　Ⅰ—Ⅰ剖面开挖至 92m 水平边坡最小安全系数

分析方法	最小安全系数		稳定系数
	力　矩	受　力	
Ordinary 法	1.749	—	
Bishop 法	1.809	—	1.715
Janbu 法	—	1.715	
M－P 法	1.811	1.809	

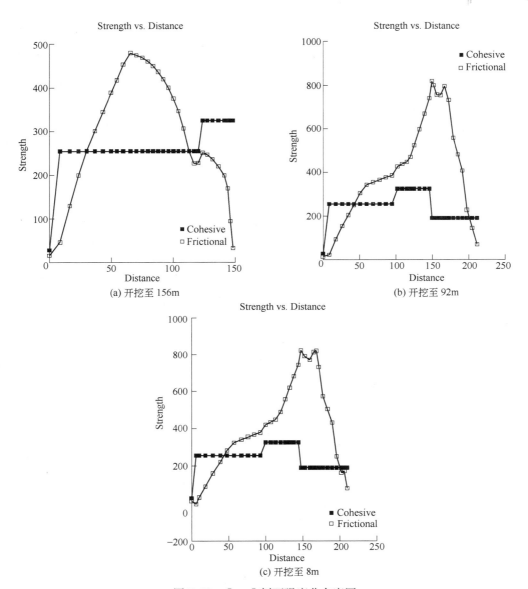

图 5.15 Ⅰ—Ⅰ剖面强度分布度图

表 5.11 Ⅰ—Ⅰ剖面开挖至 8m 水平边坡最小安全系数

分析方法	最小安全系数		稳定系数
	力 矩	受 力	
Ordinary 法	1.750	—	
Bishop 法	1.793	—	1.716
Janbu 法	—	1.716	
M – P 法	1.794	1.93	

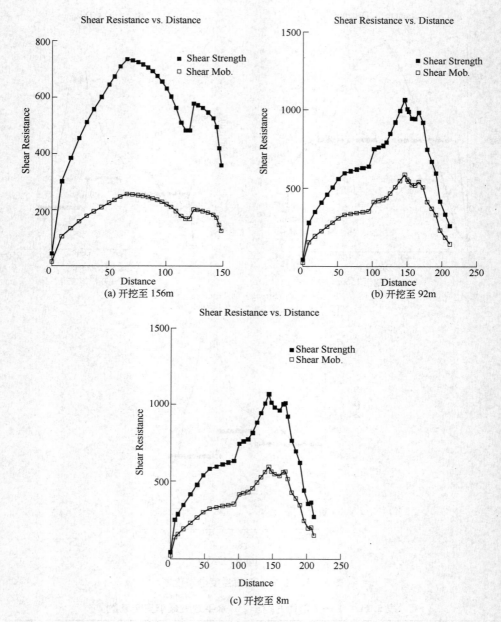

图 5.16　Ⅰ—Ⅰ剖面抗剪强度分布度图

图 5.17 为露天矿开挖边坡Ⅱ—Ⅱ剖面随开采深度的推进边坡稳定性极限平衡计算滑面计算图，图 5.18 和图 5.19 为边坡Ⅱ—Ⅱ剖面开挖至 146m、80m、8m的边坡强度和抗剪强度分布图，表 5.12 ~ 表 5.14 为剖面 146m、80m、8m 的稳定性计算结果。

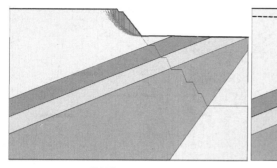

(a) 开挖至 146m

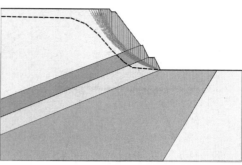

(b) 开挖至 80m

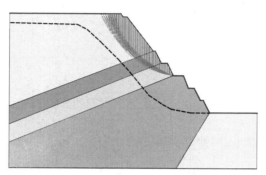

(c) 开挖至 8m

图 5.17　Ⅱ—Ⅱ剖面极限平衡滑面计算图

表 5.12　Ⅱ—Ⅱ剖面开挖至 146m 水平边坡最小安全系数

分析方法	最小安全系数		稳定系数
	力　矩	受　力	
Ordinary 法	2.033	—	
Bishop 法	2.074	—	
Janbu 法	—	2.035	2.033
M－P 法	2.073	2.069	

表 5.13　Ⅱ—Ⅱ剖面开挖至 80m 水平边坡最小安全系数

分析方法	最小安全系数		稳定系数
	力　矩	受　力	
Ordinary 法	1.338	—	
Bishop 法	1.375	—	
Janbu 法	—	1.326	1.326
M－P 法	1.374	1.372	

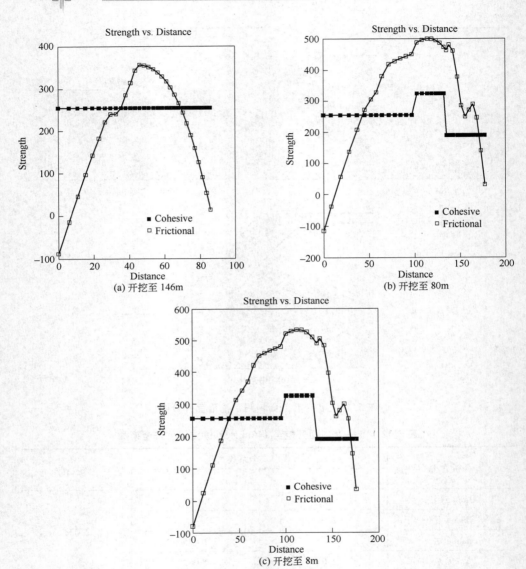

图 5.18 Ⅱ—Ⅱ剖面强度分布度图

表 5.14 Ⅱ—Ⅱ剖面开挖至 8m 水平边坡最小安全系数

分析方法	最小安全系数		稳定系数
	力 矩	受 力	
Ordinary 法	1.337	—	
Bishop 法	1.375	—	1.325
Janbu 法	—	1.325	
M－P 法	1.374	1.372	

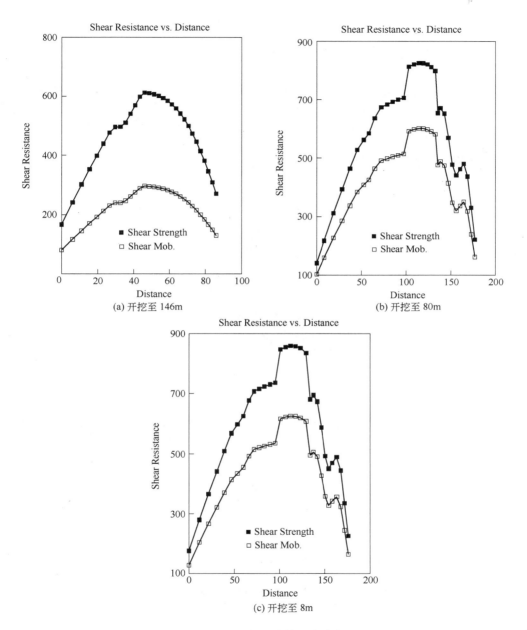

图 5.19   Ⅱ—Ⅱ剖面抗剪强度分布度图

图 5.20 为露天矿Ⅲ—Ⅲ剖面开挖至 156m、104m、8m 边坡稳定性极限平衡计算滑面计算图，图 5.21 和图 5.22 为边坡Ⅲ—Ⅲ剖面开挖至 156m、104m、8m强度和抗剪强度分布度图，表 5.15～表 5.17 为Ⅲ—Ⅲ剖面开挖时 156m、104m、8m 稳定性计算结果。

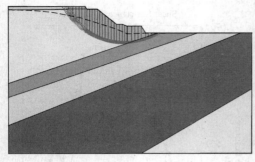

(a) 开挖至 156m

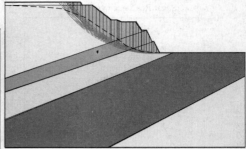

(b) 开挖至 104m

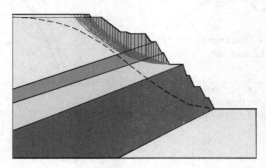

(c) 开挖至 8m

图 5.20 Ⅲ—Ⅲ 剖面极限平衡滑面计算图

表 5.15 Ⅲ—Ⅲ 剖面开挖至 156m 水平边坡最小安全系数

分析方法	最小安全系数		稳定系数
	力　矩	受　力	
Ordinary 法	3.272	—	
Bishop 法	3.640	—	3.228
Janbu 法	—	3.228	
M – P 法	3.641	3.641	

表 5.16 Ⅲ—Ⅲ 剖面开挖至 104m 水平边坡最小安全系数

分析方法	最小安全系数		稳定系数
	力　矩	受　力	
Ordinary 法	2.089	—	
Bishop 法	2.238	—	2.046
Janbu 法	—	2.046	
M – P 法	2.242	2.243	

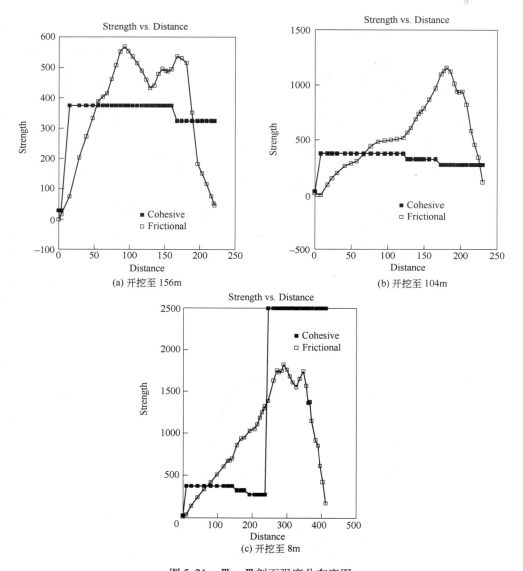

图 5.21　Ⅲ—Ⅲ剖面强度分布度图

表 5.17　Ⅲ—Ⅲ剖面开挖至 8m 水平边坡最小安全系数

分析方法	最小安全系数		稳定系数
	力　矩	受　力	
Ordinary 法	2.246	—	
Bishop 法	2.280	—	2.215
Janbu 法	—	2.215	
M－P 法	2.282	2.281	

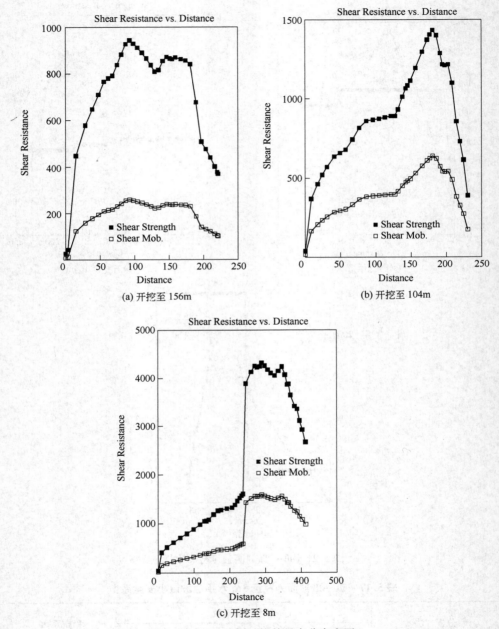

(a) 开挖至 156m

(b) 开挖至 104m

(c) 开挖至 8m

图 5.22   Ⅲ—Ⅲ剖面抗剪强度分布度图

　　边坡的稳定性系数是判断边坡稳定最重要的参数，利用极限平衡法和 FLAC 数值模拟都可以计算边坡的稳定性系数。表 5.18 为各剖面计算的稳定性系数值总表。

表 5.18 数值模拟和极限平衡计算的边坡稳定性系数

剖面	稳定性系数	现状（156m 水平）		开挖到铁矿水平		开挖到8m 水平	
		数值模拟	极限平衡	数值模拟	极限平衡	数值模拟	极限平衡
剖面 I	计算系数	2.8	2.568	1.63	1.716	1.68	1.715
	折减系数	2.14	1.96	1.25	1.31	1.29	1.31
剖面 II	计算系数	2.33	2.033	1.44	1.326	1.44	1.325
	折减系数	1.78	1.55	1.10	1.02	1.10	1.02
剖面 III	计算系数	3.26	3.228	1.92	2.046	1.93	2.215
	折减系数	2.49	2.47	1.47	1.56	1.48	1.69

注：折减安全系数是指按爆破震动折减 10% （$K_Z = 0.1$）和地下水折减 15% （$K_S = 0.15$）。

表中的计算系数是指通过数值模拟和极限平衡获得的边坡稳定性系数，这里没有考虑下雨入渗和爆破震动。折减系数是在原稳定性系数基础上按照传统的爆破震动折减 10% （$K_Z = 0.1$）和地下水折减 15% （$K_S = 0.15$）获得。从表中可以看出，三个剖面的稳定性系数不尽相同。其中剖面 I、剖面 III 在开采过程中直至降到 8m 水平，边坡的稳定性折减系数都大于 1.2，但剖面 II 降到 80m 水平和 8m 水平时，边坡的稳定系数大概只有 1.3 左右，如果加上爆破折减和雨水折减，稳定性系数只有 1.02，接近于滑坡边缘。

因此在开挖过程中对剖面 II 附近边坡需要采取一定的措施，提高边坡的稳定性，如靠帮时采取减震爆破，减少雨水的入渗或降低一定的边坡角。

5.5 上盘边坡不稳定滑体处理方案

5.5.1 概述

弓长岭露天铁矿何家采区上盘开采水平至 ▽ 156m，受山体地质结构和地下水等因素影响，14～17 号线 ▽ 178m 以上边坡滑塌，东西延展长度约 300m，导致 212m 铁路线一幅地基破坏，滑坡顶部周界基本呈弧形，张裂下沉 0.4～1.2m，最下部剪出口呈一定厚度，基本在 ▽ 178～180m 标高，坡面起伏不平，大部分平台缺失，危岩裸露。现有滑坡体为表层风化岩、第四系坡洪积、回填石，垂直于滑坡主方向张裂缝平行发育，在各种不利条件下，滑体后缘仍可能向后发展，造成现有剩余两条铁路运输线部分处于危险状态，特别是随采深不断加深，不但对采区矿石运输构成很大威胁，更为严重的是一旦破坏将直接滑塌至采场，造成人员和经济损失，影响正常剥采生产。

调查分析影响边坡稳定性的主导因素与演变规律，针对潜在变形破坏的形成机制及发展趋势，进行边坡稳定性分析，在此基础上提出了边坡整治初步设计方案。

本次评价及治理方案工作所采用和执行的规范标准有：

（1）《工程测量规范》（GB 50026—2007）

（2）《岩土工程勘察规范》（GB 50021—2001）

（3）《滑坡防治工程设计与施工技术规范》（DZ 0240—2004）

（4）《锚杆喷射混凝土支护技术规范》（GB 50086—2001）

（5）《岩土锚杆（索）技术规程》（CECS 22：2005）

5.5.2　边坡工程地质特征

5.5.2.1　岩性结构

分布在弓长岭铁矿床南帮的岩层，目前揭露主要为前震旦系鞍山群变质岩系及第四系山坡堆积物及冲积层。

（1）鞍山群花岗混合岩一般呈肉红色，通过镜下观察，结构不均一，为细~中~粗粒花岗变晶结构，同时还可见到微斜长石和正长石变成斑晶，岩石中破碎现象比较显著，在大的长石晶体裂隙和边缘见有磨棱岩化的微粒石英和长石，块状构造。

主要矿物：石英、正长石、微斜长石、斜长石；次要矿物为白云母、磁铁矿。

（2）第四系主要为山坡堆积物、河谷冲积层及残坡积层，厚 0~10m，主要分布于山坡和沟谷。

山坡堆积层，主要由铁矿石、混合岩、花岗岩及片岩碎块与泥质物构成，颜色不一。

河谷冲积层，主要由花岗岩、混合岩风化后长石、石英、泥质物和砂砾石与片岩及铁矿石的碎屑物所构成。

5.5.2.2　构造

受区内褶皱构造影响，已揭露台阶，大的断层几乎没有，主要有两个小的断层，还有两个小的出水点。

该区上部边坡覆盖层较厚，根据工程经验当覆盖层厚度很大时边坡稳定性较一般岩质边坡稳定性差。岩体强—弱风化，节理主要产状有以下三组：$90°$~$100°∠20°$~$30°$；$170°$~$180°∠50°$~$60°$；$250°$~$270°∠70°$~$80°$。岩石节理裂隙发育，岩体较破碎，构成块状–碎裂结构台阶坡和散体结构边坡。

5.5.2.3　水对边坡的影响

水对边坡稳定的危害性不言而喻，裂隙水的侵蚀造成边坡岩体不连续面抗剪强度降低，是形成岩体滑动的重要因素之一。裂隙水对边坡稳定性的影响主要有以下几个途径：

（1）通过物理和化学作用影响不连续面充填物中的孔隙水及其压力，从而改变充填物的强度指标，对发育有张性节理的岩体，裂隙水的这种作用会更加明显。

（2）不连续面中的静水压力减少了作用在它上面的有效正应力，从而降低了潜在破坏面上的抗剪强度。

（3）由于水对颗粒间抗剪强度的影响，引起岩土体抗剪强度的降低。边坡岩体中裂隙水的存在会产生静水压力，不但降低岩体不连续面抗剪强度，而且对岩体造成一朝向临空面方向的水平推力，加之矿区所处位置霜冻期较长，基岩裂隙水的反复冻融对岩体形成的冻涨力均会形成对边坡稳定不利的因素，边坡岩体的顺坡向不连续面陡倾，这种作用的破坏将更加明显。

上部松散层容易被潜蚀，在地下水压力的作用下，结构和强度不断变化，边坡稳定性逐渐降低。对于碎裂结构岩质边坡，因其节理裂隙发育，存在软弱面，水对此类边坡稳定的影响主要通过3种方式实现，即动水压力、浮力效应和潜在滑面介质腐蚀引起的强度衰减。

（1）降雨。降水引起边坡渗流场变化，是诱发滑坡最关键的因素，往往大规模滑坡发生在雨季或紧跟大雨之后，不少滑坡具有"大雨大滑、小雨小滑、无雨不滑"的特点。这是由于降雨使边坡土石含水逐渐饱和，甚至在隔水层上形成暂时的含水层。一方面增大了边坡土石的容重和降低了边坡土体的黏聚力；另一方面还产生了动水压力和静水压力，使边坡稳定性急剧降低而产生滑坡。

（2）地表水。地表水下渗，增加了边坡土体的含水量。由于碎裂结构岩质边坡裂隙及软弱面的存在，水渗入裂隙及软弱面后形成渗流，使层面间的摩擦力和内聚力降低，造成边坡失稳而下滑。

地表水中水流不断冲刷和切割岸坡，使岸坡增高变陡，同时水位的上升、下降与地下水补给关系的变化，使边坡平衡力发生变化，弱化抗滑力因素，使下滑力占据主动而产生滑坡。

（3）地下水。地下水对边坡的影响往往为地下水对边坡固相介质的弱化效应，即地下水动态变化。地下水通过化学的、水力学的方式，促使岩石矿物成分显微结构发生变化，从而引起岩石强度发生连续衰减。岩石强度越低，对含水量越敏感，而且岩石的抗剪强度随着饱水强度的降低而衰减。由此，裂隙及软弱面在地下水作用下，强度衰减速度较岩块快，从而形成滑动面导致滑坡。

（4）饱水条件下潜在滑动面的 C、φ 值影响。对于碎裂结构岩质边坡，结构裂隙发育，软弱夹层介质往往是不同岩性单元之间的不协调界面，裂隙结构不连续，形成同一滑面的不同部位具有不同的 C、φ 值。对于多级滑动面的较弱结构面，因 C、φ 的因素造成抗滑力低的滑面先发生滑移。

5.5.3 滑塌现状及机制

本次滑塌属于牵引式滑坡，具体表现为下部156m台阶开采靠帮，坡度陡，应力集中，台阶岩体破碎松散，出现台阶局部沿结构面的坍塌，牵引上覆第四系及回填路基座错下沉。从立面上看，本次变形滑坡可分为两段，西半段14～15（+30）号线和东半段15（+30）～17号线，如图5.23所示。

图 5.23 何家采区上盘变形滑塌总体分布图

西半段：168～180m 水平局部滑塌，168 平台缺失，上部岩土体在下部支撑下降情况下，出现滑移沉降，形成边帮一坡到顶态势，表层持续变形，牵引上部松散体开裂滑移。

东半段：168～180m 水平台阶岩体崩塌，后方岩体失去支撑而陡倾临空，向坑内出现变形，上部岩土体扰动后出现座错变形，为潜在滑坡体。

西段滑塌、东段变形共同叠加作用，反映到 212m 水平在 15（+30）～16 线张裂、下沉变形至铁路路基。根据现场调查，上述变形滑塌为浅表性滑移，滑坡体下部厚度小（<5m），上部厚度大（>8m），形成倒三角形态，潜在滑移及坍塌总方量在 8～10 万立方米，对下部安全剥采、运输构成极大危害。

因此必须采取措施消除安全隐患，而考虑改变铁路运输线仅仅避免了运输的安全，滑体对下方的正常靠帮开采生产危害并不能消除。因此治理加固可以保证运输通道的正常运行，同时又可提高深部开采边坡稳定安全程度。

5.5.4　滑体位移监测

滑体位移监测工作的主要任务是针对何家采区上盘边坡地质环境和工程地质特征，确定变形关键部位，突出重点，建立完整的监测剖面和长期的监测网。

滑体位移监测采用对地表埋桩观测的方法。地表位移采用全站仪监测边坡岩体的绝对位移变化情况，通过定期、长期观测，分析边坡变形移动趋势，同时判定边坡稳定程度与降雨、爆破的相关性。

图 5.24 为滑体监测点水平布置图。根据现场滑体情况和条件，布置了三条测线，1 号测点和 2 号测点组成一条测线，3 号测点和 4 号测点组成一条测线。5 号测点单独成为一条测线。

图 5.25～图 5.36 为三条测线上各测点水平位移和垂直位移的监测结果。以 2010 年 4 月初为基准点，在两个月时间内累计的水平位移量和垂直位移量都达到了 400～700mm 水平，总体而言，200m 平台的位移量比 212m 铁路线平台更大一些。从位移量来看，滑体处于滑移边缘，应尽量提早进行边坡的治理工作。

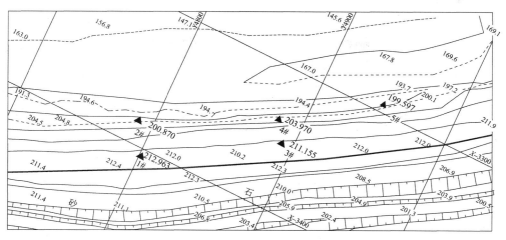

图 5.24　滑体监测点水平布置图

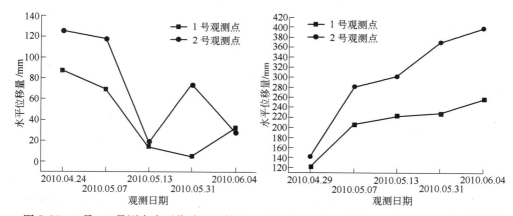

图 5.25　1 号、2 号测点水平位移监测结果　图 5.26　1 号、2 号测点累计水平位移监测结果

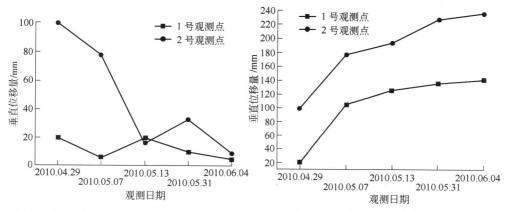

图 5.27　1 号、2 号测点垂直位移监测结果　图 5.28　1 号、2 号测点累计垂直位移监测结果

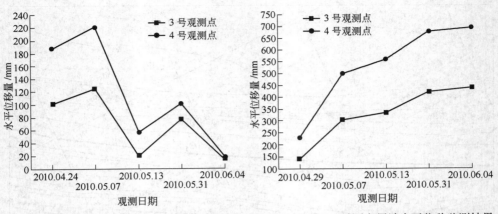

图5.29　3号、4号测点水平位移监测结果　　图5.30　3号、4号测点累计水平位移监测结果

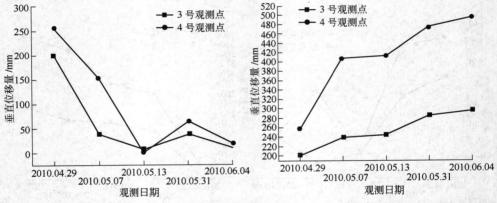

图5.31　3号、4号测点垂直位移监测结果　　图5.32　3号、4号测点累计垂直位移监测结果

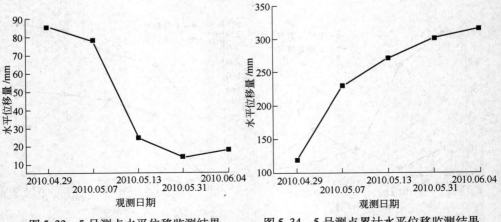

图5.33　5号测点水平位移监测结果　　　　图5.34　5号测点累计水平位移监测结果

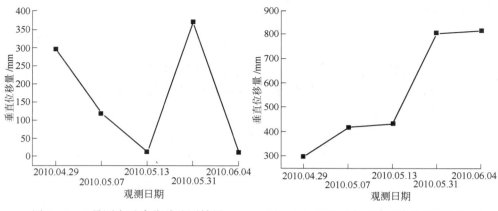

图 5.35 5 号测点垂直位移监测结果   图 5.36 5 号测点累计垂直位移监测结果

5.6 弓长岭露天铁矿上盘边坡滑坡模式和治理对策

5.6.1 露天矿边坡稳定性影响因素

影响露天矿边坡稳定性的因素很多，从影响因素的来源可将其分为两大类：一是岩石的矿物组成及岩体中的地质结构面，是内因；二是水、震动、构造应力、采矿工程活动、风化以及温差等，它们是岩体所处的环境条件，称为外因。

5.6.1.1 岩石矿物组成的影响

岩石是由矿物组成的，矿物的强度在一定程度上决定了岩石的强度。岩石的强度还取决于矿物或颗粒的结构和构造。岩石具有各向异性和不连续性的特点，它们都影响到岩石的强度。

5.6.1.2 岩体结构的影响

地壳中的岩体在形成及构造运动过程中，形成了各种产状和特性的地质不连续面，致使岩体的强度比组成该岩体的完整岩石的强度低。

5.6.1.3 水的影响

露天矿滑坡大量发生在雨后、雨季和解冻时期，或因疏干排水方式不当所致。水是影响边坡稳定性的重要因素。

在岩体裂隙或断层中的地下水对裂隙壁施加两种力，一是垂直于裂隙壁的空隙静水压力，该力使裂隙产生垂直变形；二是平行裂隙壁的空隙动水压力，该力使裂隙产生切向变形。

5.6.1.4 爆破震动影响

露天矿爆破作业所产生的震动力，一是增加了边坡的滑动力，二是破坏了边坡岩体，降低了岩体的强度，使雨水、地下水易于沿爆破裂隙渗透，加速岩体风化。此外，还有机械设备的震动力，以及强地震区的地震力。

通常采用的爆破岩体质点震动速度 $v(cm/s)$ 的经验公式为：

$$v = k\left(\frac{\sqrt[3]{Q}}{R}\right)^a \tag{5.11}$$

式中，Q 为一次爆破的炸药量，kg；R 为测点与震源中心之间的距离，m；k 为与岩体性质、地质条件等有关的系数；a 为爆破地震波衰减系数。

质点的加速度为：

$$a = 2\pi f v \tag{5.12}$$

式中，f 为主振相的震动频率。

作用于滑体的震动力为：

$$F = ma \tag{5.13}$$

式中，m 为滑体的质量，kg。

考虑到爆破震动频率高和作用时间短，在边坡稳定分析中，一般将此动载荷通过下式转换为等效静载荷 F_0，即：

$$F_0 = kF = kma \tag{5.14}$$

式中，k 为动力转换为静力的换算系数，一般取 $0.2 \sim 0.3$。

考虑地震力的影响与爆破震动影响相同，其加速度可按预计的地震烈度选取。

5.6.1.5　其他影响因素

（1）露天矿存在年限。边坡存在时间越长，受风化作用以及生产爆破震动的影响时间越长，岩体强度减弱越显著。

（2）边坡形状。边坡的平面形状，凹形比凸形稳定性好，直线形边坡居中。

（3）工程活动。如矿山工程切割边坡下部强度低的沿层面、弱层，边坡下部超挖，边坡内有地下开采活动等都会影响边坡的稳定性。

通过现场进行地表调查以及对前人深部钻探资料的整理与综合分析，在上盘边坡区域未发现有由延伸规模较大的结构面构成的大的平面型滑坡以及存在平面型滑坡潜在滑面的可能性。从边坡的构造规律和分布情况来看，首先，构成各帮的岩种较为单一，均匀；其次，岩体经过多次构造运动，各区的节理较为发育，特别是区域Ⅱ，优势结构面的分布多在三组以上，相互交错，使岩体具有破碎的镶嵌结构。

因此，何家采区上盘边坡失稳的主要方式以块体滑移为主，有阶梯式、平面式和双面楔形式，主要影响因素是断层、片理和层间错动面以及节理。根据现场勘测与滑体描述，何家采区上盘边坡岩体大部分都为块裂体工程地质模型，如图5.37 所示。该块裂体工程地质模型的边坡一般不易产生总体边坡的失稳，局部台阶边坡破坏是不可避免的。

从模拟的结果来看，何家采区上盘边坡的稳定性尚好，开采到 8m 水平时台

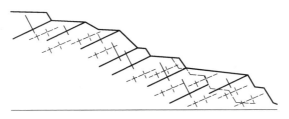

图 5.37 块裂体工程地质模型示意图

阶参数符合稳定性的要求。但由于边坡岩体节理裂隙发育，可能会发生台阶边坡滑坡，这是由节理裂隙所造成的，最典型的是楔形体滑坡。

在工程岩体岩质边坡中，由三组结构面组成的空间楔块体是一种常见的滑坡类型，对其分析一般采用赤平投影结合实体比例投影法，提出了三维楔块体的力学矢量分析法。三维楔块体由山底滑面、张拉面、断裂面和边坡面围成，实测块体的一条边长（楔块体宽度），每个面的倾向、倾角后，可求得块体的每个顶点的坐标，进而求得滑面面积与滑块体积。

如图 5.38 所示，作用在楔块体上的力有：重力矢 $\boldsymbol{W}$，外力矢 $\boldsymbol{Q}$，水压矢 $\boldsymbol{U}_1$、$\boldsymbol{U}_2$、$\boldsymbol{U}_3$，则合力矢 $\boldsymbol{R}$ 为：

$$\boldsymbol{R} = \boldsymbol{W} + \boldsymbol{Q} + \boldsymbol{U}_1 + \boldsymbol{U}_2 + \boldsymbol{U}_3 \tag{5.15}$$

式中：$\boldsymbol{W} = \boldsymbol{W}_x + \boldsymbol{W}_y + \boldsymbol{W}_z$ 为块体重力矢；$\boldsymbol{Q} = \boldsymbol{Q}_x + \boldsymbol{Q}_y + \boldsymbol{Q}_z$ 为楔块体上的外力矢；$\boldsymbol{U}_1$、$\boldsymbol{U}_2$、$\boldsymbol{U}_3$ 为在①、②、③面上的水压力矢。

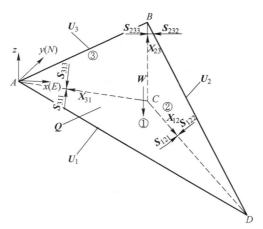

图 5.38 楔体所受合力

设 $\boldsymbol{W}_1$、$\boldsymbol{W}_2$、$\boldsymbol{W}_3$ 为图 5.38 中①、②、③面上的单位法矢，指向楔体的内部，单位法矢 $\boldsymbol{W}_i = (\sin\alpha_i\sin\beta_i,\ \sin\alpha_i\cos\beta_i,\ \cos\alpha_i)$，$i = 1, 2, 3$。其中 α_i 为平面的倾角；β_i 为平面的倾向。

设矢量 $\boldsymbol{X}_{12}$、$\boldsymbol{X}_{23}$、$\boldsymbol{X}_{31}$ 为沿组合交线 CD、CB、CA 的矢量，且 $\boldsymbol{X}_{12} = \boldsymbol{W}_2 \times \boldsymbol{W}_1$，

$$X_{23} = W_3 \times W_2 , \quad X_{31} = W_1 \times W_3$$

又定义两个矢量 S_{121}、S_{122} 分别为①、②面中垂直于交线方向 X_{12} 的单位矢量，即：

$$S_{121} = X_{12} \times W_1 , \quad S_{122} = W_2 \times X_{12} \tag{5.16}$$

同理：$S_{232} = X_{23} \times W_2$，$S_{233} = W_3 \times X_{23}$，$S_{313} = X_{31} \times W_3$，$S_{311} = W_1 \times X_{31}$

（1）抬离型破坏。

若同时满足：$R \cdot W_1 > 0$，$R \cdot W_2 > 0$，$R \cdot W_3 > 0$，则 R 将使楔体与三个结构面同时脱离接触，属抬离型破坏。

（2）单面滑动。

若滑动块体仅沿①面产生滑动，则 R 必须在①面上有一个垂直于①面的指向楔体外部的分量，即：$R \cdot W_1 \leqslant 0$，且 R 在①面上沿 S_{121}、S_{311} 方向分别与 X_{12}、X_{31} 反向，即：$R \cdot S_{121} \leqslant 0$，$R \cdot S_{311} \leqslant 0$

同理仅沿②面滑动：$R \cdot W_2 \leqslant 0$，$R \cdot S_{122} \leqslant 0$，$R \cdot S_{232} \leqslant 0$

又仅沿③面滑动：$R \cdot W_3 \leqslant 0$，$R \cdot S_{233} \leqslant 0$，$R \cdot S_{313} \leqslant 0$

则对沿 i 面滑动，其安全系数 F_s 的计算为：

$$F_s = \frac{N_i \tan\varphi_i + C_i A_i}{T_i} \tag{5.17}$$

式中，$N_i = -(R \cdot W_i) \cdot W_i$，$N_i$ 为 R 在垂直于 i 面的正压力，是 N_i 的模；$T_i = R - N_i$，T_i 为 R 在 i 面上的下滑力，是 T_i 的模；A_i 为第 i 面的滑面面积；C_i、φ_i 为第 i 面上的黏聚力和内摩擦角。

（3）双面滑动。

若滑动体沿两滑面的组合交线方向滑动且交线倾角小于坡面倾角，即为双面滑动，如沿①、②面的组合交线 X_{12} 方向滑动，则合力 R 必有一个沿 X_{12} 方向的分量使③面脱开，即满足：$R \cdot X_{12} \geqslant 0$ 且 R 在①、②面上沿 S_{121}、S_{122} 方向必定与 X_{12} 同向，即满足：$R \cdot S_{121} \geqslant 0$，$R \cdot S_{122} \geqslant 0$

同理沿②、③面滑动，要同时满足：$R \cdot X_{23} \geqslant 0$，$R \cdot S_{232} \geqslant 0$，$R \cdot S_{233} \geqslant 0$

而沿①、③面滑动，亦要同时满足：$R \cdot X_{31} \geqslant 0$，$R \cdot S_{313} \geqslant 0$，$R \cdot S_{311} \geqslant 0$

因此对沿 i、j 两滑面组合交线滑动的安全系数 F_s 可用下式计算：

$$F_s = \frac{N_i \tan\varphi_i + N_j \tan\varphi_j + C_i A_i + C_j A_j}{T_{ij}} \tag{5.18}$$

式中：$T_{ij} = R + X_{ij}$ 为沿 X_{ij} 方向的下滑力；N_i、N_j 为垂直于面 i、j 上的正压力，可以由 $N_i W_i + N_j W_j - P_{ns} = 0$ 沿 x、y、z 方向分解后求得，$P_{ns} = R - T_{ij} X_{ij}$ 为垂直于滑动方向的力矢。

5.6.2　下部边坡治理对策

根据何家采区上盘边坡开挖现状和勘察报告的边坡稳定性的主导结构面分布

与演变规律，针对潜在变形破坏的形成机制及发展趋势，进行边坡稳定性定性评价分析，在此基础上考虑了边坡防治对策方案。

5.6.2.1 锚索加固

何家采区上盘边坡岩层主要由片岩和混合岩组成，岩体强度低，节理裂隙结构面十分发育，结构面光滑、延展好，受风化、地下水、降水等淋滤作用，造成岩体结构面和岩脉的强度软化，抗剪强度降低，自稳能力降低，易造成突发性的边坡滑塌破坏。局部岩体松散破碎十分严重，部分位置存在滑坡危险。

预应力锚索加固治理边坡变形是最有效的一种工程措施，是通过施加外力来改变滑体的力学平衡条件，以达到抵抗其变形破坏的目的。

采场软弱结构面发育，结构面的抗滑力与作用于结构面的正应力大小密切相关。通过预应力锚索来增加结构面的正应力，从而使潜在失稳的岩体保持稳定。

5.6.2.2 降低边坡角

削坡减载是提高边坡稳定性的重要方法，但由于212m铁路线平台比较狭窄，大规模的削坡减载不现实，而且单纯削坡有可能形成新的滑体。因此对Ⅱ剖面适当降低坡面角或增加平台宽度，降低边坡角也是提高边坡稳定性的重要手段。对于上盘边坡，原设计最终边坡角47°，阶段坡面角65°，安全平台宽度5m，清扫平台和汽车运输平台宽度为13m。目前的边坡角如表5.19所示。

表5.19 边坡角 (°)

剖面	剖面Ⅰ		剖面Ⅱ		剖面Ⅲ	
	设计	现状	设计	现状	设计	现状
边坡角	43	37	42	36	43	37

从表中可以看出，边坡从坡顶的212m水平铁路线到目前的坑底152m和140m水平，三个剖面的设计边坡角为43°左右，而开采现状的边坡角为37°左右，而且阶段的坡面角都达不到设计的65°，实际为55°左右。从数值计算和极限平衡计算来看，剖面Ⅱ目前的稳定性系数为1.55，如果开挖按照坡面角65°，挖到铁矿92m水平时，稳定性系数降到1.02左右。因此如果按照目前的坡面角55°，开挖到铁矿92m水平和坑底8m水平时，稳定性系数达到1.2，满足固定帮边坡稳定性要求。图5.39所示为剖面Ⅱ在92m水平以上剖面角为55°。剖面Ⅱ降低坡面角后开挖到92m和8m的边坡稳定计算结果如图5.40、图5.41所示。

针对弓长岭露天铁矿何家采区上盘边坡现状以及将来的演化情况，除了以上几个特殊区域的加固措施外，还应在以下几个方面进行综合治理。

（1）减震爆破。减震爆破是维护露天矿边坡稳定比较有效的方法。包括：1）减少每段延发爆破的炸药量，使冲击波的振幅保持在最小范围之内。每段延发爆破的最优炸药量应根据具体矿山条件试验确定。2）预裂爆破，是当前国内

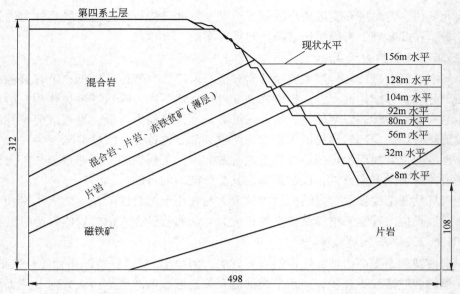

图 5.39　剖面Ⅱ在 92m 水平以上剖面角为 55°

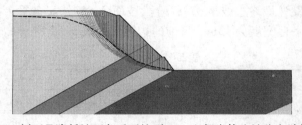

图 5.40　剖面Ⅱ降低坡面角后开挖到 92m 上部岩体边坡稳定计算结果

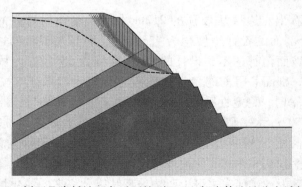

图 5.41　剖面Ⅱ降低坡面角后开挖到 8m 上部岩体边坡稳定计算结果

外广泛应用的改善矿山最终边坡状况的最好办法。该法是在最终边坡面钻一排倾斜小直径炮孔,在生产炮孔爆破之前起爆这些孔,使之形成一条裂隙,将生产爆破引起的地震波反射回去,保护最终边坡免遭破坏。3) 缓冲爆破,是在预裂爆破带和生产爆破带之间钻一排孔距大于预裂孔而小于生产孔的炮孔，其起爆顺序是在预裂爆破和生产爆破之间，形成一个爆破地震波的吸收区，进一步减弱通过预裂带传至边坡面的地震波，使边坡岩体保持完好状态。

露天矿预裂爆破如图5.42所示，首先沿露天矿设计边坡境界线钻一排较密集的预裂孔，每孔装入少量炸药。预裂孔在生产炮孔起爆前50～150ms先行一次性起爆，从而炸出一条有一定宽度（一般大于1～2cm）并贯穿整个钻孔的预裂缝。此预裂缝将被爆岩体与边坡分隔开来，使主爆破炮孔产生的应力波在裂缝面上发生反射和折射，从而降低地震效应，减轻对边坡的破坏。预裂爆破的实质是使炸药的爆破气体产物作用在孔壁上的压力不超过孔壁岩石的动载抗压强度，依靠相邻预裂炮孔内的压力同时作用使预裂炮孔沿线上的岩石产生应力叠加和集中而导致断裂。

预裂爆破的爆破质量要求：首先，预裂缝要有足够的宽度，一般不小于1～2cm，以能够反射其后生产爆破所产生的地震波；其次，预裂面要比较平整，一般其不平整度应在±（15～20）cm之间；最后，预裂炮孔附近的岩体不应出现严重的爆破裂隙，最佳爆破效果应是在预裂孔壁上留下半个钻孔壁。

影响预裂爆破效果的因素很多，主要有炮孔直径、炮孔间距、装药量或装药集中度、岩石强度、地质构造、炸药特性、起爆技术、施工条件和施工精度等。

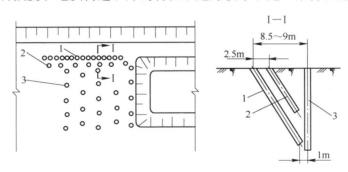

图5.42　预裂爆破示意图

1—预裂孔；2—缓冲孔；3—主爆孔

（2）地表水和地下水的治理。

1）防止地表水入浸滑坡体。可采取填塞裂缝和消除地表积水洼地、用排水天沟截水或在滑坡体上设置不透水的排水明沟或暗沟等措施。

2）对地下水丰富的滑坡体可在滑体周界5m以外设截水沟，或在滑体内设支撑盲沟和排水孔等。

3）在坡面有泉眼的地方打疏干孔，以利于排出坡面渗水，减小渗水压力。

4）加强坑底排水，每下一个台阶时，沿着上盘边坡的坡脚挖一个渗水沟，而不是目前的渗水坑，通过加强排水，达到降低地下水位的目的，围护边坡的稳定。

（3）日常维护。靠帮边坡应进行经常性的清扫维护，将台阶上松散杂乱的滚石清除干净，及时消除安全隐患。如果大区段范围内存在破碎岩层时，应及时刷帮或采取加固措施来稳定靠帮边坡。

5.7 结论与建议

通过对何家采区上盘边坡数值计算、理论分析和现场实测，系统研究了上盘边坡滑坡形成机理、边坡稳定性的现状及发展趋势，从而提出边坡参数的优化方案和治理措施，获得了如下主要结论：

（1）对何家采区上盘边坡进行了详细的地质调查和地质资料分析，基本查明了该边坡的岩性分布、大小断层和节理裂隙分布及边坡岩体的破碎程度，完成了调查区域地质分区。边坡分成Ⅰ、Ⅱ、Ⅲ三个具有代表性的区域。

（2）布置了两个工程钻探孔，基本查明边坡深部地层地质构造、岩体完整程度、节理裂隙及破碎带分布状况，进行岩石及结构面试验，并进行了水文地质试验，获得了边坡岩体的渗透系数。同时对两个钻孔进行了钻孔电视的观测，清晰地观察到深部岩体节理裂隙的形态和分布规律。

（3）对边坡取岩心样和地表岩样进行实验室岩石力学实验，获得了岩石强度与弹性模量等参数，利用 Hoek – Brown 强度理论确定了岩体强度。

（4）通过上盘边坡表面渗水情况和矿坑底部集水池渗水量的长期观测，目前台阶开挖到 152m 和 140m 水平时，渗水量很少。而开挖 176m 台阶时渗水量较大，主要原因是原河床下在 176m 水平左右存在弱含水层，经过长时间的排水，地下水量逐渐减少。因此地下水对边坡稳定性影响程度逐渐减轻。

（5）通过数值模拟和极限平衡分析，三个剖面的稳定性系数不尽相同。其中剖面Ⅰ、剖面Ⅲ在开采过程中直至降到 8m 水平，边坡的稳定性折减系数都大于 1.2。但剖面Ⅱ降到 92m 水平和 8m 水平时，边坡的稳定系数大概只有 1.3 左右，如果加上爆破折减和雨水折减，稳定性系数只有 1.02，接近于滑坡边缘。

因此在开挖过程中对剖面Ⅱ附近边坡需要采取一定的措施，以提高边坡的稳定性，如靠帮时采取减震爆破，减少雨水的入渗或降低一定的边坡角。

（6）根据上盘边坡节理和断层的分布规律，建立了何家采区上盘边坡碎裂体工程地质模型。上盘边坡可以分为典型的三个区域：1）区域Ⅰ和区域Ⅲ为上盘边坡的东侧和西侧，为典型的碎裂工程地质模型，该区域可以不做加固措施，一般情况下可进行日常的清扫，防止边坡岩体滚落。2）区域Ⅱ为上盘边坡中东部区域，岩体比较破碎，容易发生楔形体滑坡，应适当采取加固措施，如在明显的断层附近区域进行锚杆锚索加挡墙进行支护。

（7）上盘边坡从坡顶的 212m 水平铁路线到目前的坑底 152m 和 140m 水平，

三个剖面的设计边坡角为43°左右，而开采现状的边坡角为36°左右，而且阶段的坡面角都达不到设计的65°，实际为55°左右。从数值计算和极限平衡计算来看，剖面Ⅱ目前的稳定性系数为1.55，如果开挖按照坡面角65°，挖到铁矿92m水平时，稳定性系数降到1.02左右。因此如果按照目前的坡面角55°，开挖到铁矿92m水平和坑底8m水平时，稳定性系数达到1.2，满足固定帮边坡稳定性要求。

（8）以2010年4月初为基准点，在两个月时间内累计的水平位移量和垂直位移量都达到了400～700mm水平，总体而言，200m平台的位移量比212m铁路线平台更大一些。从位移量来看，滑体处于滑移边缘，应尽量提早进行边坡的治理工作。

（9）上部不稳定滑坡体采用削坡和加固相结合的治理措施，具体为滑坡西段采用锚索＋地梁加固，滑坡东段采用锚杆＋锚索加固。

（10）为了提高靠帮边坡的稳定性，靠帮爆破时应采取有效的预裂控制爆破措施与技术，尽最大可能减小对固定帮边坡岩体的损伤破坏，提高边坡的整体稳定性。

（11）水对上盘边坡稳定性的影响很大，虽然地下水对边坡稳定性影响逐渐减小，但地表水的影响不可避免，在靠帮边坡上尽量布置截水沟，采用自流式排水方式，减小地表水渗入边坡及对边坡稳定性的影响。

6 鞍千矿业许东沟采场边坡稳定性研究

6.1 引言

鞍千矿业有限公司许东沟采场设计长 1740m、宽 280~490m，最高海拔高度为 +242.3m。根据设计院一期开采设计，边坡靠帮两并段的开采方案，阶段高度 12m，并段高度 24m，阶段坡面角上盘（东帮）65°，下盘（西帮）55°，运输平台、清扫平台、安全平台宽度分别取 18m、8m、8m。最终边坡角：上盘（东帮）45°~55°、下盘（西帮）40°~50°。矿层走向 145°~165°，倾角很陡，一般都超过 80°，现采场开采的最低标高为 +96m 水平，+144m 水平以上的平台已经靠帮到界，形成边坡垂直高度为 98m 的高陡边坡。局部边坡 +168m 至 +240m 设计边坡角为 55°，由于开采初期没有设计，实际边坡境界 +204m 水平以上的部分已经超挖，所以现边坡角度为 50°，小于设计的边坡 55°的角度。

目前采场东帮边坡围岩主要为绿泥石英片岩、绢云母英片岩，属于软岩，$f = 5~12$，节理裂隙发育程度中等，岩体走向 145°~165°，倾角很陡，一般都超过 80°，大部分近直立，但岩体层理倾角 60°~70°，与台阶边坡的坡面角基本一致，这种顺倾岩层对边坡稳定极为不利，受外部因素如降雨、爆破震动等作用，安全台阶会沿着层理面和节理面滑落、片帮，不利于边坡稳定。

受到采场生产爆破震动的影响和岩层倾角 60°~70°的不利因素，局部安全平台有一部分已经剥落，所以 +216m 和 +192m 安全平台实际小于 8m，如图 6.1 所示。这给矿山生产、边坡维护及安全工作带来一定的危害，因此急需进行边坡稳定性研究工作。

图 6.1　边坡形态

6.2 边坡工程地质特性与岩体结构特征研究

6.2.1 矿区自然地理概况

鞍千矿业许东沟采场位于鞍山市东南 15～20km，地理坐标：北纬 41°06′～41°08′，东经 123°07′～123°08′。矿区为东南高西北低的丘陵山地，一般海拔标高 100～200m，最高为矿区东南的哑巴山，海拔标高达 275.38m，矿区西南侧的山间平地海拔标高在 50～70m 左右。鞍千矿业许东沟采场原始地貌如图 6.2 所示。

矿区内有一条在胡家庙子村南分叉的小河。除发源于孔姓台的支流在胡家庙子村横穿矿体外，其余都从与矿体相隔 500m 以上的西南侧流向西北至陈家台附近汇入沙河，冬、春、秋三季呈水量不足的细流，每逢雨季河水暴涨，有时泛滥成灾。

图 6.2　鞍千矿业许东沟采场原始地貌图

6.2.2 矿区地层与岩石

矿区在区域地质上位于由太古代鞍山群变质岩系组成的鞍山复向斜的东北翼，该翼走向由樱桃园至西大背呈北西～南东向，形成一个长 104km 的铁矿带。本矿区位于铁矿带的东南部，矿区面积 6 平方公里。

区内出露的地层主要为前震旦纪鞍山群、辽河群变质岩系、混合岩和第四纪层。

6.2.2.1 前震旦纪鞍山群变质岩系

地表除铁矿层出露较好以外，其他各层多被辽河群与第四纪岩层所覆盖。

全群地层走向 145°～165°，倾向南西，地表与浅部多倒转为东北，倾角大于 80°，总厚度大于 500m。

本群岩层为矿区最老岩层，主要由含铁石英岩、片岩和千枚岩组成，自下而上分为四层：

（1）绿泥石英片岩（Chq）夹石英岩（LQ）层。以绿泥石英片岩为主，石英绿泥片岩为次，并局部有石英岩。全层走向长 795～2800m，厚度 0～200m，直接与混合岩接触，接触界线不规则。绿泥石英片岩呈灰绿色，片状构造发育，主要由石英和绿泥石组成，有时含有少量绢云母，在局部地段相变为石英绿泥片岩。石英片岩分布于许东沟南山至东小寺一带，呈透镜体状，走向长 1000m，厚度 10~45m，延伸 100~300m。该岩石为灰白色，块状构造，粒状变晶结构，主要由石英组成，时有绢云母、绿泥岩和绿帘石。石英颗粒大小不均，绢云母与绿泥岩不均匀分布。向上盘绢云母含量增多而相变为绢云母石英片岩。

（2）云母石英片岩（Mq）夹绿泥石英片岩薄层。以云母石英片岩为主，局部夹绿泥石英片岩薄层，全层走向长 1121~2125m，厚度 0~60m。云母石英片岩呈灰白至浅白色，片状构造，主要由石英和绢云母组成，并含有少量绿泥石的情形，偶有绢云母量超过石英而相变为石英云母片岩的情形。

（3）条带状贫铁矿层。本层即著名的鞍山式铁矿层，主要由各种含铁石英岩构成，并夹有各种片岩（石英绿泥岩、绢云母石英片岩、石英云母片岩、绿泥石英片岩、透闪片岩等）透镜体及一些零星小富铁矿体。本层纵贯全区，厚度波动在 145~293m 之间，平均为 199m。

（4）千枚岩（Ph）夹条带状贫铁矿薄层很少露出，绝大部分被辽河群和第四纪覆盖，全层纵贯全区，厚度大于 300m，主要由绢云母千枚岩、绿泥绢云母千枚岩、绢云母绿泥千枚岩和绿泥千枚岩等构成。局部有含铁石英岩。

千枚岩：呈绿灰至灰绿色，千枚状构造，主要由绿泥石、绢云母和石英组成云母绿泥千枚岩。当绢云母量超过绿泥石时相变为绢云母千枚岩或绿泥绢云母千枚岩，不含绢云母的绿泥千枚岩少见。

含铁石英岩呈小透镜体断续分布于 4900、5600、5800、8245 等剖面附近，走向延长至 30~250m，厚度 2~5m，延深 60~150 余米。

6.2.2.2　前震旦纪辽河群变质岩系

辽河群不整合覆盖在鞍山群地层的地形凹陷部位，广泛地分布于浅部，大多数分布在铁矿层的南西侧，少数杂乱分布在铁矿层的顶部或北东侧。全群地层走向 140°，倾向 SW，个别 NE，倾角一般不大于 45°。总厚度大于 200m，在铁矿层上的覆盖厚度平均为 52m，最大为 155m。全群地层有南西向北东厚度渐薄，分布深度渐浅的趋势。全群岩层以千枚岩为主，石英岩和砾岩较少，自下而上分为两层：

（1）底部砾岩（Lc）及石英（砂）岩（LQ）薄层。本层分布于铁矿层的顶部或两翼的浅部，走向延长 110~1700m，厚度 1~10 余米。自下而上为底部砾岩、石英（砂）岩。

底部砾岩：砾岩成分混杂，砾石主要为条带状贫铁矿，次为石英岩脉、石英、富铁矿和千枚岩，胶结物为矽铁质及泥质。砾石一般分选性很差，只在炮台山南山的局部地带见有沿厚度方向砾石由粗到细，再由细到粗多次反复的韵律。砾石以椭圆状为主，半浑圆或半棱角状次之，偶见圆状或棱角状，砾石大小不一，小者粒径仅几毫米，大者可达 1~2m。砾岩受后期各种地质作用的影响，泥质胶结物已变成千枚岩；贫铁矿砾石常有外圈贫化和富化现象，以及胶结物的绿泥石化和白云母化现象，并见有绿泥石或石英或方解石或富铁矿呈细脉穿插砾岩的现象，以及后期的断裂构造切穿或搓碎砾岩使之具有构造砾岩特征的现象。砾岩的另一特点是虽很贫，但磁性却很强，其剩余磁化强度可达 0.3A/m。

石英（砂）岩：呈灰绿至褐灰色，块状构造，粒状变晶或变余砂状结构。主要由石英组成，时含定向性不明显的绿泥石、褐铁矿、磁铁矿、长石、黄铁矿、绢云母等矿物。石英已重结晶，颗粒边缘被溶蚀成港湾状。

（2）千枚岩（Lph）夹石英岩层砾岩薄层。

本层广泛出露，有时直接覆盖在鞍山群和底部砾岩之上。主要由绢云母千枚岩、绿泥千枚岩、砂质千枚岩、碳质千枚岩组成，并局部夹石英岩及层间砾岩。全层纵贯全区，厚度大于 200m。

千枚岩：呈绿灰或灰绿或暗灰色，千枚状构造，主要由绢云母或绿泥石或碳质和石英组成。绢云母、绿泥石、碳质均沿千枚理分布，三者含量变化很大，分别与石英组合构成绢云母千枚岩、绿泥千枚岩。石英含量很多时构成砂质千枚岩。

石英分布于许东沟至东小寺一带，呈透镜状体，其走向延长 113～375m，厚 4～7m，延深 100～160m。

层间砾岩分布在许东沟北山和东小寺 7980 剖面，一至数层，单层走向延长一至几十米，厚度为 0.05～0.3m。砾岩成分简单，主要由含少量阳起石、赤铁矿的条带状石英（砂）岩、砾石和砂泥质及少量铁质胶结物构成，局部可见脉石英砾岩。砾石磨圆度较好，多呈椭圆状，粒径在 0.2～3cm 之间，还见有千枚理与层理斜交的现象。

6.2.2.3 第四纪层

第四纪层广泛地不整合覆盖在前震旦纪变质岩系之上。本层在矿体顶部覆盖的宽度一般为 0～220m，平均为 91m；覆盖的深度一般为 0～25m，平均为 6m；远离矿层的上下盘的第四纪覆盖深度一般是不大的，从距离矿层上盘 300m 以内的范围中 24 个钻孔穿遇第四纪层的垂深统计结果看，平均覆盖深度为 11m；从距离矿层下盘 200m 以内的范围中 9 个钻孔穿遇第四纪层的垂深统计结果看，平均覆盖深度为 8m。本层主要由冲积、坡积、残积、植物生长层及人工堆积物等组成。

6.2.2.4 混合岩与岩脉

矿区东北侧广泛出露混合岩。矿区还有少量辉绿岩脉、蚀变中性脉岩、伟晶岩脉和石英脉等。

A 混合岩（Me）

混合岩广泛地出露于矿区东北侧，并在哑巴山横向断层 F3 断裂带中也见有混合岩。混合岩离鞍山群由近而远的构造变化为：结晶程度渐好，条纹状构造经片麻状构造渐变为花岗状构造。在东小寺的条纹状混合岩中见有长约 20 余米，厚约 0.05～0.4m 的石英云母片岩和绿帘石石英岩残留体。

混合岩：呈浅粉白色，条纹状或片麻状或花岗状构造，中至粗粒花岗变晶结构，主要由斜长石、石英和白云母等组成，偶见绿泥石、褐铁矿、硅状锆石、石榴石、绿帘石、角闪石、磁铁矿、褐铁矿。斜长石表面已绢云母化和白云母化。混合岩与鞍山群地层呈混合交代接触。

B　岩脉

辉绿岩脉（λ）：偶见该岩层呈细脉穿插在铁矿层中。岩石呈黑绿色，粒状结构，主要组成矿物有普通辉石、斜长石及少量黑云母、磁铁矿，其中还分布有碳酸盐脉。

蚀变中性脉岩（Am）：区内所见的蚀变中性脉岩侵入鞍山群而被辽河群所覆盖，分布于5600 剖面附近、6300～6500 剖面、7040～7650 剖面和7980～8770 剖面。其走向与鞍山群地层的走向基本一致，有的呈角度斜交，倾向多数北东，少数南西，倾角很陡（多大于75°）。规模较大，走向延长 260～1080m，厚度一般 2～30 余米，最厚可达 95m，延深 75～560m。该岩侵入后，经受区域变质和混合岩化作用，已发生了片理化，形成绿色片岩相。

伟晶岩脉（ρ）：分布零星，呈不规则的细脉穿插于混合岩之中。于炮台山、东小寺等地所见，走向延长不超过 10m，脉宽 5～30cm。

石英脉（g）：分布零星，呈不规则的囊脉状顺层（斜穿）注入于前震旦纪变质岩系之中，脉长几厘米至几十米不等，脉宽几至几十厘米，延深几厘米至几十米。

6.2.3　矿区断裂构造

矿区断裂构造种类较多，按其与矿体产状的关系可划分为走向断层、斜交断层与横向断层。其中走向断层较老，斜交断层与横向断层较新。三组断层对矿体的切割破坏较小，最大断距仅35m。

6.2.3.1　走向断层组 F1 - 1～F1 - 10

走向断层组 F1 - 1～F1 - 10 是早于辽河群、切割鞍山群的一组早期断裂，多分布于矿体下盘与富矿两侧。其产状与鞍山群地层的产状基本一致，有的小角度斜交。

主要的断层有 10 条，其中以 F1 - 2 为最大，分布在矿层上盘（东帮）与片岩接触处。走向延长纵观全区，倾向延深可达几百米，断层面呈舒缓波状，断裂带紧密，一般是没有填充物的，有时可见断层面。断层两侧岩石显破碎，近断层两侧的铁矿与围岩可见明显的绿泥石化、磁铁矿化和石英脉穿插，有时可见黄铜矿与黄铁矿散布。走向断层的规模见表 6.1。

表 6.1　走向断层的走向与长度一览表

断层号	F1 - 1	F1 - 2	F1 - 3	F1 - 4	F1 - 5	F1 - 6	F1 - 7	F1 - 8	F1 - 9	F1 - 10
走向/(°)	150	155	155	150	155	135	140	160	155	140
长度/m	270	4263	1418	94	180	270	125	100	643	242

另外，还有 20 余个走向延长不足 100m 的小断层，此类断层对贫铁矿体破坏不大；对富矿而言是控矿构造。

6.2.3.2 斜交断层 F2 – 1 ~ F2 – 12

斜交断层 F2 – 1 ~ F2 – 12 是较新的一组断层，切割了走向断层和前震旦纪地层，多分布于被第四纪地层覆盖的沟谷中，其产状与矿层斜交，走向一般波动在 90°~130°间，倾向有南西和北东两组，个别倾向南东，倾角波动在 57°~90°之间，对矿体破坏不大，一般为 4~34m。主要断层有 12 条，其中以 F2 – 3、F2 – 5、F2 – 6、F2 – 8、F2 – 10 较大。这类断层的断裂面都较粗糙，断裂带有一定宽度，最宽达到 15m，脉内常充填片岩和疏松角砾岩，断裂带膨缩不均，两端急剧缩小。充填在断裂带内的片岩，其片理方向与断裂带方向基本相同，断裂带两侧的铁矿有明显的贫化现象。斜交断层的产状、规模与断距列于表 6.2。

表 6.2　斜交断层产状、规模与断距一览表

断层号	走向/(°)	倾向	倾角/(°)	长度/m	断距/m	位　置
F2 – 1	115	SW	87	130	25	4900 北西侧
F2 – 2	25			220	4	4900 ~ 5300 间
F2 – 3	60 ~ 100	SE – SW	80 ~ 87	414	15	5300 ~ 5600 间
F2 – 4	130	NE	80	120	7	5300 ~ 5600 间
F2 – 5	130	SW	57	310	34	5600
F2 – 6	100	NE	85	464	20	2900 ~ 6300 间
F2 – 7	105	SW	63	240	6	6300 ~ 6500 间
F2 – 8	45	SE	70	270	10	6500 ~ 6800 间
F2 – 9	110	SW	85	75	27	6800 ~ 7040 间
F2 – 10	90	直立		260	34	7460 ~ 7650 间
F2 – 11	90 ~ 140	NE	79	235	5	7980 ~ 8245 间
F2 – 12	115			190	8	8435 ~ 8770 间

6.2.3.3 横向断层组 F3 – 1 ~ F3 – 9

此断层是切割前震旦纪地层和前二组断层的一组较新的断裂，多分布于矿层沿走向被第四纪地层所覆盖的沟谷中。断层走向与矿层直交或近于直交，一般波动在 50°~75°之间，倾向南西或南东，个别倾向西北，倾角大多近直立，对矿体的破坏不大，断距波动在 2~35m 之间。主要断层有 9 条，其走向延长一般波动在 55~280m 之间。此类断层的断裂面多较粗糙，断裂带宽度 0~35m，其间常填充有片岩和铁矿，偶见混合岩。断裂带膨缩不均，两端急剧缩小，其中以哑巴山的 F3 – 5 断层为最大，该断层走向 70°，倾向南东，倾角 83°，走向延长 280m，断距 27m。断裂带很宽，最宽可达 35m，其间填充了绢云母石英片岩、铁矿和混

合岩。横向断层的产状、规模和断距列于表6.3。

表6.3　横向断层的产状、规模和断距一览表

断层号	走向/(°)	倾向	倾角/(°)	长度/m	断距/m	位　置
F3-1	60			125		4900 北西侧
F3-2	50	SE	74	187	11	4900~5300 间
F3-3	66	NW	74	191	12	4900~5300 间
F3-4	55			55	4	7980~8245 间
F3-5	70	SE	83	280	27	8435~8770 间
F3-6	70	SW	近直立	135	21	8770~8920 间
F3-7	75	SW	近直立	85	6	8770~8920 间
F3-8	72	SW	近直立	60	15	8920 的南东侧
F3-9	50	SW	近直立	170	35	8920 的南东侧

6.2.4　采场边坡工程地质分区与特征

　　鞍千矿业许东沟采场年设计生产能力500万吨，最终境界上口长1513m，宽156~378m，下口长940m，宽50~163m，地表最高标高250m，封闭圈标高60m，露天底标高-48m，边坡最大垂高298m。运输平台、清扫平台、安全平台宽度分别取18m、8m、8m，台阶高度12m，并段高度24m。上盘（东帮）台阶坡面角为65°，下盘（西帮）为55°。上盘最终边坡角45°~55°、下盘（西帮）40°~50°，最终境界如图6.3~图6.5所示。目前采场最低开采水平为96m，西帮下盘尚无靠界边坡形成，东帮上盘120m水平已靠界。东帮上盘边坡是本次研究工作的重点，根据采场的边坡结构及岩体特征将采场划分为A、B、C、D四个工程地质分区，如图6.5所示。

6.2.4.1　A区

　　A区位于采场东帮，矿体的上盘，边坡长约1350m，地表标高为100~250m，中间高两头低，采场底标高为-48m，最终边坡高148~298m。目前120m水平已靠界，在5600勘探线至6100勘探线间形成了高112m、长450m的边坡（图6.3），并已出现了局部台阶边坡变形破坏现象。

　　A区边坡岩体主要由绿泥石英片岩、绢云母石英片岩和含铁石英岩组成，5900勘探线在72m水平以下的边坡由铁矿体组成，由绿泥石英片岩、绢云母石英片岩组成的边坡高160m；6300勘探线在12m水平以下的边坡由铁矿体组成，由绿泥石英片岩、绢云母石英片岩组成的边坡高约158m。

　　A区边坡岩体为典型的顺坡向层状结构，绿泥石英片岩和绢云母石英片岩的片理非常发育，片理走向与边坡走向基本一致，倾向相同，片理面平直光滑，产

图 6.3 东帮上盘 A 区靠界边坡形态

状稳定，延展较长，贯通性较好，倾角主要变化在 50°~70°之间。顺坡层状结构为控制 A 区边坡稳定性的主要因素。

图 6.4 鞍千矿业许东沟采场三维最终境界图

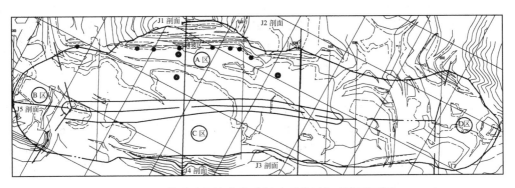

图 6.5 鞍千矿业许东沟采场地质分区与现状平面图

A 区为本次研究工作主要区段，布置了 J1（5900 线）和 J2（6300 线）两个稳定性计算剖面（图 6.6 和图 6.7），布设了 3 个地质勘探钻孔（ZKB1、ZKB2 和 ZKB3），进行了节理与片理等裂隙的测量统计，并完成了 2 个爆区的爆破震动观测工作。

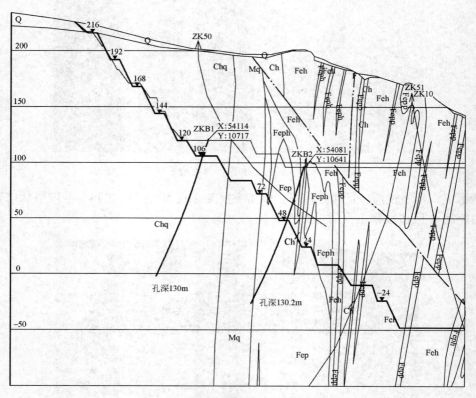

图 6.6　鞍千矿业许东沟采场 A 区 J1 剖面图

6.2.4.2　B 区

B 区位于北端帮，岩性为含铁石英岩，岩石坚硬，强度较高，岩体为块状结构（图 6.8），发育有三组优势节理，产状分别为：165°∠80°、72°∠88° 和 168°∠58°。B 区布置了一条稳定性计算剖面 J5。

6.2.4.3　C 区

C 区位于采场西帮，矿体的下盘，组成边坡体岩性主要为辽河群千枚岩、辽河群石英岩和含铁石英岩。C 区目前没有靠界边坡，从破碎站附近出露的辽河群千枚岩（图 6.9）看，地表处风化较严重，岩性较软，千枚理非常发育，岩体呈片状或薄片状，但倾向与边坡相反，为反倾层状岩体。由于反倾且较破碎，可确定为散体结构类型。

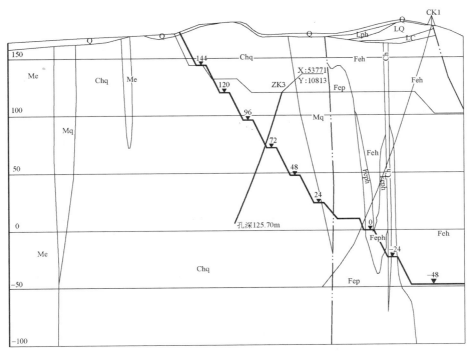

图 6.7 鞍千矿业许东沟采场 A 区 J2 剖面图

图 6.8 含铁石英岩的块状岩体结构

图 6.9 西帮下盘辽河群千枚岩结构图

C 区边坡的上部主要由辽河群千枚岩构成，在 6300 线辽河群千枚岩构成的边坡高 89m，5900 线为 33m。

C 区布置了 J3（6300 线）和 J4（5900 线）两个稳定性计算剖面（图 6.10 和图 6.11）

6.2.4.4　D 区

D 区位于南端帮，岩性为含铁石英岩，其稳定性与 B 区接近。

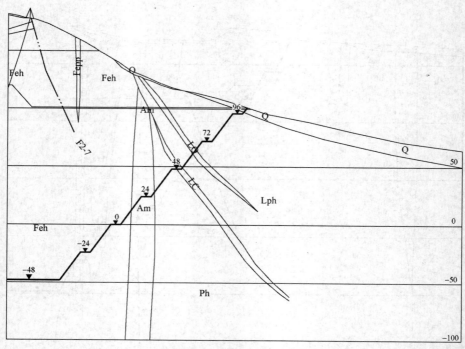

图 6.10 鞍千矿业许东沟采场 C 区 J3 剖面图

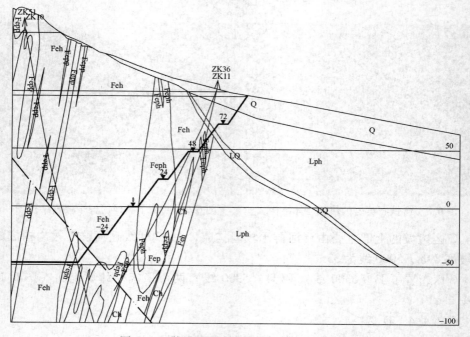

图 6.11 鞍千矿业许东沟采场 C 区 J4 剖面图

6.3 边坡岩体节理裂隙分布规律研究

在岩石力学中一般将节理裂隙划分为Ⅳ级结构面,在岩体中大量发育,属于随机性结构面,只能在野外的岩层露头处进行调查与室内统计,以认识其统计规律。Ⅳ级结构面影响岩体的完整性及岩体的力学特性,对岩体的力学性质有一定的影响,其参数主要有节理裂隙发育程度、节理产状裂隙和延展尺度等。

节理调查的基本方法是现场详细测线法和统计窗法,节理裂隙的倾向、倾角运用罗盘进行现场测量。详细测线法是在台阶坡面上人为确定一条水平线作为测线,量测与测线相交的节理产状、间距等以确定节理裂隙的优势方位和密度。统计窗法是在岩体表面确定一个统计窗口,量测统计窗内的节理产状、迹长等以及统计推断节理的面密度和迹长分布等参数。

目前,鞍千矿业许东沟采场在北端帮和东帮(上盘)的 A 区有靠界最终边坡形成,东帮(上盘)的 A 区是本次研究工作的主要评价区段,为此,根据地质资料分析和边坡工程地质调查和研究,在 120m 水平的边坡面上布置了 8 个地质调查测点 D1~D8,对 120m 以上水平进行了节理、片理等裂隙的产状与间距的现场测量工作。

6.3.1 节理裂隙优势产状的聚类分组分析

6.3.1.1 节理裂隙倾向玫瑰花图和极点图

A 区边坡节理裂隙倾向玫瑰花图和极点图如图 6.12 和图 6.13 所示。从节理倾向玫瑰花图和极点图可以看出,节理裂隙的倾向主要分布在 310°~320°、260°~290°、210°~240°、30°~40°和 90°~100°的区间内,并以陡倾角裂隙居多。

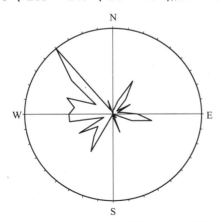

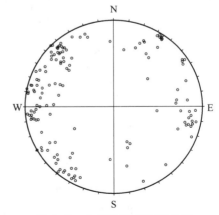

图 6.12 A 区边坡节理倾向玫瑰花图　　　　图 6.13 A 区边坡节理极点图

6.3.1.2 节理裂隙的模糊 C 均值聚类分析

节理裂隙的模糊 C 均值聚类算法需首先设定划分组数 C,考虑到 A 区边坡岩体内既有原生成因类型的片理，又有构造成因类型的节理，并根据节理裂隙倾向玫瑰花图和极点图初步定性分析结果，对现场测量数据进行了 $C = 3$、4、5 的模糊聚类分析计算，其结果见表 6.4 和图 6.14 ~ 图 6.16。

表 6.4 节理模糊 C 均值聚类分析结果

节理聚类划分组数	节理聚类结果				聚类效果评价指标	
	序号	倾向/(°)	倾角/(°)	数量/%		
$C = 3$	1	306.2	76.5	39.7	模糊熵指标 Hc	0.505
	2	231.1	77.1	32.5	分类系数 Fc	0.724
	3	73.7	72.9	27.8	模糊超体积 Fhv	1.396
					平均划分密度 Pda	22.773
$C = 4$	1	78.9	73.6	27.2	模糊熵指标 Hc	0.596
	2	272.4	78.4	25.8	分类系数 Fc	0.697
	3	318.3	77.1	25.2	模糊超体积 Fhv	1.515
	4	217.7	77.7	21.8	平均划分密度 Pda	14.065
$C = 5$	1	315.0	77.7	25.8	模糊熵指标 Hc	0.562
	2	270.8	78.9	23.8	分类系数 Fc	0.730
	3	218.6	78.7	19.8	模糊超体积 Fhv	1.399
	4	99.6	74.5	15.9	平均划分密度 Pda	8.260
	5	34.2	78.3	14.6		

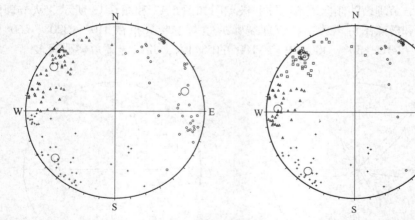

图 6.14 A 区节理划分 $C = 3$ 的模糊聚类结果图　图 6.15 A 区节理划分 $C = 4$ 的模糊聚类结果图

根据模糊 C 均值聚类算法的模糊熵指标 Hc、分类系数 Fc、模糊超体积 Fhv 和平均划分密度 Pda 四个聚类效果检验指标计算结果，划分为 3 组或 5 组均优于 4 组。根据现场实际情况和各组裂隙数量百分比，将 A 区节理划分为三个优势节理组 YJ3 - 1（315.0°/77.7°）、YJ3 - 2（270.8°/78.9°）、YJ3 - 3（218.6°/78.7°）和两个次优势节理组 CJ2 - 1（99.6°/74.5°）、CJ2 - 2（34.2°/78.3°）较为合理。

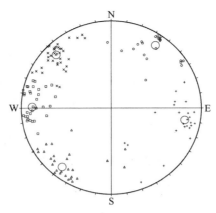

图 6.16　A 区节理划分 $C=5$ 的模糊聚类结果图

A 区 5900 线附近发育的顺坡向片理延展长 100 多米，其倾向与边坡倾向 248°基本一致，对边坡的稳定性影响最大，两侧片理倾向有一定的波动，YJ3－2 与 YJ3－3 组裂隙中多数应为片理类型，YJ3－1 和 CJ2－1 组裂隙主要为节理类型，垂直于顺坡向片理，可构成滑体的左右边界。CJ2－1 组则为反倾节理，主要起到切割岩石破坏完整性的作用。

6.3.2　优势节理组的统计分析

三组优势节理和二组次优势节理的倾向与倾角的统计结果见表 6.5 和表 6.6，经假设检验均服从正态分布。

表 6.5　优势节理组产状统计结果

优势节理组	参数	均值 /(°)	标准差 /(°)	变异系数 /%	最小值 /(°)	最大值 /(°)	分布类型
YJ3－1	倾向	314.4	10.79	3.4	293	340	正态分布
	倾角	77.2	8.59	11.1	56	90	正态分布
YJ3－2	倾向	272.7	11.62	4.3	250	292	正态分布
	倾角	78.9	8.02	10.2	57	90	正态分布
YJ3－3	倾向	218.1	9.77	4.5	162	240	正态分布
	倾角	76.5	11.62	15.2	45	90	正态分布

表 6.6　次优势节理组产状统计结果

次优势节理组	参数	均值 /(°)	标准差 /(°)	变异系数 /%	最小值 /(°)	最大值 /(°)	分布类型
CJ2－1	倾向	105.5	24.46	23.2	70	160	正态分布
	倾角	72.1	13.31	18.5	39	85	正态分布
CJ2－2	倾向	33.8	15.02	44.4	10	357	正态分布
	倾角	76.9	11.92	15.5	45	89	正态分布

6.3.3　A 区顺坡向片理倾角统计分析

　　A 区延展长、贯通性好的顺坡向片理（图 6.17）的倾角对台阶边坡与整体边坡的稳定性非常重要，120m 平台调查统计结果为倾角主要变化在 78°～87°之间，均值 80.5°，变异系数为 5.5%，服从正态分布，统计直方图和概率密度曲线见图 6.18。168m 平台调查统计结果为倾角主要变化在 50°～70°之间，均值 59.6°，变异系数为 9.1%，服从正态分布，统计直方图和概率密度曲线如图 6.19 所示。从调查统计结果和现场实际观察可以看出，绿泥石英片岩在下部临近矿体时片理倾角有变陡的趋势。

图 6.17　绿泥石英片岩的顺坡向片理　图 6.18　120m 平台绿泥石英片岩片理倾角统计结果

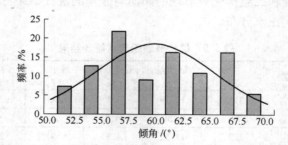

图 6.19　168m 平台绿泥石英片岩片理倾角统计结果

6.3.4　节理间距与密度的测量和统计

　　岩体线密度是指沿取样线方向单位长度上的节理数量；节理的面密度为单位面积内节理迹线中点的数量。节理的调查统计可用测线法和统计窗法得出节理的线密度或面密度。

　　在 A 区进行了节理裂隙间距与密度的测量与分析，其统计结果见表 6.7，统计直方图和概率密度曲线如图 6.20 和图 6.21 所示，经假设检验均服从对数正态分布。

表 6.7　A 区边坡节理间距与密度统计结果

节理参数	平均值	标准差	变异系数/%	最大值	最小值	分布类型
间距/cm	45.2	44.09	97.5	250	2	对数正态
密度/条·m⁻¹	5.45	7.75	142.2	50	4	对数正态

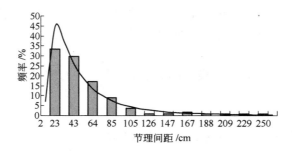

图 6.20　A 区节理间距统计直方图和曲线

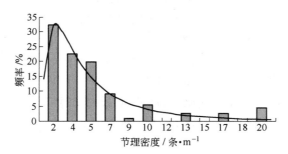

图 6.21　A 区节理密度统计直方图和曲线

A 区节理间距的概率密度函数：

$$f(x) = \frac{1}{0.945 \times \sqrt{2\pi} \times x} e^{-\frac{(\ln x - 3.413)^2}{2 \times 0.945^2}} \tag{6.1}$$

A 区节理密度的概率密度函数：

$$f(x) = \frac{1}{0.945 \times \sqrt{2\pi} \times x} e^{-\frac{(\ln x - 1.195)^2}{2 \times 0.940^2}} \tag{6.2}$$

6.4　钻孔勘探与试验

6.4.1　钻孔勘探及技术要求

为了深入研究鞍钢鞍千矿许东沟采场边坡稳定性，必须对边坡深部岩石的物理力学参数和岩性进行钻探分析，因此于 2009 年 7 月 26 日~2009 年 8 月 20 日对矿山边坡进行地质勘探外业工作。

（1）基本任务：孔勘探应基本查明边坡深部地层地质构造，岩体完整程度，节理裂隙及破碎带分布状况，进行岩石及结构面试验，为整体稳定性评价提供深部地层的地质资料和建议。

（2）技术要求：本次预计钻探 3 个孔，孔径为 75mm，全部孔均为取心钻探。施工中根据岩层走向，为最大限度揭露边帮深部岩层，考虑采用斜孔钻进。

岩心采取率一般不低于 90%，破碎地带的岩心采取率不得低于 75%，随钻机及时进行钻孔编录和参数统计，量测 RQD 指标，按时完成钻探任务并提交钻孔柱状图。

每个孔在不同深度取有代表性的岩心 5 ~ 7 组进行岩块物理力学参数试验，并提交试验成果。

对岩心进行照相保存。

根据钻孔揭露的地下水状况，选择合适的试验方法，进行水文试验。

（3）执行技术规范标准

1）《岩土工程勘察规范》（GB 50021—2001）

2）《建筑工程地质钻探技术标准》（JGJ 87—92）

3）《岩心钻探规程》（DE/T 0091—94）

4）《工程岩体试验方法标准》（GB/T 50266—99）

5）《建筑抗震设计规范》（GB 50011—2001）

6）《煤和岩石物理力学性质测定方法》（GB/T 23561.6—2009）.

7）《工程岩体分级标准》（GB 50218—94）

6.4.2　钻孔布设与施工

6.4.2.1　钻孔布设

布设原则：按照露天矿边坡工程钻探规范，边坡钻探钻孔力求做到穿越边帮高度 1/2 ~ 1/3，终孔深度应穿越最终边坡圆弧形破坏潜在破裂面以下（自终了坡脚上延 30°左右），并尽可能穿越更多不同岩性地层和结构面。根据上述要求，由相关各方在实际施工中进行调整确定。

6.4.2.2　钻孔倾角

本采区边帮岩层结构面倾角都在 80°以上，边帮上部岩层陡倾向坑内，而深部陡倾向坑外。根据岩层走向，为保证岩心裂隙的调查量测，施工中调整原设计的直孔钻进，采用工艺更为严格的倾斜钻孔，孔径 75mm，钻孔倾斜角度 75°。

6.4.2.3　钻孔取心

本次钻进采用双管单动绳索取心，岩心采取率达到 100%。量测岩体裂隙密度和 RQD 指标。

根据边坡稳定性研究的需要和现场实际作业条件，在东帮上盘 A 区 5900 线的120m平台和96m平台布设了ZKB1和ZKB2两个钻孔，在6300线附近的120m平台布设了ZKB3钻孔。

2009年7月26日至8月20日进行了野外地质勘察施工，完成工程钻孔3个，单孔深度125～130m，总进尺386m，边坡勘察钻孔孔位、孔口标高与孔底标高等见表6.8。在对岩体水文地质试验及室内岩石试验分析结果整理的基础上，结合鞍山地区经验值，对勘察场地进行了工程岩体结构类型和工程岩体质量级别的划分，并对各种测试、试验数据进行综合分析整理，绘制完成边坡钻探工程地质柱状图等图表和工程勘察报告编制工作。

表6.8 边坡勘察钻孔基本数据

孔　号	孔口坐标	孔口标高/m	孔底标高/m	钻孔进尺/m
ZKB1	$X = 54113.848$ $Y = 10716.537$	120.951	-4.91	130.3
ZKB2	$X = 54081.354$ $Y = 10640.519$	96.316	-29.54	130.2
ZKB3	$X = 53770.745$ $Y = 10813.016$	119.920	-1.5	125.7

本次勘察使用国产XY-42型回转钻机，双套钻具，金刚石钻头，清水循环，绳索取心工艺钻进。本次钻探采用斜孔钻进，因此在原有钻探取样、测试及室内岩石试验等工作基础上，专门进行钻孔测斜，工作量见表6.9。

表6.9 边坡钻孔勘探工作量

项　目	工作量	项　目	工作量
工程钻探	386m	抗剪断试验	21组
测　斜	41段次	单轴抗压试验	21组
压缩变形试验	21组	水文地质试验	9段次
测量密度、吸水率、比密度、弹性模量（干燥和饱和状态）			各21组

6.4.3 水文地质试验

为了解岩层的含水性与渗透性，获取有关水文地质参数，根据钻探揭露地层及地下水位具体情况采取不同的水文试验方法。

6.4.3.1 水文地质试验方法的选取

（1）地下水位测定：1）孔内地下水水位用万用表、双股电线观测；2）钻探过程中做简易水位观测；3）在水文试验前后均进行了稳定水位观测。

（2）试验方法的选定。钻探中分别进行压水、注水渗透性试验。

6.4.3.2　水文地质试验

A　压水试验

本次钻探钻孔水文地质试验采用压水试验方法测取渗透系数 K 值具有很高的精度。压水试验分别在三个地质钻孔（ZK1～ZK3）中进行，测定中－微风化段岩石渗透性。本次进行了6次（段）压水试验，取得了不同深度岩体的渗透系数值，结果见表6.10。

表 6.10　水文地质压水试验综合成果

孔　号	位　　置	试验段标高/m	岩　组	渗透系数/cm·s^{-1}
ZK1	120 平台	30.34～21.87	绿泥石英片岩	8.26×10^{-5}
		48.23～38.56		5.3×10^{-5}
ZK2	96 平台	40.44～30.23	磁铁石英岩	2.14×10^{-5}
		66.89～57.55		1.46×10^{-5}
ZK3	120 平台	42.36～33.21	绿泥石英片岩	1.82×10^{-4}
		68.48～58.76		9.75×10^{-5}

B　降水头注水试验

本次对三个钻孔分别做了降水头注水试验，其目的在于获得深部岩体渗透性参考资料。注水观测孔内水位下降变化，记录水位及相应时间。对实验数据进行整理，利用有关公式计算，获得渗透值，见表6.11。

分析表6.10和表6.11中的试验结果，可见渗透系数 K 值相差不大，但压水试验方法精度高，故本次选用压水试验的数据作为计算分析用的渗透系数。

钻孔水文地质试验揭示的地层含水性及透水性均较弱。钻孔见水深度差异较大，采场地下水主要受基岩裂隙控制，而且与大气降水、采场下部采掘等因素有关，地下水位处于动态变化中。本次钻孔观测水位标高大致在 65～80m 之间。

表 6.11　钻孔降水头注水试验综合成果

孔　号	位　　置	试验段标高/m	岩　组	渗透系数/cm·s^{-1}
ZK1	120 平台	67.34～58.45	绿泥石英片岩	3.43×10^{-5}
ZK2	96 平台	54.98～43.56	磁铁石英岩	8.35×10^{-6}
ZK3	120 平台	53.40～43.34	绿泥石英片岩	6.82×10^{-5}

6.5　岩石物理力学性质试验

对现场取样和钻孔岩心进行了岩石力学参数的试验，试验项目为比密度、密度、吸水率、单轴抗压试验、抗剪断试验和压缩变形试验，获得了钻孔各区段岩石试件的密度、孔隙率、抗压强度、抗剪断强度、弹性模量和泊松比等物理参数。综合各试件的试验结果进行平均和统计，给出岩石物理力学指标建议值，如

表 6.12 和表 6.13 所示。

表 6.12 现场取样岩石物理力学指标建议值

岩石名称	抗压强度/MPa		弹性模量/GPa		黏聚力/MPa		内摩擦角/(°)		泊松比	
	干燥	饱和	干燥	饱和	干燥	饱和	干燥	饱和	干燥	饱和
千枚岩	32	18	32	21	7	6	37	35	0.29	0.28
含铁石英岩	86	58	58	55	15	11	41	38	0.26	0.25
绢云母石英片岩	34	17	25	27	8	6	38	35	0.27	0.26

表 6.13 钻孔取心岩石物理力学指标建议值

序号	钻孔	岩石名称	重度/kN·m⁻³	抗压强度参数		抗剪强度参数				吸水率/%		泊松比		弹性模量/GPa		总孔隙率/%
				干燥抗压强度/MPa	饱和抗压强度/MPa	干燥		饱和		自然强制		干燥饱和		干燥饱和		
						黏聚力/MPa	内摩擦角/(°)	黏聚力/MPa	内摩擦角/(°)							
1	ZKB1	微风化绿泥石英片岩	28	32	17	8	41	5	37	0.20 0.57		0.27 0.29		24 37		1.6
		微风化石英岩	26	112.8	98	13	46	7	41	0.22 0.67		0.29 0.29		43 31		1.8
2	ZKB2	中等风化磁铁石英岩	34	48	29	11	37	10	35	0.24 0.54		0.26 0.29		42 41		1.8
3	ZKB3	微风化绿泥石英片岩	28	66	47	16	36	10	38	0.21 0.41		0.24 0.27		38 36		1.1

基于 Hoek – Brown 准则的边坡岩体强度估算，东帮边坡绿泥石英片岩完整岩块的单轴抗压强度 $\sigma_c = 32MPa$，$J_v = 4$，$GSI = 60$，岩石 $m_1 = 19$

$m_b = m_1 \exp\left[(GSI - 100)/28\right]$，得 $m_b = 2.553$

$s = \exp\left[(GSI - 100)/9\right] = 0.011744$，$\alpha = 0.5$

$\sigma_1 = \sigma_3 + 175(0.02602\sigma_3 + 0.011744)^{0.5}$

$\sigma_{3max} = \sigma_c/4 = 8MPa$，在 σ_3 取 $0 \sim 43MPa$ 时，有 $\sigma_1 = k\sigma_3 + b$

$$k = \frac{\sum\sigma_1\sigma_3 - \dfrac{\sum\sigma_1\sum\sigma_3}{n}}{\sum\sigma_3^2 - \dfrac{(\sum\sigma_3)^2}{n}}, b = \frac{\sum\sigma_1 - k\sum\sigma_3}{n} \qquad (6.3)$$

由回归分析表得到 $k = 4.64$；$b = 43.717$，即有 $\sigma_1 = 4.64\sigma_3 + 43.717$。

依照以上步骤，可以计算出绿泥石英片岩、含铁石英岩、铁矿和千枚岩的边帮岩体力学参数（表6.14）。

表6.14　边帮岩体力学参数

岩　　性	抗压强度/MPa	抗拉强度/MPa	C/MPa	φ/(°)	E_m
绿泥石英片岩	5.71	0.35	2.1	30.2	4.5
含铁石英岩	23.5	1.2	8.4	38.9	33.4
铁　　矿	28.8	1.5	10.4	38.7	35.4
千枚岩	10.8	0.9	10.4	33.7	10.4

6.6　爆破测振

6.6.1　爆破测振的目的和意义

露天矿爆破作业所产生的振动力，一是增加了边坡的滑动力，产生的边坡振动使其处于不稳定状态；二是破坏了边坡岩体，降低了岩体的强度，使雨水、地下水易于沿爆破裂隙渗透，加速岩体风化。爆破产生的地震波是一个频域宽阔、成分复杂的振动波，它既沿地表又呈球形传播，加上岩土介质的非均匀性和复杂性，通过现场实测正确获得爆破产生的地震波是一个较好的途径。为了了解鞍千矿目前爆破方案对边坡振动的损害作用，以及爆破地震波的传播规律，利用爆破测振仪器测定边坡的振动参数和地震波的传播特性。

6.6.2　TC－4850 爆破测振仪

成都中科测控76422生产的当前国内最高水平的爆破测振仪 TC－4850（图6.22、图6.23），是该公司最新独立研发的第三代爆破测振仪系列产品（即原TC－3850 爆破测振仪升级产品），主要用于记录与分析爆破产生的振动信号，广

图6.22　测振仪的现场照片

图6.23　传感器的现场照片

泛应用在公路、铁路、桥梁、大坝、建筑、隧道、石场、矿场、定向拆除等有爆破需要的工程现场。

6.6.3 传感器的设置和监测方案

鞍钢鞍千铁矿许东沟采场东侧 +120m 水平以上边坡出现大面积片落现象，直接影响下一步的采掘工作，急需对该区边坡进行治理和对爆破震动进行监测。2009 年 11 月 15～19 日分别对该矿 +96m 水平和 +108m 水平的两个爆区的爆破震动进行了现场监测。两个爆区的炮孔均采用现场装药车分别装乳化炸药和多孔粒状铵油炸药，钻孔深 15m，单孔装药量为 530kg，采用奥瑞凯毫秒雷管起爆，其中孔内雷管的延时为 400ms、控制排雷管的延时为 25ms、雁行列延时为 65ms，所监测爆区位置和炮孔的布置及起爆顺序如图 6.24 和图 6.25 所示。

图 6.24 所监测爆区位置

根据项目要求，经过现场勘察，按线性原则在鞍千铁矿两个爆区外分别布置两组观测点，进行爆破震动现场监测。观测点具体位置如图 6.26 和图 6.27 所示。

2009 年 11 月 18 日、19 日对两爆区分别进行爆破震动监测，共采集 7 组有效数据，详见表 6.15 和表 6.16。

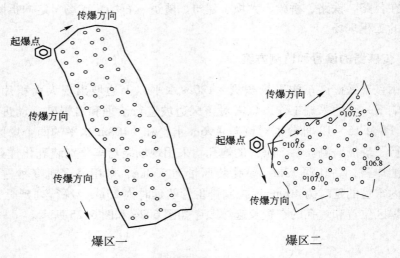

图 6.25 两爆区孔位及起爆顺序

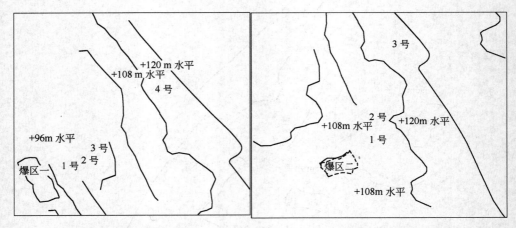

图 6.26 爆区一测点布置　　　　图 6.27 爆区二测点布置

表 6.15 爆区一爆破震动原始数据

测点号	水平位置	距爆区距离 /m	最大一段药量 /总装药量/kg	质点峰值振速/cm·s⁻¹			仪器 编号
				垂直	水平1	水平2	
1 号	+96m	56	1060/35510	14.05	17.77	—	495
2 号	+96m	92	1060/35510	6.37	3.98	—	507
3 号	+96m	102	1060/35510	5.31	3.37	0.50	505
4 号	+120m	259	1060/35510	0.76	1.21	0.79	006

表 6.16　爆区二爆破震动原始数据

测点号	水平位置	距爆区距离/m	最大一段药量/总装药量/kg	质点峰值振速/cm·s⁻¹			仪器编号
				垂直	水平 1	水平 2	
1 号	+108m	54	1060/27560	6.44	—	—	495
2 号	+108m	100	1060/27560	5.36	1.50	3.61	504
3 号	+120m	234	1060/27560	1.24	1.19	1.10	006

注：表中水平 1 为指向爆区震动数据，水平 2 垂直于水平 1；最大一段药量由该矿提供。

从爆区一 1 号测点的数据看，在爆区附近，爆破产生的震动比较大，其中水平方向大于垂直方向；比较两次爆破 1 号测点的数据，其距离相近但相差很大，一方面由于现场地形地质条件不同，另一方面是测点布置的位置不同。爆区一测点布置在爆区的后方，爆区二测点布置在爆区的侧面，通常爆区后方的爆破震动要大于两侧及前方；总装药量对于爆破震动也有一定影响，控制爆破规模可以降低爆破震动。另外，该矿对这两个爆破区没有提供完整的爆破设计资料，也有可能使以上两表的数据出现偏差。

根据以上数据，对垂直方向上质点振动速度建立数学模型。首先利用萨道夫斯基公式：

$$v = K(Q^{1/3}/R)^{\alpha} \tag{6.4}$$

式中，v 为介质质点振动速度，cm/s；K、α 为与爆破条件、岩石特性等有关的系数；Q 为最大段装药量，kg；R 为观测点（计算）到爆源的距离，m。

对各测点（ +120m 除外）峰值垂直振动速度进行回归分析，得出 $K = 41.433$，$\alpha = 0.878$。因此该区域质点垂直振动速度的数学模型为：

$$v = 41.433(Q^{1/3}/R)^{0.878} \tag{6.5}$$

所取的震动原始数据都是在矿山正常条件下测得的，根据该数学模型可以预测在一定的装药条件下，某个位置的质点垂直振动速度。由于用于构建该模型的原始数据数量原因，预测结果与实际情况产生一定的误差是正常的。对于与爆破区域高差较大的位置振速应以实际测量为准。

图 6.28 所示为目前装药量单孔 520kg 爆破时采场岩体的振动速度随距炮孔距离的变化，是根据实测回归而得。图中表明，当与爆区中心只有 20m 时，岩体的振动速度达到 18.3cm/s，当与爆区中心只有 10m 时，岩体的振动速度达到 33.6cm/s，这一振动速度对边坡岩体的危害很大。也就是当进行靠帮

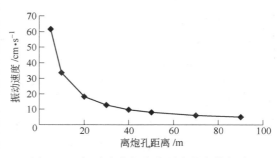

图 6.28　振动速度与炮孔距离的变化规律

爆破时，边坡岩体距离爆区只有10m，或更近。此时需实施预裂爆破，减少爆破对边坡的损害作用。

6.7　边坡稳定性分析

6.7.1　边坡稳定性极限平衡分析

极限平衡法是当前边坡稳定性分析的常用方法，具有计算模型简单、计算参数量化准确、计算结果直接实用的特点。在极限平衡法理论体系形成的过程中，出现过一系列简化计算方法，诸如瑞典法、毕肖普法和陆军工程师团法等，不同的计算方法，其力学机理与适用条件均有所不同。随着计算机的出现和发展，又出现了一些求解步骤更为严格的方法，如 Morgenstern – Price 法、Spencer 法等，本次稳定计算采用摩根斯坦 – 普瑞斯（Morgenstern – Price）法来确定边坡的安全系数。

该方法的特点是考虑了全部平衡条件与边界条件，这样做的目的是为了消除计算方法上的误差，并对 Janbu 推导出来的近似解法提供了更加精确的解答。对方程式的求解采用的是数值解法（即微增量法），滑面的形状为任意的，安全系数采用力平衡法。

6.7.2　计算剖面及岩土物理力学指标的选取

根据鞍千露天矿范围及周边地质条件，选取了5个工程地质勘察剖面作为本次边坡稳定计算剖面，即东帮绿泥石英片岩5900线的 J1 剖面和6300线的 J2 剖面、西帮千枚岩6300线的 J3 剖面和5900线的 J4 剖面、北端帮的含铁石英岩的 J5 剖面。各计算剖面位置参见图6.5。

6.7.3　边坡稳定计算与分析

为了较为全面地了解鞍千露天矿边坡的稳定情况，选取 J1 剖面、J2 剖面、J3 剖面、J4 剖面和 J5 剖面，分别对边坡的稳定性进行计算。

6.7.3.1　J1 剖面稳定计算结果

J1 剖面是本项目的研究重点，为东帮绿泥石英片岩滑坡区域。在72m 水平以下的边坡由铁矿体组成，由绿泥石英片岩、绢云母石英片岩组成的边坡高约160m，边坡岩体为典型的顺坡向层状结构。绿泥石英片岩和绢云母石英片岩的片理非常发育，片理走向与边坡走向基本一致，倾向相同，片理面平直光滑，产状稳定，延展较长，贯通性较好，倾角主要变化在50°~70°之间。顺坡层状结构为控制 A 区边坡稳定性的主要因素。

对 J1 剖面 +120m、+72m、0m 和 –48m 水平分别进行稳定性分析。

A　J1 剖面开挖到 +120m 水平边坡稳定计算结果

在图 6.29 中，浅色区域为绿泥石英片岩，深色为铁矿石，竖条状区域为潜在的最危险滑移面。从图 6.29 中可以看出，在 +120m 以上都处于滑坡的范围之内，滑坡范围较大。

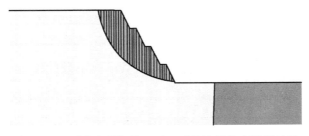

图 6.29　J1 剖面开挖到 +120m 时的边坡稳定计算结果

表 6.17 为 J1 剖面开挖到 +120m 时的最小安全系数。从表中可以看出此时的最小安全系数是用 Janbu 法计算得出的 1.103。该安全系数虽然大于 1.00，说明整体滑坡的可能性不大，但局部发生滑坡的可能性较大。

表 6.17　J1 剖面开挖到 +120m 时的最小安全系数

分析方法	最小安全系数		稳定系数
	力　矩	受　力	
Ordinary 法	1.134	—	1.103
Bishop 法	1.121	—	
Janbu 法	—	1.103	
M – P 法	1.115	1.131	

B　J1 剖面开挖到 +72m 边坡稳定计算结果

在图 6.30 中，浅色区域为绿泥石英片岩，深色为铁矿石，竖条状区域为潜在的最危险滑移面。从图 6.30 中可以看出，在 +72m 以上都处于滑坡的范围之内，滑坡范围较大。

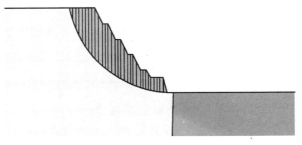

图 6.30　J1 剖面开挖到 +72m 边坡稳定计算结果

表 6.18 为 J1 剖面开挖到 +72m 时的最小安全系数。从表中可以看出此时的最小安全系数是用 M－P 法计算得出的 1.059。该安全系数和 1.00 非常接近，说明此剖面在此时是不稳定的，发生滑坡的可能性仍然较大。

表 6.18　J1 剖面开挖到 +72m 时的最小安全系数

分析方法	最小安全系数		稳定系数
	力　矩	受　力	
Ordinary 法	1.101	—	
Bishop 法	1.073	—	1.059
Janbu 法	—	1.094	
M－P 法	1.092	1.059	

C　J1 剖面开挖到 0m 边坡稳定计算结果

在图 6.31 中，浅色区域为绿泥石英片岩，深色为铁矿石，竖条状区域为潜在的最危险滑移面。从图 6.31 中可以看出，滑坡范围主要还是集中在 +72m 以上。在 +72m ~ 0m 这个区域内出现滑坡的可能性较小。

图 6.31　J1 剖面开挖到 0m 边坡稳定计算结果

表 6.19 为 J1 剖面开挖到 +0m 时的最小安全系数。从表中可以看出此时的最小安全系数是用 Ordinary 法计算得出的 1.119。该安全系数大于 1.00，说明该剖面在此时也是稳定的，发生滑坡的可能性较先前两个要小。这主要是由于随着开挖的推进，在 +72m 以下主要是以力学参数较大的铁矿石为主。这明显加大了该剖面整体的安全稳定性，因此安全系数较之前增大。

表 6.19　J1 剖面开挖到 0m 时的最小安全系数

分析方法	最小安全系数		稳定系数
	力　矩	受　力	
Ordinary 法	1.119	—	
Bishop 法	1.126	—	1.119
Janbu 法	—	1.126	
M－P 法	1.189	1.197	

D　J1 剖面开挖到 -48m 边坡稳定计算结果

在图 6.32 中，浅色区域为绿泥石英片岩，深色为铁矿石，竖条状区域为潜在的最危险滑移面。从图 6.32 中可以看出，滑坡范围主要还是集中在 +72m 以上。在 +72m ~ 0m 这个区域内出现滑坡的可能性较小。在开挖到铁矿石的区域内后，该区域的稳定性较高。

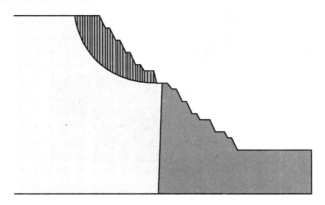

图 6.32 J1 剖面开挖到 –48m 边坡稳定计算结果

表 6.20 为 J1 剖面开挖到 –48m 时的最小安全系数。从表中可以看出此时的最小安全系数是用 M – P 法计算得出的 1.201。该安全系数也是大于 1.00 的，说明该剖面在此时也是稳定的，发生滑坡的可能性较先前的要小。这主要是由于随着开挖的推进，在 +72m 以下主要是以力学参数较大的铁矿石为主。这明显加大了该剖面整体的安全稳定性，因此安全系数较之前增大。

表 6.20 J1 剖面开挖到 –48m 时的最小安全系数

分析方法	最小安全系数		稳定系数
	力 矩	受 力	
Ordinary 法	1.223	—	1.201
Bishop 法	1.224	—	
Janbu 法	—	1.298	
M – P 法	1.202	1.201	

6.7.3.2 J2 剖面稳定计算结果

J2 剖面也为东帮绿泥石英片岩区域。在 12m 水平以下的边坡由铁矿体组成，由绿泥石英片岩、绢云母石英片岩组成的边坡高约 158m，边坡性质和 J1 剖面相似，顺坡层状结构为控制边坡稳定性的主要因素。

对 J2 剖面两个水平 +24m 和 –48m 分别进行稳定性分析。

A J2 剖面开挖到 +24m 水平边坡稳定计算结果

在图 6.33 中，浅色区域为绿泥石英片岩，深色为铁矿石，竖条状区域为潜在的最危险滑移面。从图 6.33 中可以看出，在 +24m 以上都处于滑坡的范围之内，滑坡范围较大。

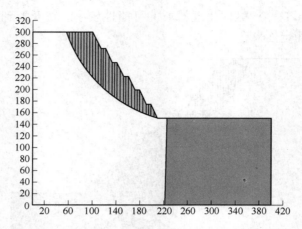

图 6.33 J2 剖面开挖到 +24m 边坡稳定计算结果

表 6.21 为 J2 剖面开挖到 +24m 时的最小安全系数。从表中可以看出此时的最小安全系数为 1.072。该安全系数和 1.00 非常接近,说明此剖面在此时是不稳定的,发生滑坡的可能性较大。

表 6.21　J2 剖面开挖到 +24m 时的最小安全系数

分析方法	最小安全系数		稳定系数
	力　矩	受　力	
Ordinary 法	1.101	—	1.072
Bishop 法	1.072	—	
Janbu 法	—	1.094	
M – P 法	1.092	1.098	

B　J2 剖面开挖到 -48m 水平边坡稳定计算结果

在图 6.34 中,浅色区域为绿泥石英片岩,深色为铁矿石,竖条状区域为潜在的最危险滑移面。从图 6.34 中可以看出,滑坡范围主要还是集中在 +24m 以上。在 -48m ~ +24m 这个区域内出现滑坡的可能性较小。在开挖到铁矿石的区域内后,该区域的稳定性较高。

表 6.22 为 J2 剖面开挖到 -48m 时的最小安全系数。从表中可以看出此时的最小安全系数是用 M – P 法计算得出的 1.101。该安全系数也是大于 1.00 的,说明该剖面在此时是稳定的,发生滑坡的可能性较先前的小。这主要是由于随着开挖的推进,在 +24m 以下主要是以力学参数较大的铁矿石为主。这明显加大了该剖面整体的安全稳定性,因此安全系数较之前增大。

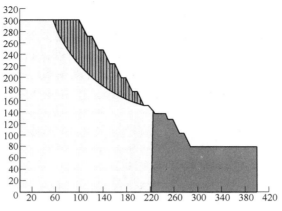

图 6.34　J2 剖面开挖到 –48m 边坡稳定计算结果

表 6.22　J2 剖面开挖到 –48m 时的最小安全系数

分析方法	最小安全系数		稳定系数
	力　矩	受　力	
Ordinary 法	1.123	—	
Bishop 法	1.124	—	1.101
Janbu 法	—	1.198	
M – P 法	1.102	1.101	

6.7.3.3　J3 剖面稳定计算结果

在图 6.35 中浅色区域为千枚岩，竖条区域为潜在的最危险滑移面。表 6.23 为 J3 剖面开挖到 –48m 时的最小安全系数。从表中可以看出此时的最小安全系数是用 Ordinary 法计算得出的 1.296。该安全系数是明显大于 1.00 的，说明该剖面的稳定性是良好的，发生滑坡的可能性较小。这主要是由于该剖面坡度较缓，高度不高。

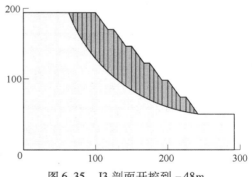

图 6.35　J3 剖面开挖到 –48m 边坡稳定计算结果

表 6.23　J3 剖面开挖到 –48m 时的最小安全系数

分析方法	最小安全系数		稳定系数
	力　矩	受　力	
Ordinary 法	1.296	—	
Bishop 法	1.324	—	1.296
Janbu 法	—	1.410	
M – P 法	1.321	1.398	

6.7.3.4 J4 剖面稳定计算结果

在图 6.36 中浅色区域为千枚岩，竖条区域为潜在的最危险滑移面。表 6.24 为 J4 剖面开挖到 −48m 时的最小安全系数。从表中可以看出此时的最小安全系数是用 Ordinary 法计算得出的 1.256。该安全系数是明显大于 1.00 的，说明该剖面的稳定性是良好的，发生滑坡的可能性较小。这主要是由于该剖面坡度较缓，高度不高。

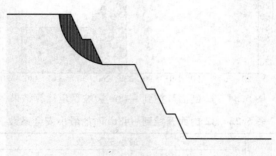

图 6.36 J4 剖面开挖到 −48m 边坡稳定计算结果

表 6.24 J4 剖面开挖到 −48m 时的最小安全系数

分析方法	最小安全系数		稳定系数
	力 矩	受 力	
Ordinary 法	1.256	—	1.256
Bishop 法	1.314	—	
Janbu 法	—	1.310	
M − P 法	1.311	1.318	

6.7.3.5 J5 剖面稳定计算结果

在图 6.37 中，浅色区域为极贫矿，竖条区域为潜在的最危险滑移面。

表 6.25 为 J5 剖面开挖到 −48m 时的最小安全系数。从表中可以看出此时的最小安全系数是用 Ordinary 法计算得出的 1.421。该安全系数明显大于 1.00，说明该剖面的稳定性良好，发生滑坡的可能性较小。这主要是由于该剖面主要是以力学参数较大的极贫矿为主的。

表 6.25 J5 剖面开挖到 −48m 时的最小安全系数

分析方法	最小安全系数		稳定系数
	力 矩	受 力	
Ordinary 法	1.421	—	1.421
Bishop 法	1.870	—	
Janbu 法	—	1.462	
M − P 法	1.879	1.882	

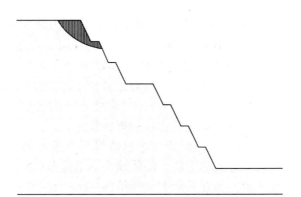

图 6.37　J5 剖面开挖到 −48m 边坡稳定计算结果

通过对 5 个剖面极限平衡稳定性计算，可以获得如下结论：

（1）东帮绿泥石英片岩存在大量的顺层层理，大大降低了该剖面的边坡稳定性，促使该剖面沿着节理产生滑坡。滑坡主要发生在绿泥石英片岩区域，当开采到 J1 剖面的 +72m、J2 剖面的 +12m 以下为铁矿石时，强度较高，稳定性系数反而增加了，发生整个边坡滑坡的可能性不大，但在岩石构成的边坡区域发生滑坡的可能性极大，应进行边坡治理，采取必要的安全措施，避免发生大的安全事故。

（2）从 J3、J4 剖面的稳定性结果可以明显看出，西帮的千枚岩区域安全稳定性系数较大，大于 1.20，这说明西帮千枚岩区域稳定性较好，发生滑坡的可能性较小，主要是由于该帮整体高度不高，而且坡角相对较缓。

（3）从 J5 剖面的稳定性结果可以明显看出，北端帮的含铁石英岩的稳定性明显大于东西两帮。这是由于该剖面主要的岩石为含铁石英岩，力学参数相对较大，发生滑坡的可能性较小。

6.8　结论

通过对鞍千矿许东沟采场边坡（特别是东帮边坡）数值计算、理论分析和现场实测，系统研究了许东沟采场东帮边坡滑塌的形成机理和边坡稳定性的现状，获得了如下主要结论：

（1）对鞍千矿采场出露的边坡进行了详细的地质调查和地质资料分析，基本查明了全采场的岩性分布、大小断层和节理裂隙分布及边坡岩体的破碎程度。完成了调查区域地质分区，全采场分成 A、B、C、D 四个具有代表性的区域。

（2）布置了三个工程钻探孔，基本查明东帮边坡深部地层地质构造、岩体完整程度、节理裂隙及破碎带分布状况，进行岩石及结构面试验，并进行了水文地质试验，获得了边坡岩体的渗透系数。同时对三个钻孔进行了钻孔电视的观测，清晰地观察到深部岩体节理裂隙的形态和分布规律。

（3）对边坡取心岩样和地表岩样进行实验室岩石力学实验，获得了岩石强度与弹性模量等参数，利用 Hoek – Brown 强度理论确定了岩体强度。

（4）利用五台测振仪对两个爆区的爆破震动进行了现场测试，获得了爆破震动波的传播规律和目前爆破方案及参数对边坡稳定性的影响规律。当距离爆区10m 时，岩体的振动速度达到 33.6cm/s，对边坡岩体的危害较大。因此靠帮爆破时，需实施预裂爆破，减少爆破对边坡的损害作用。

（5）通过数值模拟和极限平衡分析，东帮绿泥石英片岩存在大量的顺层层理，大大降低了该剖面的边坡稳定性，促使该剖面沿着节理产生滑坡。滑坡主要发生在绿泥石英片岩区域，当开采到 J1 剖面的 +72m、J2 剖面的 +12m 以下为铁矿石时，强度较高，稳定性系数反而增加了，不会发生整个边坡滑坡，但在岩石构成的边坡区段发生滑坡的可能性较大。从 J3、J4 剖面的稳定性结果可以明显看出，西帮的千枚岩区域安全稳定性系数较大，大于 1.20，这说明西帮千枚岩区域稳定性较好，不会发生滑坡，主要是由于该帮整体高度不高，而且坡角相对较缓。从 J5 剖面的稳定性结果可以明显看出，北端帮的含铁石英岩的稳定性明显大于东西两帮。这是由于该剖面主要的岩石为含铁石英岩，力学参数相对较大，也不会发生滑坡。

（6）根据东帮边坡节理和断层的分布规律，建立了东帮顺层边坡渐进式平面滑塌地质模型，这种滑坡为渐进式平面型滑塌。滑坡的范围在岩石构成的边坡区段内。

（7）根据地质分区和稳定性分析，A 区为东帮的顺层滑坡区；B 区为北端帮的含铁石英岩区，该区域裂隙发育一般，岩体强度强大，不会产生滑坡；C 区为西帮的千枚岩区域，虽然千枚岩强度较低，但边坡高度不高，且坡角较缓，也不容易产生滑坡；D 区和 B 区相类似。因此东帮顺层边坡为滑坡的危险区域，应采取锚索加固和削坡减载等方式治理。

（8）为了提高靠帮边坡的稳定性，靠帮爆破时应采取有效的预裂控制爆破措施与技术，尽最大可能减小对固定帮边坡岩体的损伤破坏，提高边坡的整体稳定性。

（9）在靠帮边坡上尽量布置截水沟，采用自流式排水方式，减小地表水渗入边坡及对边坡稳定性的影响。

7 归来庄金矿边坡动力稳定性数值分析

7.1 矿区概况

归来庄金矿工作区位于沂沭断裂带中段西侧，鲁西隆起区南部，尼山凸起北东翼，平邑－方城凹陷的南部边缘。区域内寒武系、奥陶系及第四系等发育，总体为一倾向北东的单斜构造。断裂构造主要有北北西向、北西向、近东西向及北东向四组。北北西向断裂是本区的主干构造，以燕甘断裂为代表，为区域性大断裂，总体走向345°~350°，倾向北东，倾角64°~80°。该断裂形成于燕山运动早期，具多期活动特征，控制了本区地层、次级构造、岩浆岩及金矿化带的分布。中生代岩浆岩较为发育，岩性主要为二长闪长玢岩、二长斑岩等，构成了中偏碱性次火山杂岩体，与金元素的活化、迁移、富集密切相关。本区地形起伏较大，标高121.80~160.50m。地势南高北低，浚河流经矿床北侧，相距1.4km，流向由北西向南东，为一常年性水流。其河床为当地最低侵蚀基准面，区域最低标高109.0m。

该矿目前正处于深凹开采状态，通过现场调查和室内岩石力学试验，得出分析区域内的岩体质量和物理力学参数，如表7.1和表7.2所示。

表 7.1 岩体质量分级现场统计表

基本特征	区域		岩性	风化	优势结构面					卸荷
	南坡27~31线		二长斑岩	强	2组，56°/26°，122°/84°					弱
	岩体结构特征：层状~层状碎裂结构									
RMR分类	权值	R1	R2	R3	R4	R5	R6	合计	分级	
	岩体	7	13	10	26	7	−5	58	Ⅲ	
	矿体	7	8	10	10	4	−5	34	Ⅳ	
Q分类		RQD	J_n	J_r	J_a	J_w	SRF	Q值	分类	
	岩体	52.6	4	3	4	1	5	1.97	坏	
	矿体	49.5	9	2	6	0.66	7.5	0.16	很坏	

表 7.2 归来庄金矿主要岩体力学参数

类型	弹性模量 E/GPa	泊松比 ν	黏聚力 C/MPa	内摩擦角 φ/(°)	抗拉强度 σ_t/MPa
岩体	11.2	0.24	0.6	42	0.3
矿体	4.0	0.24	0.4	35	0.18

7.2　坑底爆破边坡稳定性分析

　　针对露天坑底不扩帮延伸开采的边坡稳定性问题，选取实测最大振动速度所在的位置，应用强度折减法，对该剖面开挖至 −50m 后的稳定性展开分析，并探求爆破动力载荷的影响。严格地说，边坡工程动力计算大多是三维问题，在 FLAC 动力分析中，为了捕捉到波的传播现象，单元尺寸往往需要划分得很小，这对计算机的要求非常高。如果计算范围尺寸很大的模型，三维问题的模拟就显得相当困难。实质上，有些三维问题是可以简化为二维模型进行计算的。比如岩体在某一方向上无限延伸，则这一断面可视为典型断面，将三维问题简化为平面应变问题研究，是比较合理的方式。

7.2.1　强度折减法的实现

　　在自然状态下，边坡主要是受到剪切破坏，拉破坏主要集中于边坡后缘的局部，所以强度折减法是将边坡体的抗剪强度指标 C 和 $\tan\varphi$ 分别折减为 C/ω 和 $\tan\varphi/\omega$，使边坡达到极限平衡状态，此时边坡的折减系数即为安全系数 F_s。当前，动力边坡破坏机制借用静力下边坡破坏机制，认为动力边坡破坏的主要原因仍是岩土体的剪切破坏，而忽视了岩土体的拉破坏对边坡破坏的影响。"5·12"汶川地震边坡破坏现象的调查发现：滑坡上部多数发生拉破坏，有些岩土体甚至被抛出，仅考虑剪破坏的观点显然与汶川地震边坡破坏现象不符。实际上边坡破坏大多是受拉和受剪的复合破坏作用，特别是边坡体在爆破或地震的往复运动中，岩土体更易发生拉破坏，故边坡爆破动载破坏分析除了要考虑边坡体的剪切破坏，还要考虑边坡体的拉破坏。所以本书在应用强度折减法时，同时折减 C、φ 和 σ_t，即：

$$C' = \frac{C}{F_{\text{trial}}}, \quad \varphi' = \arctan\left(\frac{\tan\varphi}{F_{\text{trial}}}\right), \quad \sigma_t' = \frac{\sigma_t}{F_{\text{trial}}}$$

式中，F_{trial} 为试验折减系数；C'、φ' 和 σ_t' 分别为折减后的黏聚力、内摩擦角和抗拉强度。

　　最终求得的安全系数 F_s 为拉剪综合安全系数。

7.2.2　数值计算模型的建立

　　目前大多数的数值计算都是在一系列简化和假设条件下进行的分析。本书在研究不扩帮延伸开采至 −50m 边坡稳定性时，在建模及计算中做出如下简化和假设：

　　(1) 假设岩体为连续的、均质的、各向同性的介质。

　　(2) 由于计算区域的埋深较浅和露天开采的卸荷作用，计算过程中不考虑构造应力的作用，初始应力场由岩体的自重生成。

　　(3) 研究范围内的岩性比较简单，虽然局部存在岩脉和夹石类，但要精确分析其类型和测绘其产状是比较困难的，因而简化为岩体和矿体两类。

（4）由于主矿体向南坡下延伸发展，并且南坡的边坡角和坡高均大于北坡，故以上盘边坡，即南坡为主要研究对象，同时忽略北坡马道的影响。

（5）清扫平台的尺度较边坡比很小，其破坏所产生的剪切带发展范围有限，因而不考虑南坡清扫平台的影响。

（6）一般来说，材料的动力强度要大于静力时的强度，由于缺乏相应的岩石动力实验，同时考虑到爆破动力的作用时间较短，大多不长于 1s，故假定岩体的力学参数在爆破动载荷的作用过程中保持不变。

经试算，上述的假设是合理的，最终确定的数值计算模型如图 7.1 所示，模型长 752m，下边界取自 −150m 水平，上边界取到地表，坑底位于 −50m 水平，宽 20m。南坡边坡角 62°，北坡边坡角 52°。

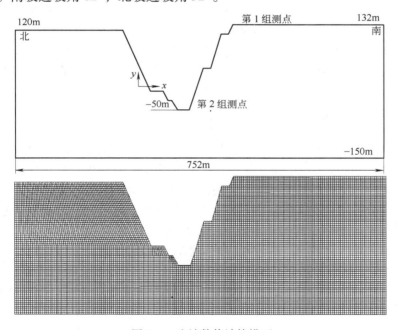

图 7.1　边坡数值计算模型

模型中预设两组监测点，分别位于坡顶和坡脚内，即边坡潜在滑移面的两端，具体测点坐标和节点号如表 7.3 所示。

表 7.3　各监测点与对应模型坐标

第 1 组测点（坡顶）			第 2 组测点（坡脚）		
测点号	坐标	节点号	测点号	坐标	节点号
1 − 1	220, 0, 132	14579	2 − 1	108, 0, −32.86	6293
1 − 2	224, 0, 132	14581	2 − 2	112, 0, −32.86	6282

续表7.3

第1组测点（坡顶）			第2组测点（坡脚）		
测点号	坐标	节点号	测点号	坐标	节点号
1－3	228，0，132	14583	2－3	116，0，－32.86	6291
1－4	232，0，132	14585	2－4	120，0，－32.86	6289
1－5	236，0，132	14587	2－5	124，0，－32.86	6288
1－6	240，0，132	14589			
1－7	244，0，132	14591			
1－8	248，0，132	14593			

无论是强度折减法的安全系数搜索还是动力分析的计算，对单元的大小都有一定的要求，例如动力计算要求单元大小符合 $L < (1/10 \sim 1/8) \lambda$ 的要求，式中：L 为单元最大尺寸，m；λ 为输入波动的最短波长，m。计算模型中共划分单元 11782 个，节点 24138 个，最大单元尺寸约 6.5m，经试算可以满足上述两项的要求。

7.2.3　计算结果及分析

在计算过程中，首先进行静力计算，在模型的边界施加速度约束，对材料的初始强度（C，$\tan\varphi$，σ_t）按一定的步长进行折减，每折减一次，当前的试验强度就对应着一个试验折减系数 F_{trial}。使用折减后的材料值进行数值计算，如果对计算结果的分析符合上文叙述的标准，则计算结束，此时的试验折减系数 F_{trial} 即为安全系数 F_s。然后，针对小于该 F_s 的边坡状态，选择动力计算模式，施加动力条件，输入爆破动载荷，探讨相应的边坡动力稳定性。

7.2.3.1　静力作用下边坡稳定性分析

在强度折减法的计算中，为了达到一定的计算精度，步长应该尽可能的小，但这样会大大地增加计算量，实际应用中可以通过优化理论中的二分法实现。

当 $F_{trial} = 1.45$ 时，南坡的塑性区见图 7.2（a），可见，边坡中的塑性区从坡脚贯通至坡顶面，而且塑性单元均处于"现在拉（剪）破坏"状态。从塑性单元的构成来看，边坡塑性区的主体，单元为剪切破坏，在接近边坡坡顶的位置，单元受拉伸破坏。图 7.2（b）为剪切应变增量分布图，可以看出，在边坡内剪切应变带已经形成，剪切应变增量最大值达到 2.0×10^{-7} 以上，虽然没有完全贯通至坡顶，这主要是由于边坡顶部的单元为拉伸破坏。将图中剪切应力增量最大值连线，即可得出潜在的滑移面的位置。图 7.2（c）、（d）分别为垂向和横向位移分布图，可见，最大垂向位移产生于坡顶，达 0.1m 以上，最大横向位移位于坡脚和下方马道之间，即剪出口的位置，达 4.5cm 以上。图 7.2（e）为速度矢量分布

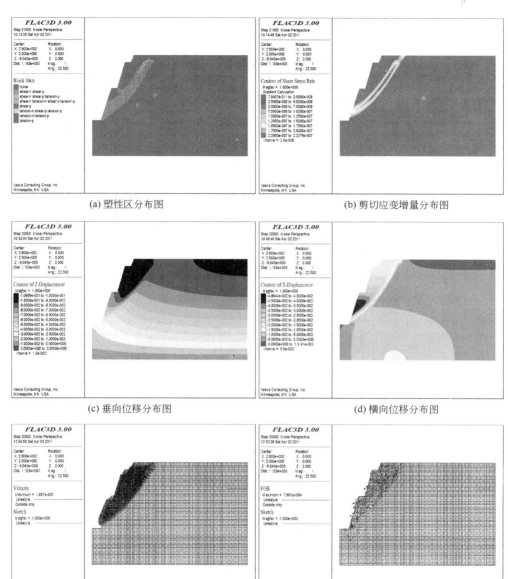

(a) 塑性区分布图　　　　　　　　　　　　(b) 剪切应变增量分布图

(c) 垂向位移分布图　　　　　　　　　　　(d) 横向位移分布图

(e) 速度矢量分布图　　　　　　　　　　　(f) 最大不平衡力分布图

图 7.2　$F_{trial}=1.45$ 时南坡状态图

图，可见最大速率位于坡脚剪出口的位置，速度指向坑底，同时从图 7.2(e) 可以清楚地看出边坡剪出滑移形式。图 7.2(f) 为最大不平衡力分布图，在 FLAC 程序中，每个网格点最多由八个单元包围，这些单元对网格点施加压力。在平衡状态，这些力的代数和几乎为零（网格点一边的力几乎与另一边平衡）。如果不平衡力接近一个非零恒定值，则表示模型破坏或者进入了塑性流动状态。在计算过程中，最大不平衡力由所有的网格决定。从图中可以看出，最大不平衡力集中于边坡的表面，计算过程中也表明，虽然迭代时步持续增长，体系不平衡力与典型内力比率（ratio），始终处于 5.8e－5~6.2e－5 之间波动，无法达到默认的收敛值（1.0e－5），此时，中止计算。

从上面的分析中可知，在坡顶面具有最大的垂向位移，而横向位移产生在坡角剪出口的位置，相应位置测点的相对位移随时步曲线如图 7.3 所示，图中垂向位移为第 1 组测点中的最大位移，横向位移为第 2 组测点中的最大位移。可见，位移持续发展，表明边坡进入塑性流动状态。

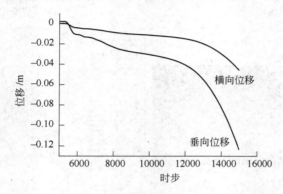

图 7.3　$F_{trial} = 1.45$ 时监测点位移－时步变化曲线

在不同的 F_{trial} 下，取两组测点中相对位移量最大的测点求矢量和，得到最大变形量与 F_{trial} 的关系，见表 7.4。可见，当 $F_{trial} > 1.45$ 后，变形量发生突变，综合上面的分析，可以确定南坡该剖面的安全系数 F_s 等于 1.44。

表 7.4　不同 F_{trial} 时对应的监测点变形量

F_{trial}		1	1.4	1.41	1.42	1.43	1.44	1.45
变形量/cm	第 1 组	2.3	5.95	6.5	7.15	7.5	7.92	14.5
	第 2 组	1.06	2.4	2.72	2.97	3.32	3.66	5.8

7.2.3.2　动力作用下边坡稳定性分析

在实测的爆破震动波输入前，先要解决一个问题，即实测爆破震动波形的输入。由于数值分析的单元都有允许通过的峰值频率的限制，因而输入动力荷载波形具有尖脉冲，即高峰值且短时间起跳的特征，这对于爆破震动波形普遍存在。为满足对网格的要求，就必须采用非常精细的网格划分以及非常小的时步，这会耗费大量的计算时间以及占用大量的内存。在这种情况下，本书采用 matlab 程序对测点的波形进行滤波后输入 FLAC 程序，通过萨式公式转换为法向应力输入到坑底（−50m 水平）20m 范围所在的平面上。输入的波形如图 7.4 所示，这样有助于提高计算效率，而不会显著影响模拟结果。在下文中，以 $F_{trial} = 1.435$ 的计算方案展开分析。

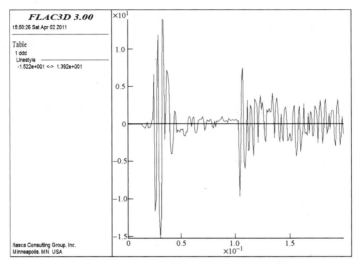

图 7.4　振动速度时程曲线

实测爆破动力载荷作用时间为 0.2s，但边坡对爆破应力波的响应需要一个过程，为了得到爆破载荷作用后边坡的响应状态，对动力计算时间设定为 0.9s。

图 7.5 为不同时刻横向速度分布图，图 7.6 为不同时刻南坡塑性区分布图。从图 7.5 中可以看出，在 45ms，此时输入的爆破载荷峰值已过，在边坡两侧的坡脚位置表现出较高的速度，达到 4.0cm/s 以上；在 80ms，爆破产生的扰动波阵面到达南坡下层马道的位置；在 120ms，波阵面在岩体内继续发展，同时在坑底施加了第 2 次的爆破载荷，但由于载荷的峰值较小，在模型中的反应并不明显；在 150ms，波阵面发展至南坡上层马道，爆破震动载荷对边坡面的扰动基本

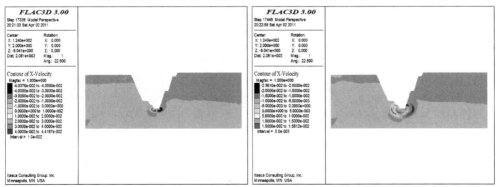

(a) 45ms　　　　　　　　　　　　　　　　　　(b) 60ms

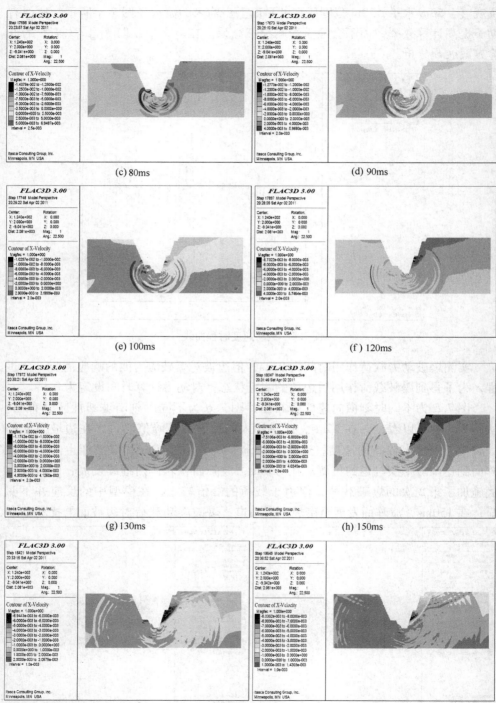

(c) 80ms

(d) 90ms

(e) 100ms

(f) 120ms

(g) 130ms

(h) 150ms

(i) 200ms

(j) 220ms

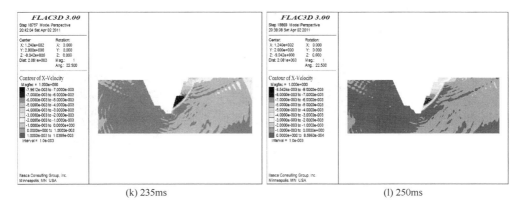

(k) 235ms　　　　　　　　　　　　　　(l) 250ms

图 7.5　横向速度分布图

结束，在南坡下层马道台阶上表现出了明显的向着 x 轴负方向的移动速度。这时爆破载荷对坑底的作用依然存在，但由于载荷较小，对边坡的影响并不强烈；在 200ms，爆破载荷的施加过程结束，波阵面向着模型的边界发展，速度已经明显变小。但边坡开始表现出清晰的向下滑移的速度，集中体现在南坡下层马道的位置；在 220~250ms，波阵面逐渐传播至模型的边界，被静态边界所吸收。但南坡向下滑移的速度越来越清晰，在 250ms 时明显可见。

图 7.6(a) 为爆破载荷施加之前，南坡静力状态时的塑性区分布图，计算终止标准为 ratio < 1.0e−5，南坡内的塑性剪切破坏带已经形成，但并不继续向上发展。图 7.6(b) 为 100ms 时的南坡塑性区分布状态，此时爆破载荷的峰值已过，但从图 7.5(e) 中可以看出，坑底由于爆破载荷的直接作用，塑性范围明显变大，但爆破载荷的波阵面位于南坡下层台阶的马道，虽然单元的破坏状态发生改变，但塑性剪切破坏带的形状没有变化，塑性区并没有继续向上发展。图 7.6(c) 为 150ms 时的塑性区分布图，可见，塑性区向坡顶发展，波阵面到达的时刻，与图 7.5(h) 比较一致。图 7.6(d)~(f) 为 200~600ms 南坡塑性区分布图，可见，南坡内的塑性区持续向上发展，坡顶出现拉伸破坏区，最后塑性区完全贯通。

从上文的分析中可知，边坡垂向最大位移产生于坡顶面，最大横向位移出现在剪出口的位置，因而选取相应的测点进行分析。图 7.7 为 $F_s = 1.435$ 和 $F_s = 1.43$ 两种条件下，边坡动力计算完成后，测点 1−2 垂向相对位移及测点 2−2 横向速度随时间演化曲线。从图 7.7(a) 中可以看出：(1) 爆破载荷施加的位置距离测点的直线距离约 200m，边坡顶面对坑底爆破载荷的位移响应并不明显。这主要是由于边坡在自重的作用下，本身具有向下移动的趋势，而爆破的距离过远，产生的附加位移过于微弱。这一点从图 7.5(h) 也可以看出，波阵面到达坡顶时，速度已经很小；(2) 在 0.8s 之前，$F_s = 1.435$ 和 $F_s = 1.43$ 两种条件下的

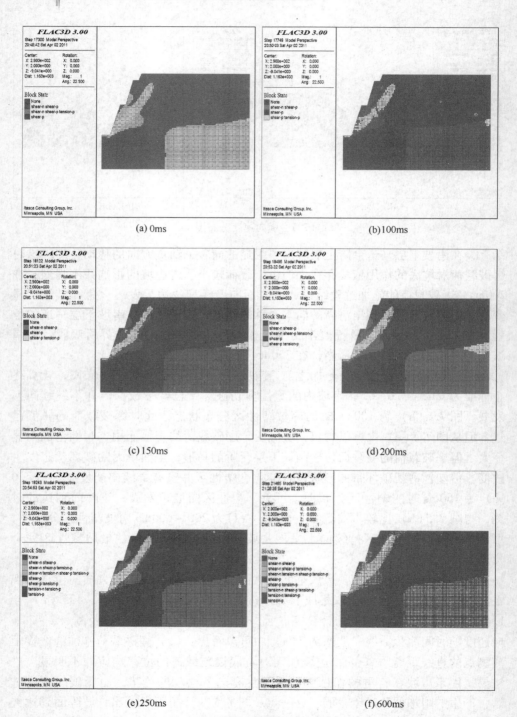

图 7.6 不同时刻南坡塑性区分布图

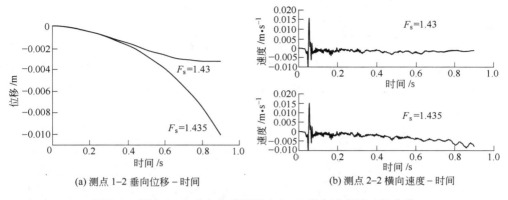

(a) 测点 1-2 垂向位移 – 时间　　　　(b) 测点 2-2 横向速度 – 时间

图 7.7　测点 1 - 2 垂向位移及测点 2 - 2 横向速度随时程曲线

边坡均表现出持续下移的趋势，其中以 0.7s 之前较为明显。在 0.8s 后，$F_s =$ 1.43 的边坡位移曲线基本水平，表明边坡顶面的位移不再继续发展，而 $F_s =$ 1.435 的边坡垂向位移持续向下发展。

图 7.7(b) 为测点 2 - 2 横向速度 – 时间曲线。可以看出，在爆破动载荷的作用时间内，由于选取的测点距爆源直线距离约 15m，两种情况下的计算结果基本相同。测点的速度响应比较明显，峰值速率为 1.5cm/s；至 0.9s 计算终止时，$F_s = 1.43$ 的条件下，测点的速度时程曲线近似于一条在 0 附近微弱波动的直线，表明边坡剪出口的状态基本稳定；在 $F_s = 1.435$ 的条件下，速度时程曲线呈明显的波动状态，而且速率始终小于 0，呈增长的趋势，表明剪出口位置的节点，在持续向着坑底的方向移动。

图 7.8 为 $F_s = 1.435$ 和 $F_s = 1.43$ 两种条件下，边坡动力计算完成后，剪切应变增量云图，可见，当 $F_s = 1.435$ 时，剪切破坏带完全贯通，而当 $F_s = 1.43$ 时，剪切破坏带虽然已经形成，但与坡顶面还有大于 20m 的距离。从剪切应变增量最

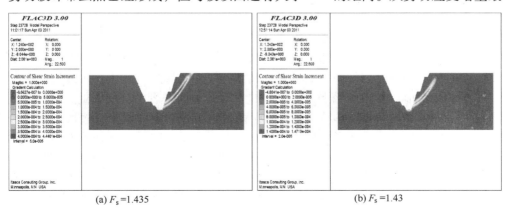

(a) $F_s = 1.435$　　　　　　　　　　(b) $F_s = 1.43$

图 7.8　边坡剪切应变增量云图

大值来看，边坡 $F_s = 1.435$ 的最大剪切应变增量为 $4.0e-4$，而边坡 $F_s = 1.43$ 的仅为 $1.4e-4$，两者相差近三倍。

综合上述的分析，可以得出南坡在本书中所给定的爆破动载荷的作用下，整体安全系数在 1.43 以上。从图 7.9 可以看出南坡最终剪切滑移的形状，其中滑体的顶宽约为 50m，剪出位于坡脚上方 4m。同时也可以看出，北坡发生失稳的安全系数要高于南坡。

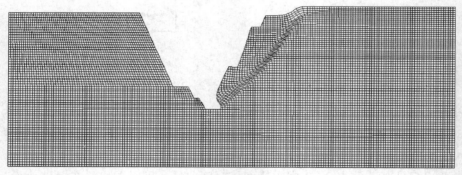

图 7.9　边坡滑动面形状

7.3　地下开采对边坡稳定性的影响

露天转地下开采边坡岩体变形特点如图 7.10 所示。先进行的露天开采条件下，边坡轮廓 AC 已形成，边坡体基本上处于稳定状态，并形成了新的应力场。如果假定原岩应力状态为 σ_0，由露天开采引起的应力变化为 σ_L，当岩体达到稳定后，应力场变为 $\sigma_1 = \sigma_0 + \sigma_L$。然而，由于有地下开采，所引起的应力变化为 σ_{s1}。由于两采动影响域相互重叠，那么，在两者共同作用下，边坡岩体内的应力场变为 $\sigma_2 = \sigma_1 + \sigma_{s1}$。随着地下继续开采，其中由地下采动引起的应力变化为 σ_{s2}、σ_{s3}、…、σ_{sn-1}，那么，边坡岩体内的应力场依次为 $\sigma_3 = \sigma_2 + \sigma_{s2}$，$\sigma_4 = \sigma_3 + \sigma_{s3}$、…、$\sigma_n = \sigma_{n-1} + \sigma_{sn-1}$，从而构成了一个复合动态叠加体系。

从变形特征来看，边坡岩体因受风化、地下水及岩体流变性等因素的影响，将产生一定的变形量，其位移矢量方向为 u_i。如果在此条件下进行地下开采，那么边坡岩体内部的应力平衡关系将受到破坏，应力场将产生变化，所以岩体在此产生移动与变形。其中由地下采动引起的矢量为 w_i，两者的合成矢量为 v_i。合成后的矢量方向要视各自的影响大小而定。随着地下开采量的增大，边坡岩体受破坏程度递增，边坡体的变形也愈加剧烈。但地下采动效应对边坡体的不同空间位置或不同区域的影响与边坡岩体本身变形所产生的叠加结果是不同的。图 7.10 中所示，合成矢量的方向不一致。

一般情况下，当地下采区开挖量达到一定程度时，在倾向主断面内 p_1、p_2、p_3 点的合成矢量方向是不一致的，这主要是由于两种采动影响大小和方向在空间

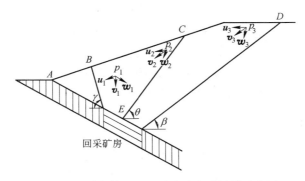

图 7.10 露天转地下开采边坡变形机制示意图

β，γ—移动角；θ—最大下沉角

位置上不同而引起的，其中从地下采区下山边界至上山边界，两种采动影响方向之间的夹角逐渐增大，经过走向主断面之后，在某一位置上两矢量之间的夹角将大于 $90°$，此时两矢量合成后开始相互抵消一部分，且随着其夹角的增大，相互抵消越多，合成矢量逐渐变小。一般情况下，合成矢量更多地表现出影响较大采动效应的属性。如 p_1 点合成后的矢量方向将指向地下采区，也就是该单元体将向地下采区方向移动。但与单一地下开采相比还是有一定的差别，主要表现在合成后的矢量方向一般将不再指向采区几何中心或最大下沉点位置向上移动（在充分采动时）。从上山方向移动边界线至走向主断面 EC 之间下沉值呈递增规律，其变形结果使坡角减小。单从这方面来考虑，这对边坡稳定性是有利的一面。但对于地下采区下山边界与走向主断面之间的边坡体而言，两种采动影响方向在同一象限内，两矢量合成后增大，同时由地下采区走向主断面 EC 至下山移动边界线区域下沉值呈递减规律，因而移动与变形结果使得该区域坡角增大，如 p_2 点所处区域就是如此，这对边坡稳定是不利的。主断面上 C 点下沉值最大，又由于位于地下采区移动边界区域受拉伸变形（上山方向边界除外），尤其是地下采区的下山方向的最大拉裂缝，很容易构成滑坡体的后缘。同时沿地下采区倾向边界附近的拉裂缝，构成滑体的侧边缘，使滑体与滑床分离，减小侧阻力。特别是当地下采区沿走向长度不大时，如再有大气降雨等因素的诱发作用，将有可能导致滑坡，这是很危险的。如果走向长度很大，形成整体滑坡相对难度大一些。

一般位于地下采区不同空间位置上，矢量具有三维特性，所以，上山方向一侧边坡体的合成矢量方向要视地下开采量大小及该测点的空间位置而定，并不能肯定指向地下采区，也有可能指向坑内，这种变形机制是对边坡表层一定深度以上而言。对于边坡体一定深度以下来说，由于露天采动影响逐渐减弱，并在某一深度以下露天采动没有影响，那么，在这些区域的岩体变形将表现为地下采动特性。另外，由于矿体的规模和赋存形式的不同，对边坡的影响程度和范围也不同。

归来庄金矿延伸开采至 $-50m$ 后，露天生产作业结束，为了保证产量的衔接，拟定在人工假底形成前，采用进路式采矿法，通过采一隔一的方式，回采在 −70m 以上水平的矿体。设计采场为垂直矿体走向布置，尺度为采高 4m，采宽 4m，长为矿体的厚度。矿体采出后，边坡的受力状态将发生改变，如上文所述，同时，落矿不可避免地需要爆破作业，这势必会对边坡造成附加的扰动。因而，这部分通过 FLAC3D 软件，就矿体采出后边坡的稳定性展开分析。

7.3.1 计算范围

数值分析处理问题通常是在有限的区域进行，为了使这种区域选取不至于产生较大的误差，必须取得足够大的计算范围。理论分析和计算实践表明，当由于工程开挖释放荷载作用于岩体某一部位时，对周围岩体的应力及位移有明显影响的范围至少是开挖与岩体作用面的轮廓线尺寸的 2.5 倍，即围岩的范围，在此范围之外仍为原岩，影响甚微，可忽略不计。针对拟定的采矿方案选取的计算模型示意图如图 7.11（a）所示，其中边坡角约 60°，坡高 178m。模型选用准三维模式，y 方向长 36m。

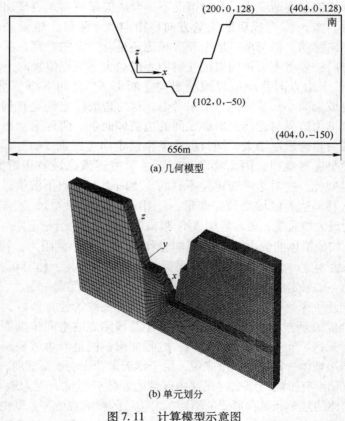

(a) 几何模型

(b) 单元划分

图 7.11 计算模型示意图

　　对于较大规模的工程问题，例如露天矿边坡、地下采场和桥梁结构，都存在我们关心的区域和不关心的区域，如果完全采用规则的正方形或者立方体单元是不可行也没必要的。这时，普遍采取的办法是"网格耦合"的办法，即对于关心区域可以采用精密的细观规则网格，便于考虑其应力、位移和计算破裂过程分析，而对于明显无破坏部位或者工程并不关心的区域，可以采用大尺寸的单元来划分网格。

　　从上文的分析可知，北坡的稳定性要高于南坡，故仍选取南坡为主要的研究区域。从计算效率的角度出发，模型共划分单元 101312 个，节点 110636 个，主要集中于南坡，见图 7.11(b)。这样，虽然会导致北坡局部的单元过大，在一定程度上影响爆破应力波的传播，但由于拟采矿房位于南坡下，距北坡稀疏单元边界有大于 80m 的长度，而拟采矿宽度为 24m，差距在 3 倍以上，试算结果表明，对研究区域的爆破应力波的影响微弱。

7.3.2　计算方案设计

　　露天转地下开采的矿山，不同于任何单一开采系统，地下采场同时受到两个开采体系的作用，反之地下采场的存在直接决定了地下和露天两个开采系统的安全稳定；另外，采场设置合理与否直接同矿山的生产能力相关联。因此，露天转地下开采矿山采场结构参数的设置不仅要考虑露天开采的稳定，也要考虑采场本身的稳定和矿山开采的效率，合理设计采场结构参数对于安全高效生产意义重大。

　　从目前矿体的赋存状态来看，矿体倾角大于 50°，在 −70m 水平的矿体已完全处于边坡内，而 −70m ～ −50m 的矿体呈露天坑底与边坡下共存的状态，为了了解矿房回采过程对边坡的影响，设计为三个回采中段，分别是 −66m、−64m 和 −62m，每个中段同时回采两个矿房，中间留间柱，矿房坐标如表 7.5 所示。

　　矿房的计算方案设计以矿山实际设计方案为论据，同时兼顾计算模型的边界效应问题，主体布置在模型 y 方向中点两侧，呈对称状态。

表 7.5　拟采矿房 FLAC 坐标

回采水平	X 坐标	Y 坐标		Z 坐标
−66m	100，124	10，14	18，22	−66，−62
−64m	96，120	10，14	18，22	−64，−60
−62m	92，116	10，14	18，22	−62，−58

7.3.3　回采前边坡稳定性分析

　　由于边坡是先于采场存在的，因而有必要事先展开边坡的稳定性分析。当 $F_{trial} = 1.51$ 时，数值计算结果如图 7.12 所示。图 7.12(a) 为边坡塑性区分布图，可见，边坡内的塑性区贯通；相应的剪切应变率图见图7.12(b)，从中可以清晰地看出潜在滑面的位置；图7.12(c)为边坡速度矢量图，可见边坡最大移动速率存在于边坡表面，而速度的方向为指向坑底。

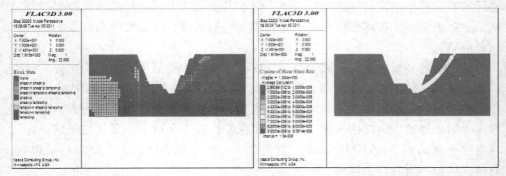

(a) 塑性区分布图　　　　　　　　　　　　　　　(b) 剪切应变率图

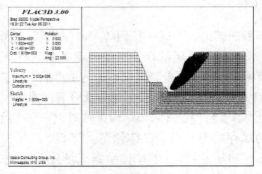

(c) 速度矢量分布图

图7.12　$F_{trial}=1.51$ 时边坡数值计算结果

选取坡顶面边坡滑体后缘的两个监测点，得到 $F_{trial}=1.51$ 时相对位移随时步演化曲线，如图7.13所示。从曲线发展规律中可以看出，位移随迭代时步而持续增加，难以稳定于某一恒定值。同时，计算过程趋于不收敛。

表7.6为不同 F_{trial} 时坡顶面监测点变形量与南坡 $-50m$ 标高以上塑性单元累计数的统计结果。可见，当 F_{trial} 从1.50增至1.51后，监测点的位移和南坡塑性单元数均表现出了较明显的突变特征，可以得出南坡的安全系数为1.50。

表7.6　不同 F_{trial} 时对应的监测点变形量和塑性单元数

F_{trial}	1.46	1.47	1.48	1.49	1.50	1.51
变形量/cm	1.2	1.5	1.7	1.9	2.2	4.2
塑性单元数	9896	10297	10658	10973	11304	13642

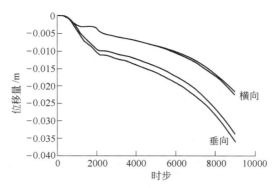

图 7.13 $F_{trial} = 1.51$ 时监测点位移 – 时步变化曲线

7.3.4 进路回采计算结果

通过上文的计算可知，回采前边坡的安全系数在 1.5 以上，稳定性较好。跨度 4m 的进路式采矿法是一种偏于保守的方法，实际暴露面积为 96m²，对边坡产生扰动的范围非常有限，因而这一部分的地下开采边坡稳定性分析考虑用 1.47 的安全系数计算。

7.3.4.1 静力计算分析

图 7.14 为矿体采出后边坡及采场周边断面（$y = 12 \sim 14$m 断面，下同）静力

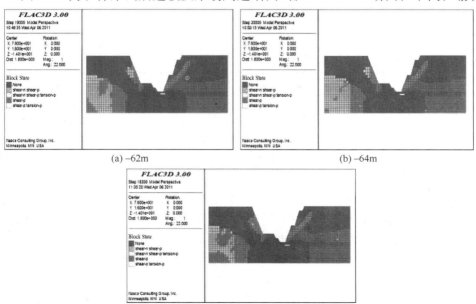

(a) –62m   (b) –64m

(c) –66m

图 7.14 回采后塑性区分布图

计算塑性区分布图,从图中可以看出,在边坡内的塑性剪切带已经形成,但并没有在边坡内贯通,并且三个方案中的剪切破坏带形状类似。可见,虽然采场布置的位置不同,但对边坡的影响程度差异不大。

7.3.4.2 动力计算分析

因为进路式采矿法的采场规格与斜坡道类似,拟定的采矿方案中选用凿岩设备和炸药与斜坡道掘进的相同,炮眼布置方式近似。测点为探矿巷矿体中爆破的近距离数据,因而本文选用该数据中质点振动速度最大的一段为进路式采场中的爆破载荷,持续振动时间为50ms,滤波处理后的输入波形如图7.15所示,载荷施加部位为采场四周的帮壁上,设定动力计算时间为100ms。

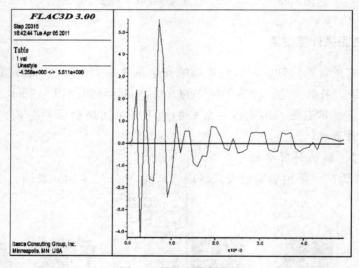

图 7.15 动力载荷曲线

图7.16为回采 −64m 水平时 $y = 12$m,即一侧矿房的中轴线所在剖面的横向速度分布图,从中可以看出爆破过程振动速度在边坡岩体中的传播规律。在前20ms时,波阵面传播至下层台阶马道,最大速度位于采场上方的坡脚位置;在30ms时,波阵面传播至边坡岩体内部和下方的边界,而在40ms,波阵面接近坡顶。应力波的传播过程中,在易发生剪切破坏的坡脚部位始终表现出较高的速度,可见边坡在爆破动力扰动下,呈现出向下滑移的趋势,但并没有形成像边坡滑移那样具有较高下滑速度的集中区域。

图7.17(a)、(b)分别为回采 −62m 节点横向和垂向振动速度时程曲线,测点在(104,16,−50),即间柱正上方坡脚的位置,可见,横向和垂向的最大振动速度分别为3.2cm/s和3.5cm/s,两者差异不大。主要波动持续时间为50ms,与输入载荷的作用时间相同,此后,速度趋于平稳。

图7.18为一侧矿房顶板中点的垂向和横向位移时程曲线,两条曲线在0.02s

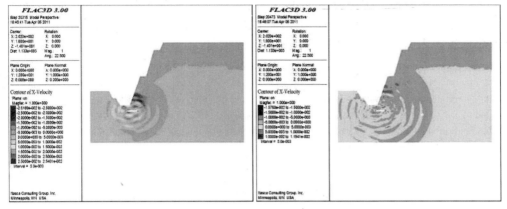

(a) 20ms

(b) 30ms

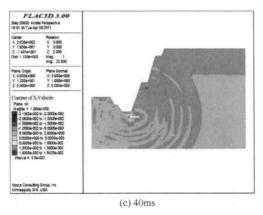

(c) 40ms

图 7.16 −64m 回采不同时刻横向速度分布图

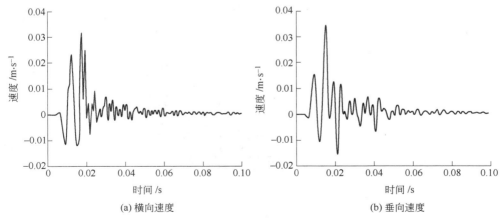

(a) 横向速度

(b) 垂向速度

图 7.17 节点振动速度时程曲线

以前，即爆破载荷的主要作用时间内，均表现出较大的位移量。至0.06s，爆破载荷作用时间结束，测点的垂向位移曲线呈水平发展，横向位移曲线呈小规模的反弹恢复，表明爆破载荷作用后，顶板保持稳定。

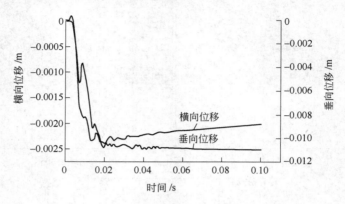

图7.18　顶板中点位移曲线

图7.19为不同采场布置方案在爆破载荷作用后边坡塑性区分布图。由图可

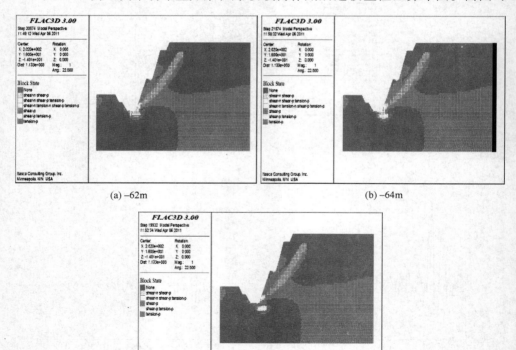

(a) −62m   (b) −64m

(c) −66m

图7.19　爆破载荷作用后边坡塑性区分布图

见，采场周边因爆破载荷的作用而出现了大范围的塑性区。而边坡内的塑性区形状，除塑性破坏带顶部新增个别塑性单元外，较爆破载荷作用前基本无变化。综合上述分析可以得出，采用进路采矿法回采部分边坡下的矿体，对边坡的影响并不明显。

7.3.5　回收间柱后边坡稳定性分析

归来庄金矿拟定在进路式采出矿石后，采用胶结充填，此后回收间柱。一般来说，充填滞后于采矿，如果在不充填的条件下直接回收间柱，这相当于使矿房的暴露面积扩大了三倍。本书这部分内容讨论该状态下边坡的稳定性，拟采矿房位置为上文回采的两条矿房之间，即 y 方向 $14 \sim 18\mathrm{m}$。为了使计算过程连续，仍采用 1.47 的强度折减系数，在进路回采后回收间柱，此后进行动力计算。输入的爆破载荷仍为上文的图 7.15，载荷施加位置为矿房的顶底板和上下盘的帮壁。

图 7.20 为爆破载荷施加过程中边坡中不同时刻横向速度分布图。可见，在

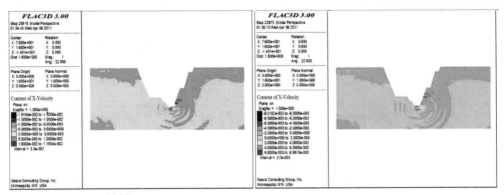

(a) 20ms　　　　　　　　　　　　　　(b) 30ms

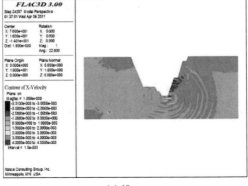

(c) 40ms

图 7.20　 $-62\mathrm{m}$ 回采不同时刻横向速度分布图

不同时刻，波阵面在边坡中的发展过程与图 7.16 类似。在 40ms 时，波阵面接近坡顶，在南坡下层台阶的边坡岩体内，较高速度区集中，方向为 x 轴负方向，表明边坡具有明显的滑移趋势。图 7.21 为 3 个方案爆破动载荷完成后边坡塑性区分布图。从图 7.21（a）中可以看出，−62m 矿房间柱回收后，边坡内的塑性区贯通，其中滑体的后缘单元以受拉伸破坏为主；图 7.21（b）为 −64m 间柱回收后的边坡塑性区分布图，可见，边坡坡顶局部出现拉伸破坏区，但向边坡内延伸的较浅，与边坡内的塑性区在一个较小的部位贯通；而 −66m 矿房间柱采出后，坡顶与边坡内的塑性区虽然得到一定程度的发展，但彼此处于独立状态，没有贯通。

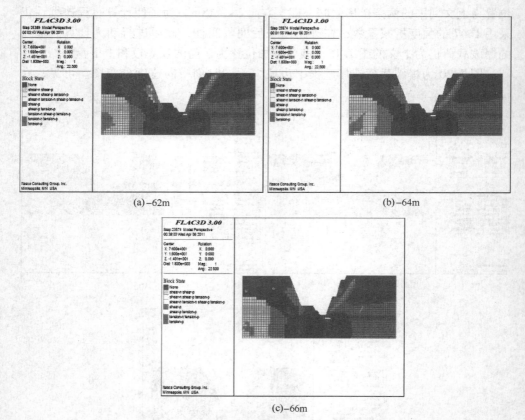

(a)−62m　　　　　　　　　　　　　　　(b)−64m

(c)−66m

图 7.21　爆破载荷作用后边坡塑性区分布图

选用 −62m 间柱回收后的动力计算结果，图 7.22 为分别布置在回采矿房（间柱）中点和坡顶面滑体边界的监测点位移时程曲线。从图 7.22（a）中可以看出，在 40ms 以前，两条位移曲线的发展规律与图 7.18 基本相同，此后，垂向位移曲线并未呈稳定状态，而是持续向下发展，至 100ms，计算结束时，达到 3cm，这表明顶板的状态并不稳定。从图 7.22（b）中可以看出，在 50ms 以前，坡顶的

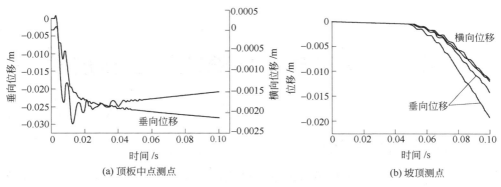

图 7.22　监测点位移曲线

位移基本保持不变，从图 7.21（c）中也可以看出，此时波阵面并没有到达坡顶。此后，监测点表现出明显的位移量，到 100ms，动力计算结束时，位移仍处于持续发展状态。从上面的分析中可知，边坡的状态不稳定，可得安全系数小于 1.47。

7.4　结论

本章在露天边坡破坏特征分析的基础上，采用数值分析强度折减法，考虑爆破动载荷的影响，以实测的爆破震动数据输入数值计算模型，分析了爆破动载荷对边坡稳定性的影响。

（1）爆破的作用时间较短，边坡的响应需要一个过程，失稳发生在爆破作用后一段时间内，同波阵面的到达时刻比较一致。

（2）边坡动力载荷作用下的破坏形式主要是坡顶向下一定深度内的拉破坏，坡脚向上延伸的剪切滑移带，最终二者连通形成贯通的破裂面。

（3）不扩帮延伸开采至 −50m 水平，南坡的坡高和坡面角均相应变大，针对爆破测试监测点布置所在的剖面和实测的质点振动速度，可以得出该剖面在本书所给定的条件下，整体安全系数在 1.43 以上。

（4）选取采矿设计拟定的南坡部位，针对 4m×4m 断面，隔一采一的进路式采矿法，对边坡的影响不明显；采用不充填的方法，回收进路采矿预留的间柱，对于首采水平 −62m 的矿房，边坡的安全系数略有下降，但随着首采深度的变大，矿体向边坡内发展，回采对边坡的影响减弱。

总体上看，南坡的安全系数在 1.4 以上，稳定性较好，坑底和地下采场的爆破产生的附加动载荷对南坡稳定性影响很小，可以保证在露天转地下开采过渡期的安全性。

8　露天矿边坡稳定性控制技术

8.1　滑体治理措施概述

滑体的治理应根据工程措施的技术可能性和必要性、工程措施的经济合理性、工程措施的社会环境特征与效应，并考虑工程的重要性及社会效应来制定具体的整治方案。防治原则应以预防为主，及时治理。

露天矿山开采由于矿体埋藏深、开采时间长、边坡高度大等特点，致使终了边坡处于不断变化和调整的过程中，加之矿山频繁的生产爆破震动和复杂的工程地质环境，不可避免会有边坡崩塌、滑移破坏的潜在因素。当具备一定的条件时，边坡逐渐开始变形破坏，当边坡开采至某一深度时，边坡变形可能会发生突变，导致台阶坡局部发生变形破坏，甚至该变形会逐渐增大从而牵引数个台阶坡发生破坏。一旦形成大规模的边坡滑体，将对矿山的正常生产造成极为不利的影响。因此为了确保矿山正常生产和人员设备的安全，有必要对露天矿岩石高边坡的失稳变形或潜在变形的区段进行相应的加固治理措施。

针对岩石边坡破坏失稳的两种因素：下滑力增加和抗滑力降低，滑体加固治理的措施主要有排水、减载和加固。

8.1.1　防排水措施

水对边坡稳定的危害性不言而喻，裂隙水的侵蚀造成边坡岩体不连续面抗剪强度降低，是形成岩体滑动的重要因素之一，一些大型的滑坡往往发生在强降雨之后。裂隙水对边坡稳定性的影响主要有以下几个途径：

（1）通过物理和化学作用影响不连续面充填物中的孔隙水及其压力，从而改变充填物的强度指标，对发育有张性节理的岩体，裂隙水的这种作用会更加明显。

（2）不连续面中的静水压力减少了作用在它上面的有效正应力，从而降低了潜在破坏面上的抗剪强度。

（3）由于水对颗粒间抗剪强度的影响，岩土体抗剪强度降低。

边坡岩体中裂隙水的存在会产生静水压力，不但降低岩体不连续面抗剪强度，而且对岩体造成一朝向临空面方向的水平推力，加之矿区所处位置霜冻期较长，基岩裂隙水的反复冻融对岩体形成的冻涨力均会形成对边坡稳定不利的因素，如果边坡岩体的不连续面陡倾，这种作用的破坏将更加明显。东矿东南帮台阶坡并段处岩体裂隙发育，岩体陡倾破碎，加之所处的位置，坡体内赋存有较多的裂隙水，这是影响边坡稳定的一个重要因素，因此该处边坡的治理应考虑裂隙水的影响，采取适当的措施对坡体内的裂隙水进行疏堵。

常用的防排水措施可归纳如下：

（1）防止地表水入浸滑坡体。可采取填塞裂缝和消除地表积水洼地、用排水天沟截水或在滑坡体上设置不透水的排水明沟或暗沟等措施。

（2）对地下水丰富的滑坡体可在滑体周界 5m 以外设截水沟，或在滑体内设支撑盲沟和排水孔等。

8.1.2 减载

对滑体的主滑段进行适当的削坡减载可降低坡高、使滑体重心下移，减小下滑力，改善滑动面岩体力学强度。单纯采用削坡减载措施治理滑坡是不够的，应当结合一定的边坡加固措施。对于滑体表面松散的岩石块体，当不能采取工程措施或采用的工程措施不经济时应将其清除。

8.1.3 边坡加固

由于支护结构对边坡的破坏作用较小，而且能有效地改善滑体的力学平衡条件，故为目前用来加固滑坡的有效措施之一。常用的边坡加固措施主要有支挡、护面、锚固、注浆等。

支挡结构主要有抗滑桩、抗滑挡墙及抗滑片石垛。在岩质滑坡治理中使用较多的是抗滑桩，桩身材料通常采用钢筋混凝土或混凝土工字钢，利用抗滑桩本身较高的抗剪强度抵消滑体的剩余下滑力，维持滑体稳定。使用抗滑桩的条件之一是桩身底部须深入滑面以下稳定岩体内一定深度。

护面措施主要适用于岩性较差、强度较低、易于风化的岩石边坡；或虽为坚硬岩层，但风化严重、节理发育、易受自然营力影响、导致大面积碎落，以及局部小型崩塌、落石的岩质边坡；或岩质边坡因爆破施工，造成大量超爆、破坏范围深入边坡内部，边坡岩石破碎松散、极易发生落石、崩塌的边坡防护。常用的护面措施主要有喷射素混凝土和挂钢筋网喷射混凝土。喷射混凝土不但可以封闭坡面，使坡面岩体免受风化和雨水冲刷，有效避免岩体强度逐渐降低，而且可以利用混凝土喷层自身的强度限制坡面岩石块体的侧向位移，提高边坡岩体的抗变形刚度，增强边坡的整体稳定性。该技术由于施工简便快速、机械化程度较高，能够在最短的时间内发挥支护作用，因而在工程界得到了广泛应用，是目前矿山治理台阶坡浅表层破坏的有效方式。

锚固是边坡治理中采用最广泛的技术，常见的形式是全长黏结锚杆和预应力锚杆。全长黏结锚杆通常用来加固较浅范围内的潜在破坏坡体，通过杆体材料的抗拉强度和抗剪强度维持坡面岩体稳定。预应力锚杆则是通过张拉杆体对坡面潜在破坏岩体施加压应力，借此来提高破坏面上的抗滑力，保持滑体稳定。预应力锚杆相较全长黏结锚杆而言是一种积极、主动的防护形式，特别适用于治理岩石高边坡的变形破坏，能够以最小的经济投入来最大限度地维持边坡的安全。

注浆一般适用于加固破碎岩体和断层破碎带，通过高压把纯水泥浆注入岩体内，使之与岩石碎块相胶结，增强岩体的整体抗剪强度。高压注浆一般通过两种方式实施：一是预应力锚杆（索）锚固段注浆过程中，采用较高的压力用以提高水泥浆液的扩散范围，增强杆体周围的岩体整体强度；二是对破碎岩体穿孔实施高压注浆。如果边坡富水，采用高压注浆会影响坡体地下水的排泄，因此，应根据具体边坡工程条件决定是否可以采用高压注浆。

上述边坡变形破坏的防治措施，应根据边坡变形破坏的类型、程度及其主要影响因素等，有针对性地选择使用。实践证明，多种方法联合使用，处理效果更好。如常用的锚固与支挡联合、喷射混凝土护面与锚固联合使用等。

8.2　鞍钢眼前山铁矿北帮中部边坡削坡减载治理

8.2.1　眼前山铁矿北帮地质概况

鞍钢眼前山铁矿采场北帮边坡主要由闪长岩、碳质千枚岩和绿泥千枚岩构成。碳质千枚岩在采场北帮总体上呈似层状产出，走向为295°，倾向北东，倾角35°~55°，总体长720m，厚60~90m，呈狭长岩体。受上下盘两断层控制，其上盘为与之成断层接触的闪长岩体，该断层走向为北北西300°~315°，倾向北东，倾角50°~60°。其下盘为与之也呈断层接触的绿泥千枚岩，断层走向为北北西290°~300°，倾向北东，倾角40°~50°，碳质千枚岩向下延深至境界−15m水平。碳质千枚岩呈灰黑色，岩性较软，片状构造，片理极发育。岩石呈薄片状，厚度仅几毫米至几厘米，千枚理和小褶皱极发育，几乎成散体，含碳量可达10%~15%，石英含量为30%，白云母、绢云母及绿泥石组成的片状矿物达60%以上，含少量电气石，不含碳酸矿物，具鳞片花岗变晶结构。石英为不规则粒状变晶，片状矿物定向成片理构造，碳质细粒呈尘埃状，一般粒径小于0.01mm，呈均匀散布状，泥化形成泥质物夹岩块的散体结构，局部为层状碎裂结构，碳质千枚岩岩体基本质量级别为V级。绿泥千枚岩分布于构造带下盘，与构造带断层接触，主要矿物成分为：石英40%~50%，斜长石20%，绿泥石8%，云母3%~10%，方解石7%，石英多为不规则变晶状并与斜长石呈等粒嵌晶，斜长石呈碎屑状，云母呈鳞片变晶结构，并定向构成片理。绿泥千枚岩岩体基本质量级别为Ⅳ级，岩体多呈层状结构，局部靠近破碎带呈层状碎裂结构。闪长岩呈株状分布于构造带上盘，与构造带断层接触，呈灰绿色，风化后呈黄褐色，岩石致密坚硬，块状构造，岩体基本质量级别为Ⅱ级。该区域不同岩性的工程地质条件差别较大，以闪长岩最好，碳质千枚岩最差，且遇水软化严重，平台上多见呈泥状。

水的主要补给来源是大气降水、三道沟排土场蓄水和地表水。边坡上部为三道沟排土场和泄洪沟，三道沟沟口标高为115m，泄洪沟宽4m，在通畅条件下基本能满足暴雨泄洪要求，但由于泄洪沟底部未切割至基岩，造成水从沟底渗流到采场。碳质千枚岩构造带由于构造挤压作用、风化作用和爆破作用等诸多因素影响，造成碳质千枚岩岩体内裂隙发育，构成水向采场的渗流通道，水位常年较高，边坡上部即见有出水点，但无迹象表明有构造裂隙水补给，更无地下蓄水层的不断补给。

北帮边坡的变形破坏主要受碳质千枚岩和局部较破碎的绿泥千枚岩的岩体性质较差、遇水软化严重的内在因素所控制，大气降水是诱发滑体产生并进一步发展的外部主要条件。

8.2.2　北帮中部边坡治理现状

2003年伴随多次较强降雨作用及采场开挖卸荷影响，在2002年多处出现裂隙和坍塌破坏现象后，北帮中上部边坡（以Y3900坐标线为中心线，高程为-3m～+108m）变形破坏进一步发展，水平位移最大达0.5～1m，变形区宽200m，高差110m。

碳质千枚岩自身失稳并推动下部绿泥千枚岩产生较大变形，进而使碳质千枚岩和绿泥千枚岩进一步破碎，力学性质劣化，整体稳定性进一步降低，其恶性循环可能使滑体由孕育发展至加速下滑，对眼前山铁矿铁路及公路运输系统构成致命威胁，为此鞍山矿业公司于2003年10月决定采用削坡减载方法治理北帮中上部滑体（以下简称一期边坡治理工程）。

北帮中上部滑体的一期边坡治理工程由削坡工程、铁电路拆建工程和护坡挡墙工程组成。削坡工程总量40.96万立方米，采用逐阶段施工方式。铁电路拆建工程为+57m和-3m水平的铁电路的拆建。

削坡设计参数：（1）采用二并段，并段高度24m；（2）台阶坡面角50°；（3）安全平台最小宽度10m；（4）铁路、汽车运输平台最小宽度10m。

目前北帮中部一期削坡治理工程已施工至+45m水平，+57m水平以上各阶段已按一期设计靠界，完成29.5万立方米的削坡工程量，+57m水平铁电路已具备拆建施工的条件。北帮-3m～+105m削坡工程施工现状见图8.1。

图 8.1　北帮 –3m ~ +105m 削坡工程施工现状图

8.2.3　北帮中部 –15m ~ –30m 公路路基边坡滑体简介

北帮 –15m ~ –30m 公路路基边坡于 2001 年、2002 年均发生过破坏，2003 年 8 月 24 日降雨后公路再次开裂，坡面浮石向下滑落，砸坏坑底排洪管道及泵站。2004 年 6 月下旬，眼前山铁矿北帮 –15m ~ –30m 运输公路路面上产生数条平行或斜交路面的裂隙，变形区长约 220m。随着 7 月几次较大规模降雨后，部分路面的外侧明显下沉（沉降区长约 100m，最大沉降深度约 2m）。该变形区距北帮边坡顶部高度约 130m，距目前采场底部高度 88m，破坏区岩性为绿泥千枚岩，受断层构造作用和小矿体侵入的影响，岩体较破碎。若变形破坏进一步发展，将对上部 –3m 铁路运输干线和下部生产构成极大的威胁。北帮中部 –15m ~ –30m 公路路基边坡变形如图 8.2 ~ 图 8.4 所示。

图 8.2　北帮中部 –15m ~ –30m 公路路基边坡变形区位置图

8.2.4　破坏机理及滑体稳定性计算

（1）破坏机理：北帮中部 –15m ~ –30m 公路路基边坡由绿泥千枚岩组成，虽然其岩块性质强于碳质千枚岩，但由于受小矿体成矿侵入的构造作用及破坏区西部小断层的影响，岩体破碎严重，为散体状边坡结构类型。边坡中部 –39m、

图 8.3 北帮中部 −15m～−30m 公路路基边坡变形区破坏现象图（一）

图 8.4 北帮中部 −15m～−30m 公路路基边坡变形区破坏现象图（二）

−75m 平台滑掉后，形成一坡到底的高陡边坡结构。在降雨条件下，坡面浮石吸水饱和，密度增加，并在动水作用下向下滑移，牵引上部破碎岩体向下移动，引起公路逐渐开裂坍塌，属于松散岩体边坡坍塌滑移破坏类型。

（2）滑体稳定性计算：稳定性计算采用不平衡推力法、Bishop 法，危险滑弧采用单纯形优化法搜索。按设计安全度 1.15 及现场实际条件，经反复计算调整确定削坡治理方案的边坡形状及参数。

8.2.5 边坡治理方案

矿山研究所采用工程地质分析、岩体结构分析、边坡稳定性的极限平衡与最优化分析等技术手段，通过综合研究完成了削坡治理工程的方案设计。根据方案设计完成了北帮中部边坡的削坡治理工程的施工设计。北帮中部边坡治理工程由削坡工程、防洪沟工程、铁电路拆建工程三个分项工程组成。

8.2.5.1 削坡工程

削坡工程为北帮中部边坡治理工程的主要部分，目的是北帮中部 −111m 水平以上的边坡由目前的不稳定状态达到稳定状态，消除边坡变形破坏对 −3m 铁路运输干线的威胁，为深部采矿生产创造安全的空间环境。

边坡稳定性的设计安全度取 1.15，根据稳定性分析结果及铁路、公路的展线要求确定边坡的几何形态，-3m 水平以上按一期治理工程设计境界确定边坡继续北扩的削坡工程量，-3m 水平以下按采场境界现状确定边坡北扩的削坡工程量。

工程处理范围：长 220m，标高为 -87m ~ 127m。

削坡设计参数：（1）单台阶和并段台阶坡面角为 50°；（2）安全平台最小宽度为 10m；（3）单线铁路运输平台最小宽度为 10m；（4）汽车运输平台宽度为 10m，公路限坡 10%；（5）采用二并段，并段高度为 24m。

削坡工程设计岩石总量为 95.85 万立方米。削坡工程采用逐层施工方式，地表处最大北扩宽度 25m，-15m 以上削坡岩石由北帮运输线路运至排土场，-15m ~ -87m 削坡岩石由北帮下部运输公路经南帮运至排土场，其中 -63m ~ -87m 削坡岩石采用反铲向下部倒运，由下部装运设备经南帮运输线路运至排土场。靠帮爆破采用预裂爆破控制坡面岩石的损伤破坏。削坡工程总量如表 8.1 所示。

表 8.1 削坡工程总量

名 称	工程量/万立方米	名 称	工程量/万立方米
127m ~ 110m	2.7	9m ~ -15m	12.08
110m ~ 82m	10.78	-15m ~ -39m	15.41
82m ~ 57m	9.37	-39m ~ -63m	13.38
57m ~ 33m	15.95	-63m ~ -87m	5.29
33m ~ 9m	10.89	合 计	95.85

削坡治理施工前后的典型剖面边坡角变化如表 8.2 所示。

表 8.2 3850 剖面总体边坡角变化

名 称	削坡前边坡角/(°)	削坡后边坡角/(°)
+110m ~ -115m	36.9	35.1
-3m ~ -115m	42.4	38.2

8.2.5.2 防洪沟工程

由于削坡治理工程在北帮地表处必须破坏原防洪沟，为此需新建防洪沟。新建防洪沟总长 341m，其中涵洞长 45m，涵洞翼墙和排水沟长 296m。水沟采用 MU30 毛石、M7.5 水泥砂浆砌筑，墙顶宽 0.5m，根据沟深，底墙宽为 0.9 ~ 1.2m，排水沟底宽 4m，水沟平均坡度为 2.55%，排水沟最深为 3m。涵洞宽 3.2m、高 2m，顶底厚 0.5m，壁厚 0.4m，采用钢筋混凝土现场浇筑，允许最大通过载重车总重为 50 吨级，涵洞上部为回填压实土石方。

主要工程量：挖方 $10345m^3$，砌石 $1598m^3$，C20 混凝土 $266m^3$，C25 混凝土 $262m^3$。

8.2.5.3 铁电路拆建工程

削坡施工使北帮边坡北扩，需移建 +57m 水平和 −3m 水平铁电路。铁电路工程是在一期削坡工程完工基础上拆建，由于一期铁电路拆建工程未实施，因此其工程投资用于本期铁电路拆建工程。+57m 和 −3m 铁电路拆建总长 809m，其中 57m 拆建铁电路 457m，−3m 拆建铁电路 352m，与一期削坡工程需拆建铁电路工程量相同。由于 +57m ~ +9m 削坡施工影响 −3m 铁路正常安全运输，因此需铺设移动铁电路 470m。

8.3 控制边坡渐进性破坏的坡脚措施——预埋桩

8.3.1 预埋桩施工方式

未延伸开挖的露天矿边坡，在自然状态下是稳定的，由于开挖过程中的渐进性破坏，导致开挖边坡的稳定性下降，甚至出现失稳破坏，因此控制或降低边坡在开挖过程中的变形是控制边坡渐进性破坏的关键，而这种控制措施是与开挖边坡的施工工序以及支挡措施相结合的。

现阶段堑坡的开挖施工工序有三种，主要根据对开挖堑坡的岩性、岩土体的物理力学性质、水文地质条件以及地形、地貌的深入了解，和对堑坡稳定性的判别，以及受堑坡开挖地形的限制等情况来采用。这三种施工工序分别为：

（1）一次性开挖，开挖完后再进行坡面防护处理，并结合开挖完后的地质情况和监测资料修正防护措施，然后再进行支护措施的施工。

（2）边开挖，边支护，随开挖的进行，以及对坡体工程地质情况的了解和变化，以及开挖中的监测资料，修正原有设计，并继续开挖和支护，开挖完成则坡面支护施工也完成。

（3）开挖前，先进行部分预支护，以确保开挖中的堑坡的稳定性。在开挖中，根据工程地质情况和开挖过程的监测资料，确定是否对开挖部分补充支护，然后再继续开挖，最后根据对堑坡工程地质情况的全面了解和监测资料，完成剩余支护措施的施工。

在三种工序中，第一种被施工单位在工程中大量应用，第二种已逐渐被工程单位认识和被学者研究，第三种也在工程中被应用，但关注度较少。因工序采用不当，而造成开挖过程中堑坡失稳的实例枚不胜数，仅南充至广安高速公路施工中因开挖造成堑坡失稳约四十多处。虽然造成开挖失稳的因素众多，但开挖工序的正确选择和支挡措施的正确选用，是防止堑坡失稳的关键。

除第一种施工工序，因开挖边坡在整个坡体开挖完后，再进行支护，这时坡体的大部分变形已完成，对开挖坡体的渐进性破坏控制所起作用较小。

第二和第三种工序因在开挖过程中，能降低或减少边坡的变形，可以起到在工程中控制开挖边坡渐进性破坏的作用，因此采用此两种工序的支护措施可称为预加固措施。而通常因采用这些工序的边坡放坡坡度陡、开挖坡体高度大、岩土体力学性质差、岩体结构组合对坡体稳定不利等，使得采用合适的工序以及正确的支护措施更有必要。

对第二和第三种工序的选择主要根据挡防措施以及挡防位置确定，在选用第二种工序时，预加固措施多采用锚索或锚杆，主要设置于坡面，可作为防止渐进性破坏的坡面控制措施；在选择第三种工序时，抗滑桩是主要选择，应主要设置于坡体中、下部，可作为防止渐进性破坏的坡脚控制措施。工程中称为预埋桩，下面先对预埋桩进行研究，说明此种预加固结构在防止渐进性破坏中的应用。

8.3.2 眼前山铁矿北帮中部 +57m 铁路平台钢轨桩加固工程

眼前山铁矿采场北帮中部边坡主要由碳质千枚岩和绿泥千枚岩构成，碳质千枚岩因其强度低、破碎及遇水软化严重等特点，致使北帮边坡已发生多次破坏。2003 年北帮中部 −3m ~ +108m 边坡岩体变形进一步发展，水平位移最大达 0.5 ~ 1m，2004 年 6 ~ 7 月北帮 −15m ~ −30m 公路路面的外侧明显下沉，最大沉降深度约 2m，为此矿山研究所根据公司领导的指示，于 2003 年和 2004 年完成了北帮中部边坡一期和二期削坡治理施工设计，并付诸实施。

北帮中部 +57m 铁路平台边坡部分地段因碳质千枚岩非常软弱、破坏而发生过严重变形破坏，曾进行了钢轨桩及铁路路基下铺设混凝土板等加固治理措施。北帮中部边坡削坡施工破坏了部分地段的钢轨桩及混凝土板，目前局部已出现了变形破坏现象，为此矿山研究所于 2005 年 6 月完成了北帮中部 +57m 铁路平台钢轨桩加固工程设计，以保证北帮铁路运输的安全。

眼前山铁矿北帮中部 +57m 铁路平台钢轨桩加固工程共施工钢轨桩 80 根，加固区总长 128m，其中双排钢轨桩 68m，三排钢轨桩 60m，排距 2m，间距 4m，排间交错布置。钢轨桩采用 50kg/m 旧钢轨，桩长 18m。两段钢轨用鱼尾板连接后，外套 1m 长钢管（外径 219，壁厚 15）补强。钢轨桩施工采用牙轮钻穿孔，孔径 250mm，孔深 18 ~ 18.5m。钢轨轨头朝向采场方向，孔内压注 C20 细石混凝土。

钢轨桩端部钢筋混凝土连接结构施工时，清渣按台阶标高向下清挖，尺寸为长 128.4m、宽 2.4m 或 4.4m、深 0.8m，局部以能安装连接钢筋和不影响混凝土施工为准。钢轨桩端部浇注 C20 混凝土 350mm，浆砌块石 450mm 厚，尺寸为长 128.4m、宽 2.4m 或 4.4m，每隔 20m 施工 20mm 伸缩缝。钢轨桩连接钢筋为 φ32 光圆钢筋，圆环直径为 200mm，其直径和形状可根据现场施工情况调整。同排钢轨桩的钢筋连接杆圆心距为 4m，前后排钢轨桩的钢筋连接杆圆心距为 2.83m。如钻孔实际位置与设计有偏差时按实际情况调整。钢筋连接杆圆环部分采用双面

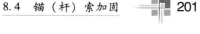

搭接焊，焊逢长度不小于180mm，钢筋连接杆中间帮条焊时应拉紧，宜采用双面焊，帮条和焊逢长度不小于180mm（如施工困难采用单面焊时，帮条和焊逢长度不小于360mm）。

8.4 锚（杆）索加固

岩体的节理裂隙面性态及其分布方式和受力特征直接制约和控制着岩体的强度、变形和破坏方式。在一般情况下，岩体处于自我平衡，当受到工程扰动时如开挖、爆破等影响时，岩体的初始平衡状态被打破，并产生局部应力集中。岩体中的节理裂隙在二次应力的作用下，萌生、成核、扩展直至联通，使得节理岩体更加破碎，影响工程结构的安全。

锚杆和锚索作为一种加固构件，被埋设于岩土体中，通过传递拉力与剪力，充分发挥岩体自身能量，利用和提高岩土体自身强度和自稳能力，可以有效控制岩土体及工程结构物的变形，确保施工安全与工程稳定。研究表明，锚杆对于破碎程度越高的岩体，加固效果越明显。说明在节理岩体中加入锚杆，可以有效延缓和控制岩体中节理裂隙的开展，起到桥联作用，提高了岩体的整体性，进而宏观响应表现为岩体性质的提高。

锚杆作为一项有效的加固措施，已有近百年的历史，经过不断改进和发展，现在已经广泛应用于岩体工程的各个领域，包括矿山、隧道、地下硐室、水利工程等，取得了显著的效果，成为岩土工程中必不可少的加固手段。

预应力锚索框架梁为近年来在边坡加固中广泛应用的复合支护结构，将锚索这一柔性支护手段和框架梁结合起来，在实际工程中取得了良好的支护效果。在公路、铁路和水利边坡加固工程中，为了阻止岩土体随潜在滑移面滑动，多采用预应力锚索加固坡体，预应力锚索通过潜在滑动体，深入基层岩体，主动利用基层岩体来加固坡体，防止土体下滑。而表层岩土体的加固和水土保持，则主要依靠框架梁浅表护坡，框架梁不仅可以遏制滑动体的下滑，在框架梁的框格中还可以进行植被护坡，保持水土，提高工程的绿化率，恢复原来的生态环境。综合考虑锚索和框架梁的边坡加固效果，将预应力锚索和混凝土框架梁共同应用于边坡工程中，既可利用锚索的深层锚固作用锚固坡体，又可利用框架梁的表层锚固进行植被护坡，美观大方，适用于整体稳定性差、表层坡面需防护的高陡边坡的整治。

8.4.1 锚固技术的发展概述

锚固技术最早产生于矿山巷道支护，1911 年美国 Aberschlesin 的 Friedens 煤矿首先应用了岩石锚杆支护巷道顶板，1918 年美国西利西安矿的开采首先采用了锚索支护。1934 年在阿尔及利亚的切尔伐斯坝加高工程中，首先采用预应力为 1000kN 的预应力锚杆来保持加高后坝体的稳定。

20 世纪 60 年代至 80 年代，锚固技术发展迅猛，应用范围逐渐扩大，如前捷克斯洛伐克的 Lipno 电站主厂房等大型地下硐室采用了高预应力长锚索和低预应力短锚杆相结合的围岩加固方式；英国在普莱姆斯的核潜艇综合基地船坞的改建中，广泛应用了地锚，用以抵抗地下水的上浮力；美国纽约世界贸易中心深开挖工程采用锚固技术，使用锚杆加固了长 950m、厚 0.9m 的地下连续墙。而且，锚固技术日趋规范化，法国、瑞士、联邦德国、前捷克斯洛伐克、澳大利亚先后颁布了地层锚杆技术规范。

从 50 年代后期起，我国开始在矿山巷道中使用锚杆支护，随后仅十年时间，到 60 年代末，锚固技术已在我国的矿山、冶金、水电、交通、土木建筑等领域内广为采用。应用范围由坚硬稳定岩石发展到松软破碎岩石，由小巷道发展到大跨度硐室，由静荷条件发展到动荷条件，由基建工程发展到工程抢险和结构补强。

近一二十年来，由于我国的大型水电工程相继建成或破土动工，锚固工程量大大增加，锚固技术也得到了更广泛的采用和进一步的发展，如二滩水电站、瀑布沟电站、锦屏二级工程等水电工程中都对坝基、坝体、闸室、导流洞等有隐患的部位进行了预应力锚索加固。至于布置大量的系统锚杆、锚索进行岩体加固，则几乎所有电站都采用。

已经建成的三峡工程，其设计锚固工程量是非常大的。仅永久船闸工程将施工 10 万根左右的系统锚杆和超过 1 万根的预应力锚索，其锚固工程将耗资达数亿元。

8.4.1.1　锚杆的分类

Windsor 提出了锚固系统的概念，即锚固系统包括四个元素：岩石、加固元件（即锚杆）、外部固定部分和内部固定部分。根据锚固系统的不同，锚杆大致可以分为三类：机械固定式锚杆、摩擦型锚杆、黏结型锚杆。

机械固定式锚杆通过机械装置将锚杆与岩体固定为一体，起到锚固作用。这种锚杆主要适用于岩层中的临时性短锚杆，国内外矿山工程中应用最早的楔缝式和胀壳式锚杆是典型的端头式机械固定锚杆。这种锚杆在硬岩中效果较好，但是在严重破碎的岩体和软岩中效果不甚明显。

摩擦型锚杆作用的实质，是围岩变形时，锚杆和锚孔壁接触面产生的摩擦阻力约束围岩变形，摩擦阻力的大小，主要取决于锚孔壁岩石的强度。当围岩自稳性较好时，典型的摩擦型锚杆主要有两种：缝管式锚杆和 Swellex 锚杆，这两种锚杆主要用于短期临时支护。

通过胶结材料把锚杆杆体和地层黏结起来，是固定锚杆最常用的方法，即黏结型锚杆。这种方法就是沿锚杆的较长部段用胶结料固定在钻孔中，因此岩层或土体的单位面积负荷量较小，这种固定方法要求有较长的锚固段，所以特别适用于软弱岩层，同时也可以用来将较大的拉力传入坚硬岩石中。这种锚杆可以用于各种岩石条件下的临时支护和永久支护。锚杆材料一般为普通钢筋或者螺纹钢筋，根据黏结材料的不同又可分为水泥砂浆锚杆和树脂锚杆。其中，树脂锚杆虽然安装快捷，但是造价较高，而水泥砂浆锚杆由于其造价低等优点成为在工程中应用最为广泛的锚杆。

8.4.1.2 锚固理论概述

关于锚固理论的研究，主要有悬吊理论、组合梁理论、组合拱理论三大理论。

悬吊理论是描述松散岩体通过锚杆作用而悬挂于上部稳固岩层之上的理论。该理论是 1952 年由 Panek 等人提出的。锚杆的悬吊作用主要取决于所悬吊的岩层的厚度、层数及岩层弯曲时相对的刚度和弹性模量，还受锚杆长度、密度及强度等因素的影响。这一理论提出的较早，满足其前提条件时，有一定的实用价值。但大量的工程实践证明，即使巷道上部没有稳固的岩层，锚杆也能发挥支护作用，说明这一理论有局限性。

组合梁理论租用于水平或缓倾斜的层状围岩，用锚杆群能把数层岩层连在一起，增大层间摩阻力，从结构力学观点来看，就是形成组合梁。该理论大多用于矿井巷道中。Panek 最早提出该理论并进行了模型研究，这种理论在处理岩层沿巷道纵向有裂缝情况下的梁的连续性问题和梁的抗弯强度问题时有一定的局限性。

组合拱理论指锚杆能限制、约束岩土体变形，并向围岩土体施加压力，从而使处于二维应力状态的地层外表面岩土体保持三维应力状态，在圆形硐室中形成承载环，在拱形硐室中形成承载拱，因而能制止围岩强度的恶化。

8.4.2 预应力锚索框架梁的加固

8.4.2.1 预应力锚索框架梁的受力机制

在图 8.5 所示的预应力锚索与框架梁的复合结构中，框架梁除表层固坡作用外，还有传力作用。单独使用预应力锚索进行边坡加固，锚索拉力过大会引起表层坡体的变形，甚至破坏，而坡体过大的变形又会导致锚索预应力的损失。将预应力锚索与框架梁结合，框架梁起到锚墩的作用，由于框架梁与坡面的有效接触面积大，坡体在锚索作用下的变形得到限制。因此，预应力锚索框架梁的内力计算时应考虑锚索对框架梁的影响。

预应力锚索框架梁上的锚索在边坡支护过程中可划分为两种工作状态：张拉状态和工作状态。张拉阶段和工作阶段均满足以下的基本假定：（1）框架梁为弹性梁；（2）预应力锚索的拉力视为集中荷载作用在框架梁节点上。

在锚索的张拉阶段，锚索拉力已知，为锚索的初始预应力。如果边坡处于稳定状态，坡体不发生变形，相应的锚索拉力也不发生变化，始终为初始预应力

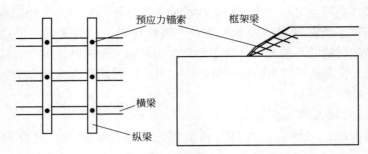

图 8.5 预应力锚索和框架梁示意图

P_i。锚索是主动受力的,它迫使土体变形,产生被动抵抗力 $q(x)$。根据 Winkler 假定,土体表面任一点的压力强度与该点的沉降成正比,即: $q(x) = k \cdot y$。式中,k 为基床系数。根据弹性地基梁法,可计算框架梁的内力。在锚索的工作阶段,坡体发生变形,土体下滑产生平行于潜在滑移面的边坡推力,框架梁阻止了滑动体的下滑,锚索处于被动受力状态,锚索上的拉力随坡体的变形而变化,框架梁上的内力也随之发生变化。目前的设计计算方法多是根据经典的土压力理论或土体容重来计算作用在框架梁上的土压力,锚索拉力按照初始张拉力计算,没有考虑锚索的工作状态和坡体变形对框架梁上土压力的影响。

8.4.2.2 框架梁的内力计算

将框架梁拆分为横梁和纵梁。为解决节点荷载的分配问题,通常采用文克尔地基模型,要求满足静力平衡条件和变形协调条件。

假设节点 i 处的力为 F_i,分配到 x 方向纵梁的力为 F_{ix},分配到 y 方向横梁的力为 F_{iy},按照静力平衡条件有 $F_{ix} = F_{iy} = F_i$。

假设纵、横梁在节点 i 处的竖向位移和转角相同,且与该处地基的变形相协调。为了简化计算,假设在节点处纵梁和横梁之间为铰接,即一个方向的条形基础有转角时,在另一个方向的条形基础内不引起内力,节点上两个方向的力矩分别由相应的纵梁和横梁承担。因此,只考虑节点处的竖向位移协调条件,即 $W_纵 = W_横 = W$。

根据静力平衡条件和变形协调条件可以建立联立方程组,得到纵、横梁上的节点分配荷载 F_{ix} 和 F_{iy}。

A 张拉阶段

锚索拉力经分配后作用在单梁上的分力为 P_i。根据 Winkler 弹性地基梁假定,土体表面任一点的压力强度与该点的沉降成正比,即 $q(x) = k \cdot y$。根据计算简图,建立如下基本微分方程:

$$Ei(\mathrm{d}^4 y / \mathrm{d}x^4) = p(x) - q(x) \tag{8.1}$$

式中,$p(x)$ 为作用在梁上的荷载,在框架梁节点处,$p(x)$ 为锚索的初始预应

力 P_i，对于梁上其他各点，$p(x) = 0$。根据节点荷载作用点距梁端的距离，将单梁划分为无限长梁、半无限长梁和有限长梁，求解上述微分方程即可得梁的变形和内力。

B 工作阶段

锚索处于工作阶段时，锚索的张力发生变化，不再是初始张拉力。不考虑锚索张力对滑体的遏止作用，根据边坡推力确定作用在框架梁上的土压力，采用倒梁法反推锚索张力。锚索张力的影响则通过增大安全系数的方式对下滑力进行修正。假设框架纵梁之间的间距与边坡范围相比足够小，因此可认为框架各纵梁上的土压力均相等，不考虑纵梁之间对土压力的相互影响，可只计算其中一个纵梁上的土压力。将框架梁下的土体划分为单独的条块，采用传递系数法计算上一滑块对该滑块的下滑力 T_i：

$$T_i = K_s W_i \sin\alpha_i - W_i \cos\alpha_i \tan\varphi_i - C_i l_i + \psi_i T_{i-1} \tag{8.2}$$

式中，K_s 为安全系数；W_i 为条块 i 所受重力；α_i 为条块 i 滑面的倾角；φ_i 为条块 i 滑面上岩土的内摩擦角；C_i 为条块 i 滑面上岩土体的黏聚力；l_i 为条块 i 的滑面长度；T_{i-1} 为条块 $i-1$ 的下滑力；ψ_i 为传递系数，且有：

$$\psi_i = \cos(\alpha_{i-1} - \alpha_i) - \sin(\alpha_{i-1} - \alpha_i)\tan\varphi_i \tag{8.3}$$

当边坡发生变形时，滑动体随潜在滑移面下滑，考虑到框架梁和锚索的阻遏作用，可通过适当增大安全系数 K_s 的方式进行修正，一般取为 1.15 ~ 1.25。将下滑力 T_i 均匀分布到深度方向，压力强度为：

$$\sigma_{hi} = T_i / h_i \tag{8.4}$$

式中，h_i 为第 i 个滑体的高度。由于前部土体对滑动体的遏止作用，在垂直于潜在滑移面的方向会产生侧向土压力 σ_{pi}，且：

$$\sigma_{pi} = K_a \sigma_{hi} \tag{8.5}$$

式中，K_a 为滑体压力系数，$K_a = \tan2(45° - \varphi_i)/2$；$\varphi_i$ 为第 i 个滑块土体的内摩擦角。

该侧向压力的垂直于框架梁方向的分力即为滑块 i 作用在框架梁上的土压力 O_i，且：

$$O_i = \sigma_{pi}\cos\theta = T_i \tan^2(45° - \varphi_i/2)\cos\theta / h_i \tag{8.6}$$

式中，θ 为滑移面与框架梁之间的夹角。

假设框架梁上的土压力为线性分布，只需由边坡推力确定框架梁两端点的土压力 O_1、O_2，线性分布于梁上即可。单梁的受力模式为静定结构，梁上土压力 $O(x)$ 确定后，采用倒梁法反推锚索拉力 E_i，按连续梁计算梁的内力。

8.4.3 滑体锚固的设计与优化

在滑坡锚固工程设计中，常遵从如下的工作流程。由于边（滑）坡的复杂性及现有理论认识的局限性，在设计时必须坚持"设计—施工—校核—修改设计"的"信息化设计"过程，合理选择设计参数，必要时应做现场拉拔试验以校核选用的设计参数是否可靠。

8.4.3.1 抗滑锚固力计算

为使边坡达到设计的安全系数，必须给岩体施加抗滑锚固力。该锚固力的计算主要采用极限平衡法，对于岩石边坡常用的方法有 Sarma、不平衡推力法等。其计算过程与极限平衡方法一致。

A   平面剪切破坏边坡稳定分析及锚固力计算

平面剪切破坏多出现在岩质边坡中，且大多数边坡在破坏前坡顶都会出现不同程度的张拉裂缝，其概化模式见图 8.6。

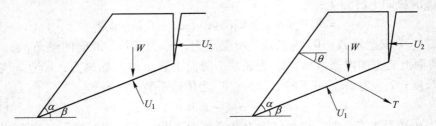

图 8.6   边坡平面破坏受力分析图

依据极限平衡原理，平面型破坏边坡稳定性系数计算公式为：

$$F_s = \frac{抗滑力}{下滑力} = \frac{CL + (W\cos\beta - U_1 - U_2\sin\beta)\tan\varphi}{W\sin\beta + U_2\cos\beta} \tag{8.7}$$

式中，C 为滑面黏聚力；U_1 为作用于滑块底面的浮托力；φ 为滑面摩擦角；U_2 为张裂缝中的水压力；W 为岩块自重；β 为滑面倾角；L 为滑面长度。

对于潜在不稳定的边坡，如果对滑块施加锚固力 T，则可得加固后边坡的稳定性计算公式：

$$F_s = \frac{抗滑力}{下滑力} = \frac{CL + [W\cos\beta - U_1 - U_2\sin\beta + T\sin(\beta + \theta)]\tan\varphi}{W\sin\beta + U_2\cos\beta - T\cos(\beta + \theta)} \tag{8.8}$$

式中，T 为作用于边坡上的锚固力；θ 为锚杆与水平面夹角。

由以上两式可求得使边坡稳定性安全系数达到许可值 F_s 时所需施加的锚固力计算公式：

$$T = \frac{W(F_s\sin\beta - \cos\beta\tan\varphi) + U_1\tan\varphi + U_2(F_s\cos\beta + \sin\beta\tan\beta) - CL}{F_s\cos(\beta + \theta) + \sin(\beta + \theta)\tan\varphi} \tag{8.9}$$

B   多滑块平面剪切破坏边坡稳定性分析及锚固力计算

多滑块平面破坏模式中最常见的是双滑块破坏模式，在岩质边坡中也较为常见，其受力分析如图 8.7 所示。

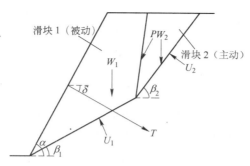

图 8.7 双滑块边坡受力分析

如不考虑所施加的锚固力 T，采用不平衡推力法，假定主动滑块处于极限平衡状态，则可求得边坡稳定系数为：

$$F_s = \frac{\text{被动滑块抗滑力}}{\text{被动滑块下滑力}} = \frac{C_1 L_1 + [W_1\cos\beta_1 + P\sin(\beta_2 - \beta_1) - U_1]\tan\varphi_1}{W\sin\beta_1 + P\cos(\beta_2 - \beta_1)}$$

(8.10)

式中，$P = W_2(\sin\beta_2 - \cos\beta_2\tan\varphi_2) + U_2\tan\varphi_2 - C_2 L_2$。$W_1$、$W_2$ 分别为滑块 1 和滑块 2 的自重；U_1、U_2 分别为滑块 1 和滑块 2 的水压力；C_1、C_2 分别为滑块 1 和滑块 2 的黏聚力；φ_1、φ_2 分别为滑块 1 和滑块 2 的摩擦角；β_1、β_2 分别为滑块 1 和滑块 2 的滑面倾角；L_1、L_2 分别为滑块 1 和滑块 2 的滑面长度。

如果考虑作用于边坡上的锚固力 T，则边坡稳定性系数计算公式为：

$$F_s = \frac{C_1 L_1 + [W_1\cos\beta_1 + P\sin(\beta_2 - \beta_1) - U_1 + T\sin(\delta + \beta_1)]\tan\varphi_1}{W_1\sin\beta_1 + P\cos(\beta_2 - \beta_1) - T\cos(\delta + \beta_1)}$$ (8.11)

式中，T 为施加于边坡上的锚固力；δ 为锚杆与水平面的夹角。

于是，边坡达到设计安全系数数值时所需加固力为：

$$T = \frac{W_1(\sin\beta - \cos\beta_1\tan\varphi_1)}{\cos(\delta + \beta_1)F_s + \sin(\delta + \beta_1)\tan\varphi_1} +$$

$$\frac{P[\cos(\beta_2 - \beta_1)F_s - \sin(\beta_2 - \beta_1)\tan\varphi_1] + U_1\tan\varphi_1 - C_1 L_1}{\cos(\delta + \beta_1)F_s + \sin(\delta + \beta_1)\tan\varphi_1}$$

(8.12)

由上式可知，要求得锚固力 T 值，首先必须确定锚固角 δ 值。

8.4.3.2 锚固角的确定

锚杆锚固角的确定受多种因素影响，如钻孔施工条件、灌浆条件、滑面倾角和摩擦角等。目前锚固角的选择有一定的范围，如锚杆设计与施工规范规定，锚固角与水平面的夹角应不小于 $10°$ 且不大于 $45°$，倾角过小则易使灌注浆液析水，倾角过大则会使锚杆的水平分力过小，造成锚固效果较差。

设计时可从经济方面分析锚固力与锚固角之间的关系，从锚固力计算公式可知，总存在一个最优角度，可使施加的锚固力最小，即存在一个角度使滑坡抗滑力达到最大。对计算公式求导，可得锚固角 $\delta = \arctan(\tan\varphi / F_s)$，此时的锚固角即为最优锚固角，但由此导致锚杆总长度较大，并造成施工工程量的增加，达不到最经济要求，对此，工程上常采用 $\delta = 45° + \varphi/2 - \beta$，可使锚杆设计达到合理，即提供的锚固力不会最大，锚杆长度也不会最长。

8.4.3.3 锚杆间距

锚杆间距应以所设计的锚固力能对岩体提供最大的张拉力为标准。锚杆间距过小易产生群锚效应，即当锚杆间距太小时，会产生单根锚杆极限承载力有效性减小的现象，因此各国的规范都对预应力锚杆的最小间距做出了规定。

另外还应保证锚杆之间能形成挤压带。试验表明，只有当锚杆长度与锚杆间距之间的比值不小于 2 时，锚杆才能起到联合加固效果。因此，锚杆的最大间距应小于 1/2 锚杆长度。

国内外相关工程中，锚杆间距一般都在 10m 之内，但根据我国的工程经验，对于岩石高边坡的加固，锚杆间距采用 4 ~ 6m 为宜。

8.4.3.4 设计锚固力的确定

在计算出边坡加固所需的总锚固力后，通过确定锚杆间距及沿滑动方向的排数即可计算出单孔锚索的锚固力，即设计锚固力 T_D：

$$T_D = (T \times D)/n \tag{8.13}$$

式中，T 为总锚固力；D 为锚杆间距；n 为锚杆排数。

设计锚固力必须满足以下三个条件：

（1）$T_D \leqslant T_{ag}$（容许拉拔力）。容许拉拔力一般通过试验来确定。容许拉拔力应满足 $T_{ag} \leqslant T_{ug}/F_s$（$T_{ug}$ 指单孔锚杆极限拉拔力（拔出力），F_s 为相应拉拔力的安全系数）。在实际应用中 T_{ag} 取值可参考表 8.3。

表 8.3 锚杆容许拉拔力取值参考值

荷载条件	容许拉拔力 T_{ag}	荷载条件	容许拉拔力 T_{ag}
一般荷载	$T_{ag} \leqslant T_{ug}/2.5$	一般荷载叠加地震	$T_{ag} \leqslant T_{ug}/(1.5 \sim 2.0)$

（2）$T_D \leqslant T_{as}$（锚杆容许拉力）。设计中锚杆容许拉力一般取杆体材料保证强度的 60% 左右（一般在杆体保证强度 0.55 ~ 0.65 范围内；超张拉时取值 0.66 ~ 0.75）。当锚杆形式采用预应力锚索时，单孔锚索的钢绞线材料保证强度等于单孔钢绞线锚索总根数乘以单根锚索钢绞线强度。因此，在国内取值如下：

$$T_{as} \leqslant T_{uu}/(1.54 \sim 1.82) \quad (T_{uu} 为钢绞线材料保证强度)$$

（3）$T_D \leqslant T_{ad}$（岩体容许压应力）。外锚固段坡面岩体所能承受的压力

$$T_{ad} = T_{dd} \cdot A_S/K \tag{8.14}$$

式中，T_{dd} 指岩体表面允许最大压应力（可通过试验获得）；A_S 为锚墩的底面积；

K 为相应的压力安全系数。

8.4.3.5 锚固段长度及锚杆长度的确定

锚固段长度可根据锚杆的设计锚固力确定。

（1）锚固段长度应满足防止锚杆体从胶结体中拔出时：

$$L_1 \geqslant F_s T_D / (n\pi d\tau_1) \quad 或 \quad L_1 \geqslant T_D / (nd_s\tau_1) \tag{8.15}$$

（2）防止锚杆与胶结体一起拔出时：

$$L_2 \geqslant F_s T_D / (\pi D\tau_2) \tag{8.16}$$

式中，T_D 为锚杆设计锚固力，N；F_s 为安全系数，$F_s = 2.0 \sim 3.0$；n 为钢绞线锚索根数；d 为单束锚索体直径，mm；d_s 为锚索体外观直径，mm；D 为钻孔直径，mm；τ_1 为钢绞线与水泥（砂）浆的黏结力，MPa；τ_2 为水泥（砂）浆与孔壁间的黏结力，MPa。

（3）若按被锚固段岩体强度确定，则锚固段长度应满足：

$$L_3 \geqslant \sqrt{K_s T_D / (\sqrt{2}\pi\tau)} \tag{8.17}$$

式中，K_s 为安全系数，$K_s = 2 \sim 4$；T_D 为设计锚固力；τ 为岩石的抗剪强度，kPa，取抗压强度的 1/12。

根据以上方法计算出锚固段长度，再由（潜在）滑面位置及选定张拉设备所需预留长度，必要时还需考虑避免形成"群锚效应"张拉段所需加长的部分，即可确定锚索总长度。

8.4.4 包钢白云东矿 1544m 以下开采边坡锚固治理

白云鄂博铁矿东矿位处内蒙古高原大青山北部，包头市以北约 150km。矿区干旱少雨，年均降水量 231.6mm，而蒸发量为降水量的 10 倍以上。降雨多集中于 7 ~ 8 月份，此期间降雨量占全年总降水量的一半以上。该区霜冻期长达 5 个月之多，最大冻结深度为 2.78m。

由计算分析可知，该矿 1544m 以下边坡安全系数过小，处于不稳状态。对 C3 - C3′剖面，坡脚设在 1404m 水平，采用不平衡推力法计算，当边坡达到安全系数限值 1.25 时，边坡滑余推力为 3202kN／m，尚需锚固工程提供部分抗滑力。由于 C 区工程地质条件复杂，岩体质量状况较差，因此边坡形成后应及时进行锚固，避免坡面暴露时间过长而引发破坏。

设计锚固方案：预应力锚索、喷射混凝土及系统锚杆联合加固，如图 8.8 所示。

由于云母片岩强度较低，易受锚索锚固段集中剪应力作用发生变形，因此采用技术更加先进的压力分散型锚索锚固。此项技术的核心是把整个锚固段分成若干承压段，将锚固段所受的拉应力均匀分散到这几段中，可有效避免应力集中于

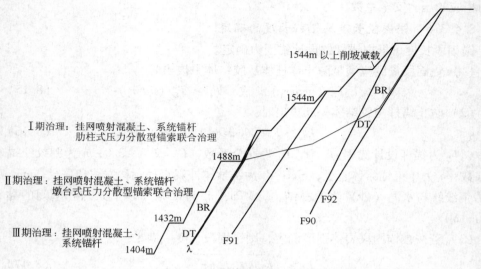

图 8.8　C 区加固方案 2 - 2′剖面示意图

某一处而使岩体受到损伤。在岩体强度较弱的情况下，该技术可显著提高锚索的承载力，减少因岩体徐变而导致预应力损失。该类型锚索索体采用无黏结钢绞线，可显著增强索体的抗腐蚀性能。

8.4.4.1　预应力锚索参数的确定

A　锚固角的选择

锚索锚固角经综合考虑岩体性质及造孔、施工工艺，设计索体下倾，与水平面夹角 20°。

B　锚索间距

根据锚固力计算公式，当边坡安全系数达到 1.25 时，所需的锚固力为3202kN/延米。据此结果，预应力锚索布设采用水平间距 5m，垂直（沿坡高）方向设 18 排，间距 5~6m，则单根锚索的轴向拉力 890kN 即可满足要求。

C　钢绞线组合根数计算

设计锚索索体采用 $\phi15.24\mathrm{mm}(7\times\phi5)$、1860MPa 高强度低松弛无黏结钢绞线，则所需钢绞线根数为：

$$n = \frac{K \cdot N_\mathrm{t}}{\eta \cdot f_\mathrm{ptk} \cdot A} \tag{8.18}$$

式中，K 为锚索体安全系数，此处参照永久性工程，取值 1.8；N_t 为锚索设计轴向拉力；η 为锚具效率系数，一类锚具可取值 0.95；f_ptk 为预应力钢绞线强度标准值，MPa；A 为单根锚索截面面积，mm^2。

计算结果 $n = 5.53$，即采用 6 根钢绞线即可满足承载力要求。

D 设计锚固力的确定

钢绞线的设计承载力取值一般要求在其标准强度的 60%，按此要求，6 根钢绞线的设计承载力为 937kN，此处取值 900kN，大于所需的锚固力，满足加固要求。

E 锚固段长度的确定

由于锚固采用 $6 \times 7\phi5$ 压力分散型锚索，考虑索体配套部件对钻孔孔径的要求及施工机具因素，确定锚孔孔径为 130mm。

根据锚固段长度计算公式：$L_1 \geq F_s T_D / (\pi n d \tau_1)$ 和 $L_1 \geq F_s T_d / (\pi D \tau_2)$，此处锚索的抗拔安全系数 F_s 取值为 2，计算结果 $L_1 = 10.48\text{m}$，$L_2 = 11.25\text{m}$，取其中较大值，锚固段长度取值为 12m。

由于云母片岩自身力学指标较低，质地软弱，工程性质差，当锚固工程量较大时，更易发生"群锚效应"，造成锚固效果降低，因此，预应力锚索设计时，应考虑锚固段实际长度，使其长短交错间隔布设，防止锚索锚固力作用于坡体内部某一平面上，各排锚索锚固应力区域连通贯穿，不利于边坡锚固效果。

8.4.4.2 滑体综合治理措施

因边帮云母片岩强度较低，抗风化、冲蚀能力差，当坡面施加大吨位预应力锚固后，锚墩作用范围内岩体可能会逐渐产生塑性变形，导致锚固预应力损失，降低锚固效果，此外，各锚索之间的坡面岩体也会因锚索对坡面施加的压力影响而产生拉应力，当坡面岩体工程性质较差时，有可能会导致坡面岩体开裂变形。因此，预应力锚索锚墩不宜直接坐落在边帮岩体上；边坡锚固后应限制坡面岩体产生变形位移，以防止锚固效果降低。当边坡岩体坚硬、抗侵蚀性强、承压能力大时可不考虑岩体变形对锚固效果的影响，但当边坡为云母片岩等较软弱岩体时，则应重视岩体质量与锚固之间的关系。

设计在 1488m、1544m 两个台阶坡面挂网喷射 10cm 厚 C20 混凝土，每个台阶坡布设 5 排预应力锚索，长度 35~55m，锚索间距 5m×5m，承台采用 C30 钢筋混凝土肋柱，这样可使全部锚固力均匀分散至整个混凝土肋柱，经肋柱传力于边坡岩体，有效避免了因压应力集中而造成的不良影响，同时对整个坡体进行封闭防护，防止了台阶坡出现新的局部破坏。

对 1404m – 1488m 台阶坡，表层采用挂网锚喷防护，C20 挂网喷射混凝土厚度 10cm，并采用 $\phi32$ 全长黏结系统锚杆组建"岩墙"，以提高边坡表层岩体的整体稳定性能。1432m – 1488m 台阶坡设深层锚固，采用施工较为快速的墩台式压力分散型预应力锚索，每个台阶设 4 排，垂直间距 6m，水平间距 5m 梅花形布置。具体加固方案如图 8.9 所示。

以上加固措施宜分阶段实施，第一阶段计划在 2005 年实施，主要加固预计形成的 1488m 和已经形成的 1516m 两个台阶坡，1488m 台阶坡的并段靠界须在

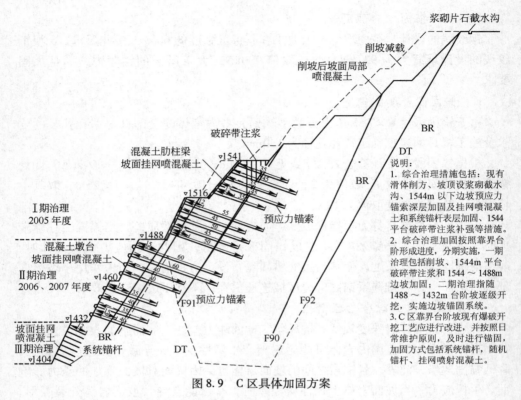

图 8.9　C 区具体加固方案

1516m 台阶加固完成后方可进行。第二阶段旨在加固 1432m、1488m 两个台阶，锚固工程应紧随边坡面开挖作业，分层开挖，逐级防护。靠帮台阶坡一旦形成，应立即实施相应的锚固工程。

8.5　露天矿边坡监测与预警

对大孤山西侧边帮（包括西南帮和西北帮）进行了地质调查。边帮的地质调查工作主要采用野外实地调查、访问、收集、整理及分析各项资料等工作方法。对断层、岩性、节理裂隙分布和量测以及小型滑坡等地质灾害进行现场鉴定、量测，结合调查访问确定其性质、规模，并对影响因素进行简要分析；室内资料整理是在充分收集资料的基础上，结合野外实地调查成果，对大孤山铁矿矿区边帮进行地质调查。

鞍山地区是华北地台北东部的太古宙岩石出露区。区内广泛可见的是多个大型太古宙铁矿床，它们主要分布在三条狭长的矿带内，即铁架山东侧的齐大山 - 胡家庙子矿带，走向 340°；铁架山南侧的东、西鞍山 - 大孤山矿带和东南侧的眼前山 - 关门山矿带，走向近东西。

由于受多次构造运动的作用，大孤山矿区断裂构造比较发育，这是古老变质岩地层的共同特点。因本矿区为一单斜层构造，相对比较简单，对断裂构造进行分析和认识就显得更为重要。

本矿区断裂构造有多种类型，断裂规模相差很大。经地质调查，大孤山矿区西北帮发现有一定规模的断层 12 条，小规模断层很发育，此外还发育有大量的节理和裂隙。

经过对矿区西侧边帮的调查，现将主要断层描述如下：

F_{14} 断层：位于矿区西北端，是矿区内较大的斜断层。断层产状 190°~200° ∠50°~60°，深部断层走向转为近东西向，其性质为逆断层，断层上盘为太古界鞍山群樱桃园组含铁石英岩层，产状为 60°∠72°，下盘为太古代花岗岩或太古界鞍山群樱桃园组绿泥石英片岩。由于断层倾向与矿体岩层倾向近相反，矿体受该断层切割而延伸有限，矿区西侧矿体因遭受 F_{14} 和 F_{15} 断层的双重切割，矿体呈楔形。

F_{15} 断层：位于矿区西北端，为矿区内唯一的走向断层，向东延伸极长。断层产状为 45°~55°∠70°~75°，其性质为正断层，断层上盘为太古界鞍山群樱桃园组含铁石英岩层，产状 60°∠72°，下盘为太古代花岗岩。

F_3、F_4 断层：为 F_{14} 断层伴生小断层，见于三期井平台井架南侧约 100m 处，其产状为 170°∠70°，230°∠70°，上下盘岩性均为太古代花岗岩。

F_5 断层：位于三期井平台北侧，其性质为正断层，产状约 170°∠85°，其上盘为太古界鞍山群樱桃园组绿泥石英片岩，下盘为太古代花岗岩。该断层与大的纵向切割裂隙 L_1（节理裂隙产状为 255°∠65°）将该处边帮岩体切割成大块楔形体，部分破碎岩体沿产状为 145°∠85° 的临空面滑下，目前该楔形体稳定性仍然很差，如图 8.10 所示。

图 8.10　三期井平台北侧两个典型的楔形体滑坡

F_6、F_7 断层：位于二期井平台井架南侧 300m 处，产状分别为 210°∠45°，300°∠50°，将该处岩体切割成楔形状，但规模较小，岩体整体性较好，现状稳定，如图 8.11 所示。

图 8.11 二期井平台井架南侧节理裂隙发育状况

F_8 断层：位于铁路平台北侧，南北走向，产状为 270° ∠50°，其性质为正断层，上盘为太古界鞍山群樱桃园组绿泥石英片岩，下盘为太古代花岗岩。断层附近岩体破碎，岩体剥落堆积。

F_{11} 断层：位于铁路平台北侧，产状为 190° ∠80°，其性质为正断层，上盘为燕山期辉绿岩，下盘为下元古界辽河群浪子山组碳质千枚岩，如图 8.12 所示。

图 8.12 千枚岩地带

8.5.1 边坡节理裂隙人工测量

据实地调查，矿区节理裂隙发育为影响和控制岩石边坡稳定性的主导因素。矿区内不同地段的节理裂隙发育程度及产状差别较大。现对矿区出露的岩石节理分段进行评述，按在矿区位置初步分为三个区域。

区域 I（红矿区以南）：该段岩性主要为太古代花岗岩。花岗岩强～弱风化，节理主要产状有以下三组：（1）50°～90° ∠20°～60°；（2）100°～105° ∠80°；（3）310°～320° ∠60°～75°。岩石节理裂隙发育，岩体破碎，节理裂隙多为 5～20 条/m，局部 20～30 条/m。二期井平台红矿照片见图 8.13，节理走向玫瑰花图见图 8.14。

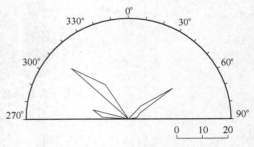

图 8.13 红矿区域照片 　　　　图 8.14 区域 I 节理走向玫瑰花图

区域Ⅱ（红矿区）：该段岩性主要为太古代花岗岩和太古界鞍山群樱桃园组含铁石英岩层局部含千枚岩夹层。节理主要有以下三组：（1）20°~35°∠70°~75°；（2）160°~175°∠10°~20°；（3）230°~265°∠79°~82°。岩石节理多密闭，局部张开，泥质或铁质充填，岩体完整性稍好。

区域Ⅲ（红矿区以北）：该段岩性铁路平台及以上主要为太古界鞍山群樱桃园组绿泥石英片岩、下元古界辽河群浪子山组碳质千枚岩及燕山期辉绿岩，铁路平台以下主要为太古代花岗岩。节理主要产状有以下三组：（1）35°~60°∠70°~86°；（2）110°~130°∠45°~60°；（3）220°~270°∠70°~75°。节理裂隙倾角均较陡，裂隙张开度较大，易形成大的切割楔形体，岩体稳定性差。节理走向玫瑰花图如图8.15所示。

矿区地质构造较复杂，断裂和节理裂隙对岩体切割破坏较严重，岩体完整程度为较破碎~碎，主要结构面结合程度差，构造运动使局部岩层产

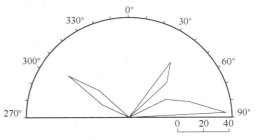

图8.15　区域Ⅲ节理走向玫瑰花图

状变陡，当高陡边坡形成并与不良结构面顺向，极易发生顺结构面崩滑地质灾害。

8.5.2　边坡节理三维不接触测量系统（3GSM）测量

为了更加精确和快速地测试边坡的节理裂隙分布，东北大学资源与土木工程学院的杨天鸿教授利用3GSM进行现场测量。从奥地利Startup公司引进的一套3G软件和测量产品JointMetrix3D及ShapeMetrix3D是一个全新的、代表当今最高水平的岩体几何参数三维不接触测量系统，应用在岩土方面、工程地质和测量方面，用来测量和评价岩体和地形表面，它可以提供显著详细的三维图像并且提供三维的软件得到岩体大量、翔实的几何测量数据，记录边坡隧道轮廓和表面实际岩体不连续面的空间位置、确定采矿场空间几何形状、确定开挖量、危岩体稳定性鉴定、块体移动分析等。

该系统的两个测量产品的主要区别是成像系统和图像处理方法：ShapeMetrix3D使用一个设有支架的校准的单反相机（尼康D80，3872×2592像素即1020万像素），从两个不同角度对指定区域进行成像并通过像素匹配技术进行三维几何图像合成，几何图像分辨率是测量区域面积毫米/3872×2592像素。JointMetrix3D基于旋转的CCD线扫描照相机（10000万像素）和软件组件。成像系统安装在一个三脚架上，当轮换单位转动折线传感器时，该系统一行行地获取全景图像。面对庞大而复杂的几何形状时，两个系统组合使用：有大量露头和需要彻底分析时，JointMetrix3D系统是用来制作全面积的三维基准（定位）模型，而ShapeMetrix3D系统是对三维图像进行细节部分的精细测量。

　　该系统由一个可以进行高分辨率立体摄像的照相机、进行三维图像生成的模型重建软件和对三维图像进行交互式空间可视化分析的分析软件包组成。软件系统对不同角度的图像进行一系列的技术处理（基准标定、像素点匹配、图像变形偏差纠正），实现实体表面真三维模型重构，在计算机可视化屏幕上从任何方位观察三维实体图像，使用电脑鼠标进行交互式操作来实现每个结构面个体的识别、定位、拟合、追踪以及几何形态信息参数（产状、迹长、间距、断距等）的获取，并进行纷繁复杂结构面的分级、分组、几何参数统计。

　　该系统的两大优点：（1）解决了传统现场节理地质测量低效、费力、耗时、不安全，甚至难以接近实体和不能满足现代快速施工的要求的弊端，真正做到现场岩体开挖揭露面的即时定格和精确定位；（2）传统方法现场真正需要测量的具有一定分布规律和统计意义的Ⅳ级和Ⅴ级结构面几何形态数据无法做到精细、完备、定量的获取，该系统完全可以胜任，使得现场的数据可靠性和精度满足进一步分析的要求。图 8.16 为立体图像合成原理。图 8.17 为 JointMetriX3D 成像系统旋转的 CCD 线扫描照相机，图 8.18 为 ShapeMetriX3D 成像系统由校准单反相机及多变的变焦数码相机构成。图 8.19 为 3GSM 的现场测试和计算框图。

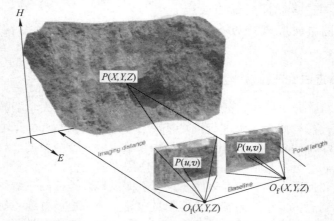

图 8.16　两个图像上相应的点 $P(u, v)$ 组成三维空间物体点 $P(X, Y, Z)$

图 8.17　JointMetriX3D 成像系统

图 8.18　ShapeMetriX3D 成像系统

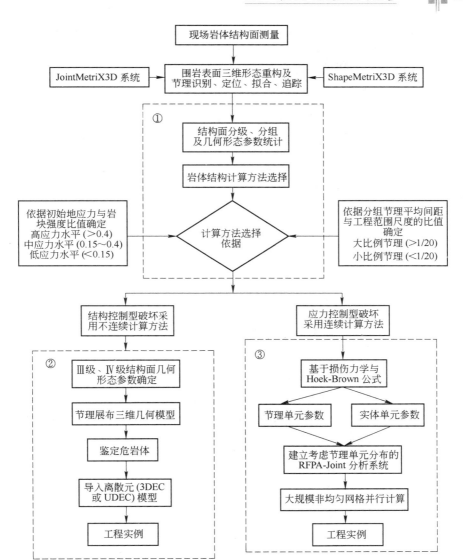

图 8.19　3GSM 的测试和计算框图

本研究对西北帮的 –26m 台阶、–70m 台阶和 –113m 台阶进行节理裂隙的测试和分析。图 8.20 为边坡裂隙测量点具体位置图，其中三期井 –113m 平台测量 1 号~7 号点，二期井 –78m 平台测量了 8 号~13 号点，–26m 铁路平台测量了 14 号~18 号点，具体准确位置在图 8.20 上标注。边坡裂隙测量地点主要选择那些没有被浮渣覆盖或很少覆盖，节理裂隙比较清晰的边坡面。其中 1 号、2 号点为三期井平台红矿区域，3 号、4 号、5 号为三期井平台西侧混合岩区域，6 号、7 号点为三期井平台东侧混合岩区域。11 号点为二期井平台红矿区域，8

号、9 号、10 号为二期井平台红矿区域东侧混合岩区域，12 号、13 号为二期井平台红矿区域西侧混合岩区域，14 号、15 号、16 号点为铁路平台混合岩测量区域，17 号、18 号为千枚岩测量区域。

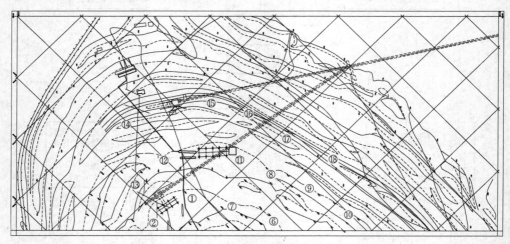

图 8.20　边坡裂隙测量点具体位置图

为了统一比较，把所有测点的结果汇总两个表，表 8.4 和表 8.5 分别为边坡裂隙测量各点的统计结果。测量结果表明：裂隙节理分布不均匀，其中 6 号、9 号、12 号、13 号点区域相对比较破碎，节理发育，平均 1m 多就有一条大的节理。而 4 号、7 号、18 号点裂隙间距相对较大，裂隙不发育，平均 3m 多有一条大的节理。其余各点处于两者之间。

表 8.4　边坡裂隙测量各点的间距结果

点号	间　　距						节　　理		
	节理条数	频率/节理数·m⁻¹	均值/m	标准差/m	最小值/m	最大值/m	裂隙长度/m	均值/m	标准差/m
1	68	0.4130	2.42	2.62	0.00	9.63	13.64	0.20	0.16
4	37	0.2173	4.60	6.80	0.05	24.05	13.43	0.36	0.21
6	44	0.6813	1.47	2.03	0.00	9.18	14.67	0.33	0.19
7	42	0.2156	4.64	3.84	0.02	17.74	49.91	1.19	1.48
8	57	0.2861	3.50	4.48	0.00	19.07	31.48	0.55	0.42
9	74	0.7940	1.26	2.22	0.00	20.20	57.27	0.77	0.74
10	58	0.3303	3.03	6.14	0.01	30.55	29.17	0.50	0.32
11	76	0.4270	2.34	5.60	0.02	48.13	14.57	0.19	0.18
12	63	0.5851	1.71	2.54	0.00	19.49	56.84	0.90	0.56
13	33	0.9044	1.11	1.19	0.00	5.13	14.21	0.43	0.19
18	62	0.2197	4.55	5.29	0.00	24.93	42.86	0.69	0.69

表 8.5 边坡裂隙测量各点的倾向和倾角结果

点号	倾向/(°)	倾角/(°)	孔径球面/(°)	集度	取向度/%	锥体的置信度/(°)	置信度/%	数目
1	200.77	33.30	48.05	3.56	44.69	10.73	95	68/70
4	118.17	49.17	41.24	4.52	56.54	10.02	95	57/57
6	285.83	40.23	44.11	4.03	51.55	12.33	95	44/53
7	133.43	31.29	61.03	2.55	23.46	17.64	95	42/48
8	247.91	69.06	47.66	3.60	45.36	11.67	95	57/69
9	285.20	22.96	43.04	4.23	53.41	9.28	95	72/72
10	265.97	36.17	44.92	3.94	50.15	10.86	95	58/66
11	143.45	29.71	52.96	3.10	36.28	11.20	95	76/88
12	159.44	12.10	29.84	7.95	75.24	6.78	95	63/76
13	161.53	36.46	44.86	3.90	50.25	14.65	95	33/46
18	191.10	22.76	48.39	3.52	44.09	11.34	95	62/77

8.5.3 大孤山铁矿边坡位移监测与分析

8.5.3.1 工程概况

虽然大孤山铁矿边坡工程没有发生大滑坡的事故，但随着开采深度的增加，有边坡滑坡的可能。大孤山铁矿西端矿石井是大矿对大孤山选矿厂输送矿石的主要通道，始建于 1986 年。从 2005 年 10 月开始，现场工人陆续发现巷道内出现一些裂缝并伴有掉渣现象，这一现象在 2007 年 7 月表现得尤为强烈。巷道内出现多处横向通体裂缝，顶棚局部出现坍塌、断裂，底板出现隆起并导致卷扬铁轨扭曲变形，横向裂缝最宽处近 200mm，纵向偏差达 80mm。根据巷道裂缝向采场斜下方发展的现象，采场西部边坡有整体下滑的可能，而且西北端有明显的断层，随着开采的延伸，存在楔形滑体的可能。西南端帮节理裂隙比较发育，混合岩强度不高，也存在滑坡的可能性。辽宁科技大学资源与土木工程学院受鞍钢矿山公司委托建立大孤山铁矿西帮边坡地表位移监测系统，利用监测仪器对建立的监测点进行定期和不定期监测，为分析岩体移动的规律提供可靠数据，对研究巷道的破坏机理和保证矿山安全生产具有重要的意义。

8.5.3.2 变形监测的目的

监测工作的主要任务是针对大孤山铁矿西帮边坡地质环境和工程地质特征，确定变形关键部位，突出重点，建立完整的监测剖面和长期的监测网。

滑体位移监测采用对地表埋桩观测的方法，地表位移采用全站仪监测边坡岩体的绝对位移变化情况，通过定期、长期观测，分析边坡变形移动趋势，同时判定边坡稳定程度与降雨、爆破的相关性。

8.5.3.3 监测规范依据执行国家行业标准

按设计要求,本次监测执行中华人民共和国标准《工程测量规范》(GB 50026—93),满足水平位移二等变形测量的精度要求。

8.5.3.4 监测系统中的基准点和监测点的建立

按设计要求对大孤山铁矿西帮边坡地表位移监测系统共建立 21 个监测点,监测桩的位置确定首先按设计位置利用 GPS - RTK 进行放样,见图 8.21,并根据要求对监测点位置进行调整;监测桩建立尺寸与基准点相同,见图 8.22,监测桩桩顶的强制对中器见图 8.23。

图 8.21 利用 GPS 进行放样

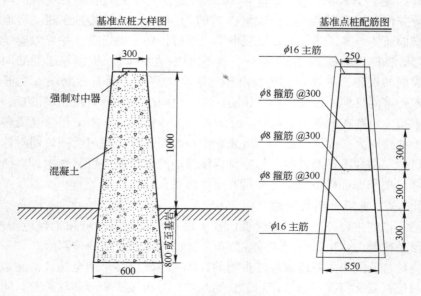

图 8.22 现场采用的基准点结构图

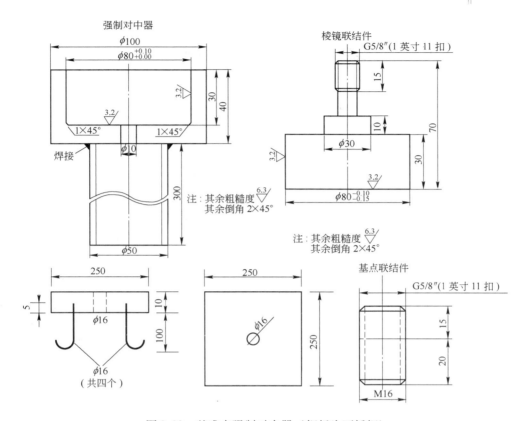

图 8.23 基准点强制对中器（钢板为不锈钢）

在建立基准点和监测点时，为了保证桩点的稳定，增加埋深，桩坑的深度由 800mm 增加到 1200mm 或到基岩，并且在挖到基岩后又向下凿岩近 400mm，同时在岩石上打四个 400mm 深的钻孔，埋下 600~1000mm 长 ϕ20 的螺纹钢，并用混凝土浇筑，在挖深达到 1200mm 仍没有达到基岩时，每个桩坑打下 2~3 根 1400mm 长的 ϕ80 钢管，见图 8.24 和图 8.25。螺纹钢和钢管露出桩坑底部至少

图 8.24 现场钻孔及浇筑钢筋

图 8.25 桩坑底部现场钉钢管

200mm 长，以便与浇筑桩结合，见图 8.26。桩顶强制对中器在现场浇筑桩后及时安装，并用水准仪分四个位置校正，见图 8.27。

图 8.26　桩坑底部结构

图 8.27　桩顶安装完强制对中器的基准桩和监测桩

8.5.3.5　监测的内容

A　基准点布设与测量

大孤山铁矿西帮边坡地表位移监测系统基准点按设计要求建立基准点 5 个，其中 01 号点为主要监测基准点，02 号点为辅助监测基准点，其他点为确保监测系统稳定参考点，通过高精度边角观测，确定监测基准。

观测采用高精度仪器（测量机器人）在 5 个基准点间进行边角同测方法，获得大量的多余观测量，达到独立网平差精度。联测坐标方向和坐标通过经检测合格的该矿正在使用的控制点 7 号和 9 号点进行。把所建立的监测系统基准点复合到大孤山铁矿坐标系统中，为了保证监测系统基准点的正确性，又采用 GPS 静态观测对监测系统基准点进行检核。监测系统基准点的分布图形见图 8.28。

B　监测系统基准点观测数据处理

（1）数据处理采用商用测绘专业数据处理软件 NASEW V3.0 进行。

（2）利用数据处理软件 NASEW V3.0，采用
边角网严密平差后输出数据处理结果如下：

1）本成果为按［平面］网处理的［平差］
成果，数据库为：E：\ LZY \ lzy 平差 . obs

2）平差前后基本观测量中误差情况：

观测值	平差前	平差后
方向误差：	0.000170	0.000151
固定误差：	0.00100	0.00089
比例误差 PPM：	1.00	0.89

3）控制网中最大误差情况：

最大点位误差 = 0.00137m

最大点间误差 = 0.00145m

最大边长比例误差 = 1/394600

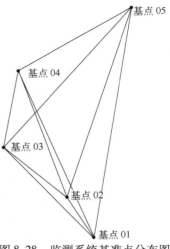

图 8.28　监测系统基准点分布图

C　位移监测点平面布设

大孤山铁矿西帮边坡地表位移监测系统监测点的平面位置根据设计位置进行
测设，采用美国生产的 GPS 对设计监测点的平面位置进行测设，然后根据设计人
员意见对部分点位进行调整。点位调整主要原因是经现场测设监测点的平面位置
后发现部分点位所处位置不稳定或位于铁路等生产设备附近，不利于点位保存，
经设计方现场调整，对部分监测点进行调整。

D　位移监测点测量

大孤山铁矿西帮边坡地表位移监测系统监测点监测工作按设计要求执行中华
人民共和国标准《工程测量规范》（GB 50026—93），满足水平位移二等变形测
量的精度要求。对大孤山铁矿西帮边坡地表位移监测系统 21 个监测点进行定期
和不定期监测。

第一次监测是在监测点和基准点点位浇筑后 20 天以后进行的，在对基准点
进行多测回观测并获得基准点坐标数据后开始观测，观测采用测量机器人，监测
时首先对监测基准点进行观测，确定基准点的稳定性，具体方法是在 01 号监测
基准点上对所建立的表位移监测系统基准点进行边角同测，计算 01 号点的坐标，
并与监测系统基准网平差结果进行对比，精度符合《工程测量规范》（GB
50026—93）二等变形测量的精度要求后才开始对监测系统 21 个监测点的观测。

第一次对位移监测点监测时，在 01 号基准点上对采用 21 个监测点进行盘
左、盘右 10 测回以上的边角观测，观测后在对监测数据进行误差改正后计算各
监测点的坐标，同时计算监测误差，取观测误差在《工程测量规范》（GB
50026—93）规定的水平位移二等变形测量的精度要求范围内的观测数据进行数
据统计计算，获得每个监测点的坐标。由于第一次监测数据将作为以后监测的标

准值，所以在第一次监测时上面工作独立进行两次，然后取观测误差在《工程测量规范》（GB 50026—93）规定的水平位移二等变形测量的精度要求范围内的观测数据进行坐标数据统计计算，获得每个监测点的标准坐标，作为今后监测的监测点的坐标标准。

在后面各次监测中都是在 01 号基准点上对采用 21 个监测点进行盘左、盘右 10 测回以上的边角观测，取观测误差在《工程测量规范》（GB 50026—93）规定的水平位移二等变形测量的精度要求范围内的观测数据进行数据统计计算，获得每个监测点的坐标。

在观测时采取多种措施减少外界对误差的影响，如在测站给仪器打伞，避免阳光照射仪器而改变仪器观测状态。由于本项观测使用的仪器精度非常高，对观测条件的要求非常严格，如果观测条件不好仪器自动停止观测，因此在监测点位置给棱镜安装遮阳罩，避免阳光直接照射棱镜引起杂光干扰仪器本身发出的观测光，提高观测精度。同时观测尽量选择通视条件好并且风小的时候进行，提高测量机器人观测的成功率。

E　监测阶段报告

每次监测前都与鞍钢矿山公司协调沟通，每次监测结束都及时提交监测阶段报告，报告中除提交监测数据和监测精度外，还对大孤山铁矿西帮边坡地表位移监测数据分析、监测时的天气情况、监测点情况、两次监测间隔的降雨情况进行说明。

本次变形监测执行中华人民共和国标准《工程测量规范》（GB 50026—93）中的二等变形测量的精度要求有关规定。监测点放样、基准点和监测点桩顶强制对中器的安装、基准点的观测和监测点位移监测等均使用高精度测量仪器。此次监测具体使用的仪器如下（图 8.29）：（1）放样桩位采用美国 Trimble GPS5700 3 台套；（2）安置强制对中器抄平采用日本索佳测绘仪器公司生产的 B07 型高精度水准仪；（3）基准点观测采用瑞士 Leica TCA2003 全站仪（测角 0.5″，测距 1 + 1ppm）；（4）监测点观测采用瑞士 Leica TCA2003 全站仪（测角 0.5″，测距 1 + 1ppm）。

图 8.29　精密水准仪及全站仪示意图

F 观测数据报表

每次监测后及时提供监测报告，报告中对获得的监测点平面位置坐标及观测成果质量进行误差统计，每次观测均满足规范精度要求，详见分期报告。

每次监测结束都将本次监测结果与前次监测成果进行对比，分析两次监测期间监测点的变化，并且以表格形式说明。

为了形象说明监测点的移动趋势，对每次观测数据进行统计分析。每次监测结束都要绘制监测点的移动趋势图，即采用变形曲线表示出每个点移动线量变化曲线图。最终表示监测点的移动趋势情况见图 8.30 ~ 图 8.36。

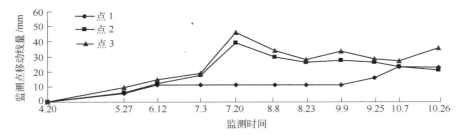

图 8.30 监测点 1 号、2 号、3 号移动线量趋势图

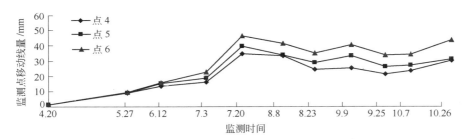

图 8.31 监测点 4 号、5 号、6 号移动线量趋势图

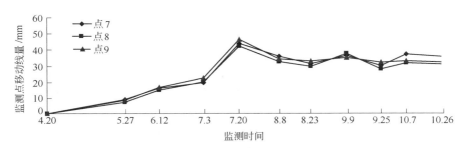

图 8.32 监测点 7 号、8 号、9 号移动线量趋势图

8.5.3.6 监测数据分析

每次监测结束后，都要对提交的数据进行必要说明。

（1）数据本身分析。说明本次观测方法以及误差影响，分析观测数据质量

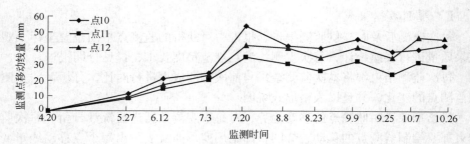

图 8.33　监测点 10 号、11 号、12 号移动线量趋势图

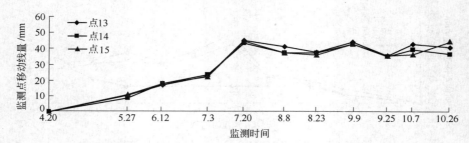

图 8.34　监测点 13 号、14 号、15 号移动线量趋势图

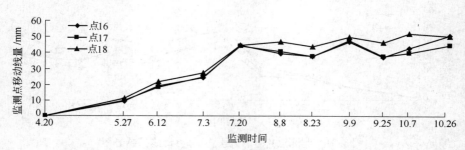

图 8.35　监测点 16 号、17 号、18 号移动线量趋势图

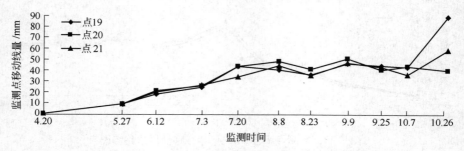

图 8.36　监测点 19 号、20 号、21 号移动线量趋势图

的稳定性，确定观测成果可信度。

（2）与往次观测对比分析。通过对每次观测获得的监测点的坐标数据与以

往观测数据进行比较可以分析监测点位置的变化。

从数据统计分析看：

X 方向移动最大的点为 13 号点，移动量为 $-0.03364m$，方向向南；

Y 方向移动最大的点为 21 号点，移动量为 $-0.05543m$，方向向西；

点位移动最大的点为 21 号点，移动量为 $0.05873m$。

其中点 19 在最后观测时强制对中器有被人为损坏现象，出现一个毛刺，观测时因没有处理工具进行处理，强制对中器不能很好结合，使数据出现跳跃，不在统计范围内，但强制对中器经处理后仍然可以正常使用。

8.5.3.7 监测结论

（1）对 21 个监测点进行了 11 次监测，由于采用高精度的测量仪器（测量机器人），各点监测精度均远远高于设计要求的 3mm，大部分点位误差在 2mm 以内，观测数据可靠。

（2）从对 11 次的观测数据分析发现，21 个监测点均产生不同程度的移动，最大移动量的点是 21 号监测点，移动量达到 $0.05873m$，最小移动量的点是 1 号监测点，移动量达到 $0.02286m$。对各监测点移动量分析后发现高处监测点的移动量偏大，低处监测点的移动量偏小。

（3）在雨季，气温较高时观测数据移动量偏大，但没有考虑该监测期间的爆破因素影响。

参 考 文 献

［1］徐长佑. 露天转地下开采［M］. 武汉：武汉工业大学出版社, 1989.

［2］解世俊. 金属矿床地下开采［M］. 北京：冶金工业出版社, 1995.

［3］何满潮. 露天矿高边坡工程［M］. 北京：煤炭工业出版社, 1991.

［4］孙玉科, 姚宝魁, 牟会宠. 边坡岩体稳定性分析［M］. 北京：科学技术出版社, 1988.

［5］李鼎权. 论露天转地下开采的若干特点［J］. 金属矿山, 1994（2）：9～13.

［6］Griffiths D V, Lane P A. Slope stability analysis by finite elements［J］. Geotechnique, 1999, 49（3）：387～403.

［7］Zheng Yingren, Tang Xiaosong, Zhao Shangyi, et al. Strength reduction and step – loading finite element approaches in geotechnical engineering［J］. Journal of Rock Mechanics and Geotechnical Engineering, 2009, 1（1）：21～30.

［8］Dawson E M, Roth W H, Drescher A. Slope stability analysis by strength reduction［J］. Geotechnique, 1999, 49（6）：835～840.

［9］Lane P A, Griffiths D V. Assessment of stability of slopes under drawdown conditions［J］. Journal of Geotechnical and Geoenvironmental Engineering, ASCE, 2000, 126（5）：443～450.

［10］Zheng Yingren, Den Chujie, Tang Xiaosong, et al. Development of finite element limiting analysis method and its application to geotechnical engineering［J］. Engineering Sciences, 2007, 3（5）：10～36.

［11］孙广忠. 岩体结构力学［M］. 北京：科学出版社, 1988.

［12］谷德振. 岩体工程地质力学基础［M］. 北京：科学出版社, 1979.

［13］林韵梅, 费寿林, 王明林, 等. 岩石分级的理论与实践［M］. 北京：冶金工业出版社, 1996.

［14］蔡美峰, 何满潮, 刘东燕. 岩石力学与工程［M］. 北京：科学出版社, 2007.

［15］杨军. 岩石爆破理论模型及数值计算［M］. 北京：科学技术出版社, 1999.

［16］赵福兴. 控制爆破工程学［M］. 西安：西安交通大学出版社, 1988.

［17］刘殿中. 工程爆破实用手册［M］. 北京：冶金工业出版社, 1999.

［18］张雪亮, 黄树棠. 爆破地震效应［M］. 北京：地震出版社, 1981.

［19］郑永学. 矿山岩体力学［M］. 北京：冶金工业出版社, 1995.

［20］中华人民共和国国家标准编写组. 建筑边坡工程技术规范（GB 50330—2002）［S］. 北京：中国建筑工业出版社, 2002.

［21］中华人民共和国行业标准编写组. 铁路路基支挡结构设计规范（TB 10025—2001）［S］. 北京：中国铁道出版社, 2001.

［22］吕淑然. 露天台阶爆破地震效应［M］. 北京：首都经济贸易大学出版社, 2006.

［23］戴俊. 岩石动力学特性与爆破理论［M］. 北京：冶金工业出版社, 2002.

［24］高磊. 矿山岩石力学［M］. 北京：机械工业出版社, 1987.

冶金工业出版社部分图书推荐

书 名	作 者	定价（元）
中国冶金百科全书·采矿卷	本书编委会 编	180.00
现代金属矿床开采科学技术	古德生 等著	260.00
采矿工程师手册（上、下册）	于润沧 主编	395.00
我国金属矿山安全与环境科技发展前瞻研究	古德生 等著	45.00
露天转地下开采围岩稳定与安全防灾	南世卿 等	36.00
露天矿深部开采运输系统实践与研究	邵安林 等	25.00
非煤露天矿山生产现场管理	牛弩韬 等	46.00
地质学（第4版）（国规教材）	徐九华 主编	40.00
采矿学（第2版）（国规教材）	王 青 主编	58.00
矿产资源开发利用与规划（本科教材）	邢立亭 等编	40.00
矿山安全工程（国规教材）	陈宝智 主编	30.00
矿山岩石力学（本科教材）	李俊平 主编	49.00
高等硬岩采矿学（第2版）（本科教材）	杨 鹏 编著	32.00
金属矿床露天开采（本科教材）	陈晓青 主编	28.00
地下矿围岩压力分析与控制	杨宇江 等编	30.00
（卓越工程师配套教材）		
选矿厂设计（高校教材）	周晓四 主编	39.00
选矿试验与生产检测（高校教材）	李志章 主编	28.00
矿产资源综合利用（高校教材）	张 佶 主编	30.00
矿井通风与除尘（本科教材）	浑宝炬 等编	25.00
冶金企业环境保护（本科教材）	马红周 等编	23.00
矿冶概论（本科教材）	郭连军 主编	29.00
金属矿山环境保护与安全（高职高专教材）	孙文武 主编	35.00
金属矿床开采（高职高专教材）	刘念苏 主编	53.00
岩石力学（高职高专教材）	杨建中 等编	26.00
矿井通风与防尘（高职高专教材）	陈国山 主编	25.00
矿山企业管理（高职高专教材）	咸文革 等编	28.00
矿山地质（高职高专教材）	刘兴科 主编	39.00
矿山爆破（高职高专教材）	张敢生 主编	29.00
采掘机械（高职高专教材）	苑忠国 主编	38.00
井巷设计与施工（高职高专教材）	李长权 主编	32.00
矿山提升与运输（高职高专教材）	陈国山 主编	39.00
露天矿开采技术（高职高专教材）	夏建波 主编	32.00
矿山固定机械使用与维护（高职高专教材）	万佳萍 主编	39.00
安全系统工程（高职高专）	林 友 主编	24.00